教育部高等学校电子电气基础课程教学指导分委员会推荐教材

电子信息学科基础课程系列教材

电子电路实训与课程设计

姚素芬 主编

清华大学出版社

北京

内 容 简 介

本书以基于问题的学习(Problem Based Learning,PBL)为主要撰写思路,结合教育部对学生实训和设计能力的基本要求,着重于对学生实践创新能力的培养。全书共分为基础篇、实训篇和课程设计篇3个部分。通过基础篇的学习可以掌握电子电路的基础知识,为后续实训和设计打下良好基础;实训篇分为电路、模拟电子技术、数字电子技术等章节,采用循序渐进、逐步提升的方式安排实训课程;课程设计篇以工程应用为案例,着重培养学生分析问题、解决问题和综合创新设计能力。全书以基于问题的学习、基于问题的设计、基于问题的实践为主线,逐步启发学生的创新思维,培养学生的创新意识,锻炼学生的创新能力。

本书大多案例来源于编者的教学改革实践,具有较好的实际应用价值和参考意义。

本书适用于电子工程、电子信息工程、自动化、通信工程、计算机科学与技术、机械电子工程等专业。可作为本科生及其他学生的电子电路实训、课程设计、电子设计大赛等方面的实训教材,也可作为相关专业师生和工程技术人员的参考书。

图书在版编目(CIP)数据

电子电路实训与课程设计/姚素芬主编.—北京:清华大学出版社,2013(2024.7 重印)

(电子信息学科基础课程系列教材)

ISBN 978-7-302-33323-4

Ⅰ.①电… Ⅱ.①姚… Ⅲ.①电子电路－课程设计－高等学校－教材 Ⅳ.①TN710

中国版本图书馆 CIP 数据核字(2013)第 173626 号

责任编辑:梁 颖
封面设计:常雪影
责任校对:焦丽丽
责任印制:丛怀宇

出版发行:清华大学出版社
    网　　　址:https://www.tup.com.cn,https://www.wqxuetang.com
    地　　　址:北京清华大学学研大厦 A 座　　　　邮　　编:100084
    社 总 机:010-83470000　　　　邮　　购:010-62786544
    投稿与读者服务:010-62776969,c-service@tup.tsinghua.edu.cn
    质量反馈:010-62772015,zhiliang@tup.tsinghua.edu.cn
    课件下载:https://www.tup.com.cn,010-83470236
印 装 者:三河市人民印务有限公司
经　　销:全国新华书店
开　　本:185mm×260mm　　印　　张:22.25　　字　　数:516 千字
版　　次:2013 年 9 月第 1 版　　印　　次:2024 年 7 月第 8 次印刷
定　　价:69.00 元

产品编号:049624-03

《电子信息学科基础课程系列教材》
丛 书 序

　　电子信息学科是当今世界上发展最快的学科,作为众多应用技术的理论基础,对人类文明的发展起着重要的作用。它包含诸如电子科学与技术、电子信息工程、通信工程和微波工程等一系列子学科,同时涉及计算机、自动化和生物电子等众多相关学科。对于这样一个庞大的体系,想要在学校将所有知识教给学生已不可能。以专业教育为主要目的的大学教育,必须对自己的学科知识体系进行必要的梳理。本系列丛书就是试图搭建一个电子信息学科的基础知识体系平台。

　　目前,中国电子信息类学科高等教育的教学中存在着如下问题:

　　(1) 在课程设置和教学实践中,学科分立,课程分立,缺乏集成和贯通;

　　(2) 部分知识缺乏前沿性,局部知识过细、过难,缺乏整体性和纲领性;

　　(3) 教学与实践环节脱节,知识型教学多于研究型教学,所培养的电子信息学科人才不能很好地满足社会的需求。

　　在新世纪之初,积极总结我国电子信息类学科高等教育的经验,分析发展趋势,研究教学与实践模式,从而制定出一个完整的电子信息学科基础教程体系,是非常有意义的。

　　根据教育部高教司 2003 年 8 月 28 日发出的[2003]141 号文件,教育部高等学校电子信息与电气信息类基础课程教学指导分委员会(基础课分教指委)在 2004—2005 两年期间制定了"电路分析"、"信号与系统"、"电磁场"、"电子技术"和"电工学"5 个方向电子信息科学与电气信息类基础课程的教学基本要求。然而,这些教学要求基本上是按方向独立开展工作的,没有深入开展整个课程体系的研究,并且提出的是各课程最基本的教学要求,针对的是"2+X+Y"或者"211 工程"和"985 工程"之外的大学。

　　同一时期,清华大学出版社成立了"电子信息学科基础教程研究组",历时 3 年,组织了各类教学研讨会,以各种方式和渠道对国内外一些大学的 EE(电子电气)专业的课程体系进行收集和研究,并在国内率先推出了关于电子信息学科基础课程的体系研究报告《电子信息学科基础教程 2004》。该成果得到教育部高等学校电子信息与电气学科教学指导委员会的高度评价,认为该成果"适应我国电子信息学科基础教学的需要,有较好的指导意义,达到了国内领先水平","对不同类型院校构建相关学科基础教学平台均有较好的参考价值"。

　　在此基础上,由我担任主编,筹建了"电子信息学科基础课程系列教材"编委会。编委会多次组织部分高校的教学名师、主讲教师和教育部高等学校教学指导委员会委员,进一步探讨和完善《电子信息学科基础教程 2004》研究成果,并组织编写了这套"电子信息学科基础课程系列教材"。

在教材的编写过程中,我们强调了"基础性、系统性、集成性、可行性"的编写原则,突出了以下特点:

(1) 体现科学技术领域已经确立的新知识和新成果。

(2) 学习国外先进教学经验,汇集国内最先进的教学成果。

(3) 定位于国内重点院校,着重于理工结合。

(4) 建立在对教学计划和课程体系的研究基础之上,尽可能覆盖电子信息学科的全部基础。本丛书规划的 14 门课程,覆盖了电气信息类如下全部 7 个本科专业:

- 电子信息工程
- 通信工程
- 信息工程
- 计算机科学与技术
- 自动化
- 电气工程与自动化
- 生物医学工程

(5) 课程体系整体设计,各课程知识点合理划分,前后衔接,避免各课程内容之间交叉重复,目标是使各门课程的知识点形成有机的整体,使学生能够在规定的课时数内,掌握必需的知识和技术。各课程之间的知识点关联如下图所示:

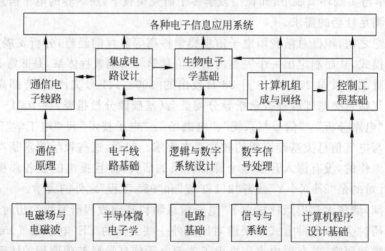

即力争将本科生的课程限定在有限的与精选的一套核心概念上,强调知识的广度。

(6) 以主教材为核心,配套出版习题解答、实验指导书、多媒体课件,提供全面的教学解决方案,实现多角度、多层面的人才培养模式。

(7) 由国内重点大学的精品课主讲教师、教学名师和教指委委员担任相关课程的设计和教材的编写,力争反映国内最先进的教改成果。

我国高等学校电子信息类专业的办学背景各不相同,教学和科研水平相差较大。本系列教材广泛听取了各方面的意见,汲取了国内优秀的教学成果,希望能为电子信息学科教学提供一份精心配备的搭配科学、营养全面的"套餐",能为国内高等学校教学内容和课程体系的改革发挥积极的作用。

然而，对于高等院校如何培养出既具有扎实的基本功，又富有挑战精神和创造意识的社会栋梁，以满足科学技术发展和国家建设发展的需要，还有许多值得思考和探索的问题。比如，如何为学生营造一个宽松的学习氛围？如何引导学生主动学习，超越自己？如何为学生打下宽厚的知识基础和培养某一领域的研究能力？如何增加工程方法训练，将扎实的基础和宽广的领域才能转化为工程实践中的创造力？如何激发学生深入探索的勇气？这些都需要我们教育工作者进行更深入的研究。

提高教学质量，深化教学改革，始终是高等学校的工作重点，需要所有关心我国高等教育事业人士的热心支持。在此，谨向所有参与本系列教材建设工作的同仁致以衷心的感谢！

本套教材可能会存在一些不当甚至谬误之处，欢迎广大的使用者提出批评和意见，以促进教材的进一步完善。

2008 年 1 月

5

本书以基于问题的学习(PBL)为主要撰写思路,结合教育部对学生实训和设计能力的基本要求,着重于对学生创新实践能力的培养。本着以学生为主体,以基于问题的学习模式为主线,以培养学生创新应用能力为目标,将电路、模拟电子技术、数字电子技术等内容有机整合在一体;由基本技能训练到实训案例,再进一步到综合设计,由浅入深地把基于问题的学习、基于问题的设计、基于问题的实践贯穿始终;由基本技能培养到在电子电路案例设计实践中渗透设计方法和设计思路,逐步启发学生的创新思维,帮助学生建立创新意识,培养学生的创新能力。

全书共分为基础篇、实训篇和课程设计篇3个部分。基础篇部分主要介绍电子电路元器件识别与检测、常用仪器仪表使用和常用 EDA 软件案例等基础知识和基本技能,与工程实际相结合,侧重应用技能和基础知识的培训。通过基础篇的学习读者可以掌握电子电路的基础知识,为后续实训和设计打下良好基础。实训篇包含电路、模拟电子技术、数字电子技术等实训内容,采用循序渐进、逐步提升的方式安排实训课程。实训篇渗透了基于问题的学习模式,结合具体案例,叙述设计过程,实训题目来源于基础知识,具有启发意义,侧重于学生对电子电路课程的学习兴趣的培养,发散思维和创新意识的建立。课程设计篇是基于问题学习的更深层次的模式渗透,结合一个个来源于生活和工程实际的具体案例,从问题的提出到电路的初步设计,从软件仿真调试到实际电子电路的设计与实现,都给出了翔实可行的实验方案。对于培养学生综合设计应用能力,成为潜在的电子电路工程师起到不可或缺的作用。

姚素芬教授编写第 1 章部分内容和第 4 章;侯淑萍编写第 1 章部分内容、第 2 章、第 3 章;王光艳编写第 5 章;陈琦编写第 6 章;只德瑞编写第 7 章;李海丰编写第 8 章、第 9 章、第 10 章。姚素芬为主编,负责全书的组织和定稿。王光艳协助完成本书的统稿和校稿等工作。

滕建辅教授参与了本书编写大纲的制定,并在该书的编写过程中给予了许多宝贵意见和建议,谨此表示衷心的感谢。

本书大多案例来源于编者的教学改革实践,具有较好的实际应用价值和参考意义。

衷心感谢兄弟院校广大师生对本书的选用和建议,并恳请广大读者提出宝贵意见。对于错误和不妥之处,欢迎批评指正。

编 者
2013 年 4 月

目录

目录

目录

实　训　篇

目录

目录

目录

基 础 篇

电子元器件的识别与检测

常用仪器仪表的使用

电子电路 EDA 软件的使用和训练

基 础 篇

第1章

电子元器件的识别与检测

电子元器件是电子产品的基本组成单元。电子产品中常用的电子元器件包括：电阻器、电容器、电感器、变压器、半导体分立器件、集成电路、开关件、接插件、熔断器以及电声器件等。

电子元器件可分为有源元器件和无源元器件两大类。

（1）有源元器件的特点是：必须有电源才能支持其工作，且输出取决于输入信号的变化，如晶体管、场效应管、集成电路等。

（2）无源元器件的特点是：无论电源、信号如何变化，它们都有各自独立、不变的性能特性，如电阻器、电容器、电感器、开关件、接插件、熔断器等。

通常有源元器件称为器件，无源元器件称为元件。

本章重点讲述常用电子元器件：电阻器、电容器、电感器、半导体分立器件、传感器、集成运算放大器、数字电路元器件、接插件及开关等的性能、特点、主要性能参数、标识方法、检测方法等。

通过本章的学习，学生应掌握常用电子元器件的基本理论知识，能正确识别电子元器件、正确选用电子元器件，并掌握电子元器件的基本检测方法。

1.1　电阻器

电阻器（Resistor）简称电阻，它的表示符号为 R，电路中，在 R 的右下角还标有数字或英文字母，这个数字为电阻在该电路中的序号，而英文字母常用于表示该电阻在电路中的作用。

电阻器在电路中对电流具有阻碍作用，并且造成能量消耗。各种电阻式传感器也可以等效为电阻模型，只不过其阻值常常是变化的（引起阻值变化的量可以是压力、温度、流量、湿度、光强等）。电阻器在电子电路中起着分流、限流、分压、偏置、滤波（与电容器组合使用）和阻抗匹配等作用。

1.1.1　电阻器分类

电阻器的品种繁多。

1. 按材料，电阻器可分为

（1）薄膜类电阻器：金属膜电阻器、金属氧化膜电阻器、碳膜电阻器等。
（2）合成类电阻器：金属玻璃釉电阻器、实心电阻器、合成膜电阻器。

2. 按制造工艺，电阻器可分为

（1）合金型：用块状电阻合金拉制成合金线或碾压成合金箔制成的电阻器，如线绕电阻器、精密合金箔电阻器等。
（2）薄膜型：在玻璃或陶瓷机体上沉积一层电阻薄膜制成的电阻器，有碳膜、金属膜、化学沉积膜及金属氧化膜等。
（3）合成型：电阻体由导电颗粒和化学粘接剂混合而成，可以制成薄膜或实心两种类型，常见的有合成膜电阻器和实心电阻器。

3．按照使用范围，电阻器可分为

（1）普通型：指能适应一般技术要求的电阻器，额定功率范围为 0.05～2W，阻值为 1Ω～22MΩ，允许误差为 ±5％、±10％、±20％ 等。

（2）精密型：有较高精密度及稳定性，功率一般不大于 2W，标称阻值在 0.01Ω～ 20MΩ，允许误差在 ±2％～±0.001％ 之间。

（3）高频型：电阻器自身电感量极小，常称为无感电阻器。用于高频电路，阻值小于 1kΩ，功率范围宽，最大可达 100W。

（4）高压型：用于高压装置中，功率在 0.5～15W 之间，额定电压可达 35kV 以上，阻值可达 1GΩ。

（5）高阻型：阻值在 10MΩ 以上，最高可达 $10^{14}\,\Omega$。

（6）集成电阻器（电阻排）：这是一种电阻网络，它具有体积小、规整化及精密度高等特点，特别适用于电子仪器仪表及计算机产品中。

（7）特殊电阻器：光敏电阻器，热敏电阻器等。

4．按使用功能，电阻器可分为

负载电阻、采样电阻、分流电阻、保护电阻等。

5．按工作特征，电阻器可分为

固定电阻器、可变电阻器、特种电阻器（敏感电阻器）、电位器等。

6．按安装方式，电阻器可分为

插件电阻、贴片电阻等。

如图 1-1-1 所示为常用电阻器电路符号。

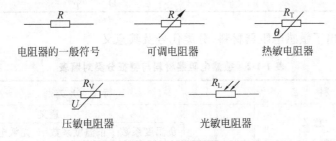

图 1-1-1 常用电阻器电路符号

1.1.2 电阻器型号命名及参数识别

1．电阻器型号命名方法（GB 2470-81）

根据中华人民共和国国家标准——电阻器型号命名方法（GB 2470-81），电阻器型号由四个部分组成，其中：

- 第一部分：用字母表示产品的主称,R、W、M；
- 第二部分：用字母表示制作产品的材料(参见表 1-1-1 和表 1-1-2)；
- 第三部分：用数字或字母表示产品的特征分类(参见表 1-1-1 和表 1-1-2)；
- 第四部分：用数字表示产品的生产序号。

例：RJ21 为普通金属膜固定电阻器；WX72 为精密线绕电位器。

表 1-1-1 列出了电阻器和电位器的材料、分类代号及其意义。

表 1-1-1 电阻器材料与特征对照表

第一部分		第二部分		第三部分		
主称		材料		特征分类(用途、特点)		
符号	意义	符号	意义	符号	意义	
					电阻器	电位器
R	电阻器	T	碳膜	1	普通	普通
W	电位器	H	合成碳膜	2	普通	普通
M	敏感电阻器	S	有机实心	3	超高频	—
		N	无机实心	4	高阻	—
		J	金属膜	5	高温	—
		Y	氧化膜	6		
		C	沉积膜	7	精密	精密
		I	玻璃釉膜	8	高压	特殊函数
		X	线绕	9	特殊	特殊
				G	高功率	—
				T	可调	—
				X	—	小型
				W	—	微调
				D	—	多圈可调

表 1-1-2 列出了敏感电阻器材料、分类代号及其意义。

表 1-1-2 敏感电阻器材料与特征分类对照表

材 料		特 征 分 类				
符号	意义	符号	意义			
			负温度系数	正温度系数	光敏电阻	压敏电阻
F	负温度系数热敏材料	1	普通	普通	—	碳化硅
Z	正温度系数热敏材料	2	稳压	稳压	—	氧化锌
G	光敏材料	3	微波	—	—	氧化锌
Y	压敏材料	4	旁热	—	可见光	—
S	湿敏材料	5	测温	测温	可见光	—
C	磁敏材料	6	微波	—	可见光	
L	力敏材料	7	测量			
Q	气敏材料					

2. 电阻器的参数识别

电阻器的单位: 欧姆(Ω),倍率单位: 千欧($k\Omega$),兆欧($M\Omega$)等,单位换算: $1M\Omega = 10^3 k\Omega = 10^6 \Omega$。

电阻器的参数标注方法有直标法、文字符号法、数码法和色标法等。

1) 直标法

直标法是将电阻器的标称值用数字和文字符号直接标在电阻体上,其允许误差分为四级,用百分数表示,即 $\pm 1\%$、$\pm 5\%$、$\pm 10\%$、$\pm 20\%$,若电阻器上未标注误差,则默认为 $\pm 20\%$。对小于 1000 的阻值只标出数值,不标单位;对 $k\Omega$、$M\Omega$ 只标注 k、M。

直标法主要用于功率比较大的电阻器。

如电阻器表面上印有 RXTO-2-20k$\pm 0.1\%$,表示标称阻值为 $20k\Omega$、允许误差为 $\pm 0.1\%$、额定功率为 2W 的线绕电阻器。

2) 文字符号法

用阿拉伯数字和文字符号在电阻体上标出主要参数。用文字符号表示电阻器的单位(R 或 Ω 表示 Ω,k 表示 $k\Omega$,M 表示 $M\Omega$ 等);用阿拉伯数字表示电阻器的阻值,整数部分写在阻值单位的前面,小数部分写在阻值单位的后面。

如 3R9 表示 3.9Ω。

例: 用文字符号表示电阻 0.12Ω,1.2Ω,$1.2k\Omega$,$1.2M\Omega$。

解: 0.12Ω 用文字符号可以表示为 R12;1.2Ω 用文字符号可以表示为 1R2 或 1Ω2;类似地,$1.2k\Omega = 1k2$;$1.2M\Omega = 1M2$。

3) 数码法

用三位数码表示电阻器的标称值,主要用于贴片等小体积的电路。

数码从左至右,第一位、第二位为基数,表示电阻的有效数字,第三位为倍率,表示 10 的倍幂,单位为欧姆。电阻值=基数×倍率。误差通常用文字符号表示(见表 1-1-4),若电阻器上未标注误差,则默认为 $\pm 20\%$。

例如: 102J 表示 $1k\Omega \pm 5\%$,756k 表示 $75M\Omega \pm 10\%$。

4) 色标法(色环标志法)

用不同颜色的带或点在电阻体表面上标出标称阻值和允许误差。小功率的电阻器和一些合成电阻器广泛使用色标法。国外电阻器大部分采用色标法,色标法有四环和五环两种。

普通电阻器用四个色环表示其阻值和允许误差。第一、二环表示有效数字;第三环表示倍率(乘数);第四环与前三个环距离较大,表示误差。

精密电阻器采用五个色环表示其阻值和允许误差。第一、二、三环表示有效数字;第四环表示倍率;第五环与前四个环距离较大,表示误差。

四环电阻器误差比五环电阻器误差要大,一般用于普通电子产品上,而五环电阻器一般都是金属氧化膜电阻器,用于精密设备或仪器上。

如图 1-1-2 所示为两种色环电阻器阻值标注图。

如图 1-1-3 所示为电阻器色环颜色与数值对照表。

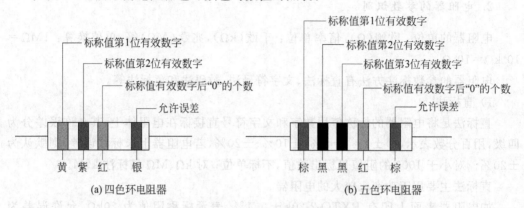

标称值第1位有效数字
标称值第2位有效数字
标称值有效数字后"0"的个数
允许误差

黄　紫　红　银

(a) 四色环电阻器

标称值第1位有效数字
标称值第2位有效数字
标称值第3位有效数字
标称值有效数字后"0"的个数
允许误差

棕　黑　黑　红　棕

(b) 五色环电阻器

图 1-1-2　两种色环电阻器阻值标注图

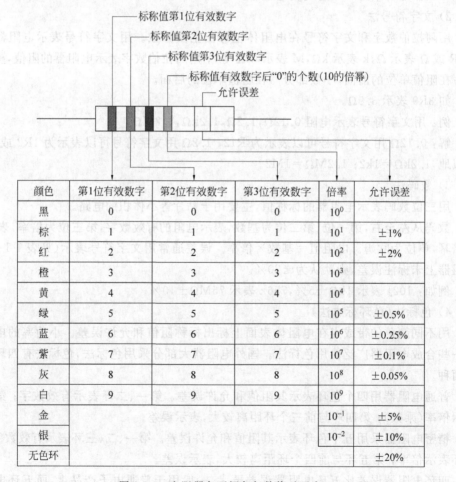

标称值第1位有效数字
标称值第2位有效数字
标称值第3位有效数字
标称值有效数字后"0"的个数(10的倍幂)
允许误差

颜色	第1位有效数字	第2位有效数字	第3位有效数字	倍率	允许误差
黑	0	0	0	10^0	
棕	1	1	1	10^1	±1%
红	2	2	2	10^2	±2%
橙	3	3	3	10^3	
黄	4	4	4	10^4	
绿	5	5	5	10^5	±0.5%
蓝	6	6	6	10^6	±0.25%
紫	7	7	7	10^7	±0.1%
灰	8	8	8	10^8	±0.05%
白	9	9	9	10^9	
金				10^{-1}	±5%
银				10^{-2}	±10%
无色环					±20%

图 1-1-3　电阻器色环颜色与数值对照表

例：读出图 1-1-2(a)、(b)所示的四色环、五色环电阻器的参数。

解：图 1-1-2(a)所示的四色环电阻器中，银色代表误差，不能表示有效数字，因此黄色为第一环。由此得出该色环电阻为 4.7kΩ，误差为±10%。

图 1-1-2(b)所示的五色环电阻器中，右侧第一位棕色代表误差，左侧第一位棕色为第一环。由此得出该色环电阻为 10kΩ，误差为±1%。

注意：

(1) 在色环电阻器的识别中，找出第一道色环是很重要的，可以用以下方法识别：在四环标志中，第四道色环一般是金色或银色，由此可识别第一道色环。在五环标志中，第一道色环与电阻器的引脚距离最短，四五环之间的距离较大，由此可识别第一道色环。

(2) 可以用背景颜色区别电阻器的种类：浅色(淡绿色、淡蓝色、浅棕色)表示碳膜电阻器，红色表示金属或金属氧化膜电阻器，深绿色表示线绕电阻器。

(3) 如果第五道色环为黑色，一般用来表示为绕线电阻器；如果第五道色环为白色，一般用来表示为保险丝电阻器；如果电阻体只有中间一道黑色的色环，则代表此电阻为零欧姆电阻。

1.1.3 电阻器的主要性能参数及正确选用

1. 电阻器的主要性能参数

电阻器的主要性能参数有标称阻值、允许误差、额定功率、温度系数、极限电压、非线性度及噪声系数等项。本节介绍前五项。

由于电阻器的表面积有限以及我们对于参数的关心程度，一般只标明阻值、精度、材料和额定功率几项。对于额定功率小于 0.5W 的小电阻器，通常只标注阻值和精度，其材料及额定功率通常由外形尺寸和颜色判断。

1) 标称阻值与允许误差

标称阻值：是指电阻器上所标注的阻值，是电阻器生产的规定值。

标称阻值是电阻器的主要参数之一，不同类型的电阻器，阻值范围不同；不同精度等级的电阻器，其阻值系列也不相同。在设计电路时，应该尽可能选用阻值符合标称系列的电阻器。

允许误差(阻值精度)：指实际阻值与标称阻值的相对误差。允许相对误差的范围叫做允许误差(简称允差)，也称为精度等级、允许偏差。

普通电阻器的允许误差分为三级：Ⅰ级精度即允许±5%的误差，Ⅱ级精度即允许±10%的误差，Ⅲ级精度即允许±20%的误差。精密电阻器的允许误差可分为±2%、±1%、±0.5%、…、±0.001%等十多个等级。一般说来，精度等级高的电阻器，价格也高。在电子产品设计中，应该根据电路的不同要求，选用不同精度等级的电阻器。

表 1-1-3 列出了电阻器的标称阻值及对应的允许误差。

表 1-1-4 列出了电阻器的允许误差与标志符号对应表。

表 1-1-3　电阻器的标称阻值及对应误差

标称系列名称	误　差	电阻器的标称阻值											
E24	Ⅰ级±5%	1.0	1.1	1.2	1.3	1.5	1.6	1.8	2.0	2.2	2.4	2.7	3.0
		3.3	3.6	3.9	4.3	4.7	5.1	5.6	6.2	6.8	7.5	8.2	9.1
E12	Ⅱ级±10%	1.0	1.2	1.5	1.8	2.2	2.7	3.3	3.9	4.7	5.6	6.8	8.7
E6	Ⅲ级±20%	1.0	1.5	2.2	3.3	4.7	6.8						

表 1-1-4　电阻器的标志符号与允许误差对应表

标志符号	允许误差	标志符号	允许误差	标志符号	允许误差
E	±0.001	W	±0.05	G	±2
X	±0.002	B	±0.1	J	±5
Y	±0.005	C	±0.2	K	±10
H	±0.01	D	±0.5	M	±20
U	±0.02	F	±1		

2）额定功率

电阻器的额定功率是指在产品标准规定的大气压和额定温度下,电阻器所允许承受的最大功率,又称电阻器的标称功率。电阻器的额定功率并不是电阻器在电路中工作时一定要消耗的功率,而是电阻器在电路中工作时,允许所消耗功率的限额。

通常的功率系列值可以有 0.05～500W 之间的数十种规格。选择电阻器的额定功率,应该判断它在电路中的实际功率,一般使额定功率是实际功率的 1.5～2 倍。

表 1-1-5 列出了电阻器和电位器的标称额定功率系列。

表 1-1-5　电阻器和电位器的标称额定功率系列

种　类	额定功率系列													
线绕电阻器	0.05	0.125	0.25	0.5	1	2	4	8	10	16	25	40	50	75　100
	150	250	500											
非线绕电阻器	0.05	0.125	0.25	0.5	1	2	10	16	25	50	100			
线绕电位器	0.25	0.5	1	1.6	2	3	5	10	16	25	40	63	100	
非线绕电位器	0.025	0.05	0.1	0.25	0.5	1	2	3						

表 1-1-6 列出了常用电阻器的额定功率对照表。

表 1-1-6　常用电阻器的额定功率

种　类	型　号	额定功率（W）
超小型碳膜电阻器	RT13	0.125
小型碳膜电阻器	RTX	0.125
碳膜电阻器	RT	0.25
		0.5
		1
		2

续表

种　　类	型　　号	额定功率（W）
金属膜电阻器	RJ	0.125
		0.25
		0.5
		1
		2

额定功率在 2W 以下的小型电阻器，其额定功率值通常不在电阻器上标出，观察外形尺寸即可确定；额定功率在 2W 以上的电阻器，因为体积比较大，其功率值均在电阻器上用数字标出。电阻器的额定功率主要取决于电阻体的材料、外形尺寸和散热面积。对于同一类型的电阻器，额定功率大的电阻器，其体积也比较大。因此，可以通过比较同类的电阻器的尺寸，判断电阻器的额定功率。

在电路图中，电阻器的额定功率标注在电阻器的图形符号上，如图 1-1-4 所示。

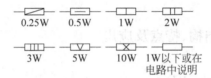

图 1-1-4　电阻器额定功率

3）温度系数

温度系数指温度每变化 1℃ 时，引起电阻的相对变化量。

所有材料的电阻率都会随温度发生变化，电阻器的阻值同样如此。在衡量电阻器的温度稳定性时，使用温度系数；温度系数可正、可负。温度系数越小，电阻器的稳定度越高。

金属膜、合成膜电阻器具有较小的正温度系数，碳膜电阻器具有负温度系数。适当控制材料及加工工艺，可以制成温度稳定性很高的电阻器。

一般情况下，应该采用温度系数较小的电阻器；而在某些特殊情况下，则需要使用温度系数大的热敏电阻器，这种电阻器的阻值会随着环境和工作电路的温度敏感地发生变化。它有两种类型：一种是正温度系数型，另一种是负温度系数型。热敏电阻器一般在电路中用做温度补偿或测量调节元件。

4）极限电压

电阻器两端电压加高到一定值时，电阻器会发生电击穿而损坏，这个电压值叫做电阻器的极限电压。

根据电阻器的额定功率，可以计算出电阻器的额定电压。而极限电压无法根据简单的公式计算出来，它取决于电阻器的外形尺寸及工艺结构。

2. 电阻器的正确选用

选用电阻器时必须遵守的原则：

（1）正确区分电阻器的类别；

（2）了解电阻器的特点；

（3）注意参数的选择：额定功率应高于电阻器在电路工作中实际功率的（0.5～1）倍，温度系数应根据电路特点来选择正、负温度系数的电阻器，允许误差、非线性及噪声应符合电路的要求；

（4）综合因素：应考虑工作环境与可靠性、经济性等。

选用电阻器时，不仅要求其各项参数符合电路的使用条件，还要考虑外形尺寸和价格等多方面因素。一般应选用标称阻值系列，允许误差多用±5%的。

在研制电子产品时，要仔细分析电路的具体要求。在稳定性、耐热性、可靠性要求比较高的电路中，应该选用金属膜或金属氧化膜电阻器；如果要求功率大、耐热性能好、工作频率又不高时，则可选用线绕电阻器；对于无特殊要求的一般电路，可使用碳膜电阻器，以便降低成本。

1.1.4 常用电阻器的结构、特点及应用

1. 金属膜电阻器（型号：RJ）

结构：在陶瓷骨架表面，经真空高温或烧渗工艺蒸发的沉积一层金属膜或合金膜。

特点：工作环境温度范围大（−55℃～+125℃）、温度系数小、稳定性好、噪声低及体积小（与相同体积的碳膜电阻器相比，额定功率要大一倍左右），价格比碳膜电阻器稍贵一些。

金属膜电阻器额定功率有 0.125W、0.25W、0.5W、1W、2W、5W 等，标称阻值在 1Ω～100MΩ 之间，精度等级一般为 ±5%，高精度的金属膜电阻器其精度可达 0.5%～0.05%。

金属膜电阻器广泛应用在稳定性及可靠性有较高要求的电路中，可制成精密、高阻、高频、高压、高温的金属膜电阻器和供微波使用的各种不同形状的衰减片。

2. 金属氧化膜电阻器（型号：RY）

结构：高温条件下，在陶瓷本体的表面上以化学反应的形式生成的以二氧化锡为主体的金属氧化层。

特点：其膜层比金属膜电阻器和碳膜电阻器都厚得多，并与基体附着力强，因而它有极好的脉冲、高频、温度和过负荷性能；机械性能好，坚硬、耐磨；在空气中不会再氧化，因而化学稳定性好；能承受大功率（可高达 25W～50kW），但阻值范围较窄（1Ω～200kΩ）。

3. 碳膜电阻器(型号:RT)

结构:碳氢化合物在真空中通过高温蒸发分解,在陶瓷骨架表面沉积成碳结晶导电膜。

特点:这是一种应用最早、最广泛的薄膜型电阻器。它的体积比金属膜电阻器略大,阻值范围宽(1Ω~10MΩ),温度系数为负值。额定功率为 0.125~10W,精度等级为±5%、±10%及±20%,外表通常涂成淡绿色。

碳膜电阻器的价格特别低廉,因此在消费类电子产品中被大量使用。可制成高频电阻器、大功率电阻器,用于交、直流脉冲电路中。

4. 合成膜电阻器(型号:RH)

结构:合成膜电阻器可制成高压型和高阻型电阻器。高压型电阻器的外形大多是一根无引线的电阻长棒,表面涂成红色;耐压越高,其长度也更长。高阻型电阻器的电阻体封装在真空玻璃管内,防止合成膜受潮或氧化,以提高阻值的稳定性。

特点:高压型电阻器的阻值范围为 47Ω~1000MΩ,精度等级为±5%、±10%,耐压分成 10kV 和 35kV 两挡。高阻型电阻器的阻值范围更大,为 10MΩ~10TΩ,允许误差为±5%、±10%。

合成膜电阻器可制成高阻、高压电阻器,用于原子探测器、微弱电流测试仪器中。

5. 线绕电阻器(型号:RX)

结构:线绕电阻器也属于大功率电阻器。在电路中起到限流保护的作用,大的线绕电阻器在三相电机启动电路中起降压启动的作用。它的标识采用直标法,一目了然。

特点:精度高、稳定性好、噪声低、功率大、耐高温,可以在 150℃高温正常工作。一般适用于测量仪器和其他精度要求较高的电路中,缺点是线绕电阻器的固有电感较大,因而不宜在高频电路中使用。

水泥电阻器:是封装在陶瓷外壳中并用水泥填充固化的一种线绕电阻器。水泥电阻器内的电阻丝和引脚之间采用压接工艺,如果负载短路,压接点会迅速熔断,起到保护电路的作用。

水泥电阻器一般功率较大,有 5W、6W、10W、20W、30W 等,个别可做到 80W。散热好,具有良好的阻燃、防爆特性和高达 100MΩ 的绝缘电阻。通常用于功率大、电流大的场合,如开关电源和功率输出电路中。

6. 电阻网络(集成电阻、排电阻、电阻排)

结构:综合掩模、光刻及烧结等工艺技术,在一块基片上制成多个参数、性能一致的电阻,连接成电阻网络,也叫集成电阻。

特点:随着电子装配密集化和元器件集成化的发展,电路中常需要一些参数、性能及作用相同的电阻。例如,计算机检测系统中的多路 A/D、D/A 转换电路,往往需要多个阻值相同、精度高、温度系数小的电阻,若选用分立元件不仅体积大、数量多,而且往往难以达到技术要求,而使用电阻网络则很容易满足上述要求。

注意:测量电阻网络时要注意它的1号脚,1号脚处标有一个点,1号脚和另外的几脚阻值相等、除1号脚外任意两脚间的阻值是1号脚和其余脚阻值的2倍。

7. 熔断电阻器

这种电阻器又叫做保险电阻,兼有电阻和熔断器的双重作用。在正常工作状态下它是一个普通的小阻值(一般为几欧姆到几十欧姆)电阻,但当电路出现故障、通过熔断电阻器的电流超过该电路的额定电流时,它就会迅速熔断并形成开路。

与传统的熔断器和其他保护装置相比,熔断电阻器具有结构简单、使用方便、熔断功率小及熔断时间短等优点,被广泛应用于电子产品中。

选用熔断电阻器时要仔细考虑功率和阻值的大小,功率和阻值都不能太大,才能使它起到保护作用。

8. 温控熔断丝

温控熔断器也称温控开关。常温下阻值很小,当温度达到标称温度时阻值无穷大。该电阻器在电路中也可起到限流保护的作用。基于这种特性,它一般用于温度控制电路中。例如,标识为 250V 10A 185℃,即工作电压最大为 250V、最大工作电流为 10A、标称温度为 185℃。

9. 消磁电阻器

消磁电阻器用于电视机的消磁电路中,有三个引脚,其中有两个引脚之间的阻值在常温时很小(几欧姆到十几欧姆),另一引脚和其余两个引脚之间阻值为无穷大。

标识为 12RM 270V,即阻值是 12Ω、工作电压不超过 270V。

10. 敏感电阻器

使用不同材料及工艺制造的半导体电阻,具有对温度、光通量、湿度、压力、磁通量、气体浓度等非电物理量敏感的性质,这类电阻叫做敏感电阻。通常有热敏、压敏、光敏、湿敏、磁敏、气敏及力敏等不同类型的敏感电阻。利用这些敏感电阻,可以制作用于检测相应物理量的传感器及无触点开关。各类敏感电阻,按其信息传输关系可分为"缓变型"和"突变型"两种类型,广泛应用于检测和自动化控制等技术领域。

1) 光敏电阻器

利用感光物质的特性制作的半导体电阻,具有对光通量敏感的性质。光照弱时阻值较大,随光照强度的增加阻值变小。

光敏电阻器不仅可以作为测量元件(如测量光照强度等),还可以作为控制元件(如光控开关等)。

2) 热敏电阻器

热敏电阻器是阻值随温度的变化而变化的电阻,有正温度系数和负温度系数之分。

标识如 103：103，即在常温下阻值是 10kΩ，它随温度的增加阻值变小，属负温度系数热敏电阻器；标识如 NTC 10D-11：NTC 10D-11 在常温下阻值是几欧姆，它随温度的增加阻值变大，可以达到接近无穷大，属正温度系数热敏电阻器。NTC 也是热敏电阻器的表示方式。

热敏电阻器不仅可以作为测量元件(如测量温度等)，还可以作为控制元件(如热敏开关、限流器)，也可以作为电路补偿元件，用于某些特殊电路中，如正温度系数的热敏电阻器一般用于设备电源的输入端起到消除开机瞬间脉冲的作用。

3）压敏电阻器

压敏电阻器是电压灵敏电阻器的简称，其电阻值随端电压而变化，它是一种新型、理想的过压保护元件。标识为 MYG 07K121。

使用时只需将压敏电阻器并联接于被保护的电路上，当电压瞬间高于某一数值时，压敏电阻器阻值迅速下降，导通大电流，阻止瞬间过压而起到保护元器件或电路的作用；当电压低于压敏电阻器工作电压值时，压敏电阻器阻值极高，近乎开路，因而不会影响器件或电器设备的正常工作。由它可构成过压保护电路，消噪电路，消火花电路，吸收回路。

如图 1-1-5 所示为常用电阻器外形图。

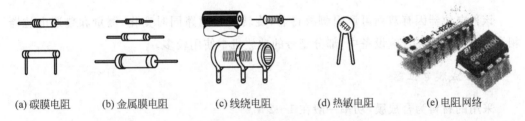

(a) 碳膜电阻　　(b) 金属膜电阻　　(c) 线绕电阻　　(d) 热敏电阻　　(e) 电阻网络

图 1-1-5　常用电阻器外形图

1.1.5　常用电位器介绍

1. 精密电位器

该电位器旋转的圈次较多，每圈的阻值变化小。标识如 W103，即 10kΩ。主要用于精密仪器中。

2. 微调电位器

该电位器体积较小，功率一般为 1/6W。标识一般为数字，如 102，即 1kΩ。该种电位器的阻值有很多种，从 100Ω 到 1MΩ 都有。

3. 线绕电位器

同线绕电阻器，功率较大。

4. 多圈电位器

体积较大,功率较大,能够旋转的圈数较多,每圈调节的电阻值也很小,现多用于连续可调直流电源中。

5. 开关电位器

该电位器本身带一个开关,这种电位器有直接旋转开关控制的也有抽拉开关旋钮式的。一般在其壳体上标注阻值的最大值。主要用于开关控制和调节电压电路,如收音机的电路、小型仪器中、原黑白电视中等。

6. 实心电位器

该种电位器带有自锁螺母,当调整完时可以将螺母拧紧以保证阻值不发生变化。标识一般比较清楚,如:0.5W 100Ω。该种电位器主要用于要求条件严格的仪器设备中。

7. 双联(列)电位器

该种电位器因有双列可调引脚故得名,旋转旋钮两路同时变化,测量和普通电位器相同。主要使用在音响设备中,部分型号的功放机中使用较多。

8. 合成膜电位器

采用的材料为合成膜,功率一般在 1～2W。

如图 1-1-6 所示为常用电位器(可调电阻器)外形图。

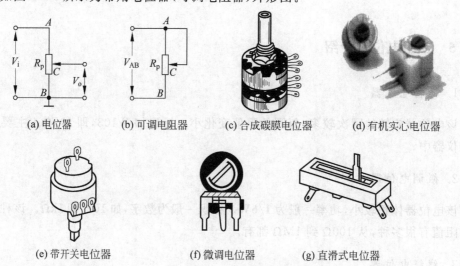

(a) 电位器   (b) 可调电阻器   (c) 合成碳膜电位器   (d) 有机实心电位器

(e) 带开关电位器   (f) 微调电位器   (g) 直滑式电位器

图 1-1-6 常用电位器(可调电阻器)外形图

1.1.6 电阻器的检测及故障判别

检测电阻器时,主要是利用万用表的欧姆挡来测量电阻值,将测量值与标称值比较,从而判断电阻器是否完好。

1. 电阻器的检测与判别

使用电阻器时,首先要知道电阻器的好坏,然后再测定它的实际阻值。测量电阻时一般采用万用表的欧姆挡来进行。

1)外观检查

看电阻器有无烧焦、引脚脱落及松动现象,从外表排除电阻器的断路情况。

2)断电

若电阻器在路时,一定要将电源断开,严禁带电检测,否则不但测量不准,而且易损坏万用表。

3)选择合适量程

根据电阻器的标称值来选择万用表电阻挡的量程,用万用表电阻挡测量阻值,合格的电阻器阻值应该稳定在允许的误差范围内,如超出误差范围或阻值不稳定,则不能选用(使万用表指针落在万用表刻度盘中间或略偏右的位置为最佳)。

注意:测量时手不能接触被测电阻器的两根引线,以免人体电阻影响测量的准确性。若要测量电路中的电阻,必须将电阻器的一端从电路中断开,以防电路中的其他元器件影响测量结果。

4)在路检测

若测量值远大于标称值,则可判断该电路出现断路或严重老化现象,即电阻器已损坏。

5)断路检测

在路检测时,若测量值小于标称值,则应将电阻器从电路中断开检测。此时,若测量值基本等于标称值,该电阻器正常;若测量值接近于零,说明电阻器短路;若测量值远小于标称值,该电阻器已损坏;若测量值远大于标称值,该电阻器已断路。

2. 电位器(可调电阻器)的检测与判别

电位器(可调电阻器)的故障发生率比普通电阻器高得多。其主要故障表现为:接触不良,元件与电路时断时续;磨损严重,使实际值远大于测量值;元件断路,分为引脚断开和过流烧断两种情况。

对电位器(可调电阻器)的检测,其方法与测量普通电阻器类似,不同之处在于:电位器(可调电阻器)两固定引脚之间的电阻值应等于标称值,若测量值远大于或远小于标称值,说明元件出现故障。缓慢调节电位器(可调电阻器),测量元件定片和动片之间的阻值,观察其阻值变化情况:正常时,阻值应从零变到标称值,若阻值变化连续平稳,没有出现表针跳动的情况,否则表明元件出现接触不良故障;若定片和动片之间的阻值远大于标称值,或为无穷大,说明元件内部有断路现象。

3. 敏感电阻器的检测与判别

当敏感源(气敏源、光敏源、热敏源等)发生变化时,用万用表欧姆挡检测敏感电阻器的阻值。若其阻值明显变化,说明该敏感电阻器是好的;若其阻值变化很小或几乎不变,则敏感电阻器出现故障。

1.2 电容器

电容器(Capacitor)简称电容,用符号 C 表示,是一种在电路中能储存电荷的多用途元件。它由两个相互靠近的导体(彼此绝缘)及中间一层不导电的绝缘介质而组成。

电容器的特点是通交流、隔直流、阻低频、通高频。电容器在电子电路中起着耦合、旁路、隔直、滤波、移相、延时等作用。

1.2.1 电容器分类

电容器的分类方法很多,各种分类方法都具有一定的特点。

1. 按介质材料分

按介质材料分涤纶电容器、云母电容器、瓷介电容器、电解电容器、独石电容器、钽电容器等。

2. 按工作特征分

按工作特征分固定电容器、半可变电容器(微调电容,电容量变化范围较小)、可变电容器(电容量变化范围较大)。

3. 按使用用途分

按使用用途分耦合电容器、旁路电容器、隔直电容器、滤波电容器、退耦电容器、高频消振电容器、谐振电容器、负载电容器等。

4. 按安装方式分

按安装方式分插件电容、贴片电容。

5. 按有无极性分

按有无极性分电解电容器(有极性电容器)、无极性电容器。

如图 1-2-1 所示为常用电容器电路符号。

| (a) 一般电容器符号 | (b) 可调电容器符号 | (c) 半可调电容器符号 | (d) 电解电容器符号 |

图 1-2-1 常用电容器电路符号

表 1-2-1 列出了几种常用电容器性能及特点。

表 1-2-1 几种常用电容器性能及特点

电容器名称	容 量 范 围	额定工作电压	主要性能特点
纸介电容器	1000pF~0.1μF	160~400V	成本低、损耗大、体积大
云母电容器	4.7~30000pF	250~7000V	耐压高、耐高温、漏电小、损耗小、性能稳定、体积小、容量小
陶瓷电容器	2pF~0.047μF	160~500V	耐压高、漏电小、损耗小、性能稳定、体积小、容量小
涤纶电容器	1000pF~0.5μF	63~630V	体积小、漏电小、重量轻、容量小
金属膜电容器	0.01~100μF	400V	体积小、电容量较大、击穿后有自愈能力
聚苯乙烯电容器	3pF~1μF	63~250V	漏电小、损耗小、性能稳定、有较高的精密度
钽电解质电容器	1~20000μF	3~450V	电容量大、有极性、漏电大

1.2.2 电容器型号命名及参数识别

1. 电容器型号命名方法(GB 2470-81)

根据中华人民共和国国家标准——电容器型号命名方法(GB 2470-81),电容器型号由四个部分组成,其中:

- 第一部分:用字母表示产品的主称,电容器符号 C;
- 第二部分:用字母表示制作产品的材料(参见表 1-2-2);
- 第三部分:用数字或字母表示产品的特征分类(参见表 1-2-2);
- 第四部分:用数字表示产品的生产序号。

其中,第三部分作为补充内容,说明电容器的某些特征;如无说明,则只需由 3 部分组成,即两个字母一个数字。大多数电容器型号命名都由 3 部分组成。

例如:CJ1-63-0.022-K 表示非密封金属化纸介电容器,耐压 63V,容量 0.022μF,误差±10%。

CT1-100-0.01-J 表示圆片形低频瓷介电容器,耐压 100V,容量 0.01μF,误差±5%。

表 1-2-2 列出了常用电容器材料,分类符号及其意义。

表 1-2-2　常用电容器材料、分类符号及其意义

第二部分			第三部分			
材料			特征分类			
符号	意义	符号	意义			
			瓷介电容	云母电容	电解电容	有机电容
C	高频陶瓷	1	圆片	非密封	箔式	非密封
Y	云母	2	管形	非密封	箔式	非密封
I	玻璃釉	3	迭片	密封	烧结粉、固体	密封
O	玻璃膜	4	独石	密封	烧结粉、固体	密封
J	金属化纸	5	穿心			穿心
Z	纸介	6	支柱			
B	聚苯乙烯等非极性薄膜	7			无极性	
F	聚四氟乙烯	8		高压		高压
L	涤纶等极性有机薄膜	9	高压		特殊	特殊
Q	漆膜					
H	复合介质					
D	铝电解					
A	钽电解	G	高功率			
N	铌电解	W	微调			
T	低频陶瓷					

2. 电容器的参数识别

电容器的单位为法拉(F),倍率单位有毫法(mF)、微法(μF)、纳法(nF)、皮法(pF)。
单位换算: $1F=10^3 mF=10^6 \mu F=10^9 nF=10^{12} pF$。
电容器的参数标注有直标法、数码法、文字符号法和色标法等。

1) 直标法

直标法是将电容器的标称值用数字和单位在电容的本体上表示出来。如 4n7 表示
4.7nF 或 4700pF;0.22 表示 0.22μF;510 表示 510pF。

没标单位时,当电容在 1~9999pF 之间时,单位读为 pF,如 510pF。当电容大于
10^5pF时,单位读为 μF,如 0.22μF。

有时可认为,用大于 1 的三位以上数字表示时,电容单位为 pF;用小于 1 的数字表
示时,电容单位为 μF。如:3 表示 3pF;2200 表示 2200pF;0.056 表示 0.056μF。

2) 数码法

数码法是用三位数码表示电容器容量。数码从左到右,第一位、第二位为基数,表示电
容器的有效数字,第三位为 10 倍率,表示 10 的倍幂,单位为 pF。误差用文字符号表示。
若第三位是 9,则表示 10^{-1},而不是 10^9。
如:102 表示 $10×10^2=1000$pF;684、519 分别表示 0.68μF、5.1pF。

3) 文字符号法

文字符号法用文字符号表示电容的单位(n 表示 nF,p 表示 pF,μ 或 R 表示 μF 等),

容量的整数部分写在单位的前面、小数部分写在单位的后面；凡为整数(一般为 4 位)又无单位标注的电容,其单位默认为 pF；凡为小数又无单位标注的电容,其单位默认为 μF。

例如：用文字符号法表示 $3.3\mu F$、$0.56\mu F$、$2200pF$ 的主要参数。

$3.3\mu F$ 表示为 $3\mu 3$ 或 3.3；

$0.56\mu F$ 表示为 $R56$ 或 $\mu 56$；

$2200pF$ 表示为 $2n2$ 或 2200。

4) 色标法

用不同颜色的色环或色点表示电容器的主要参数。这种方法在小型电容器上用得较多。

色码一般只有三种颜色,前两个色码表示有效数字,第三个表示倍率,单位为 pF。有时色环较宽,如红红橙,两个红色色码环涂成一个宽色码环,表示 22000pF。

读色码的顺序规定为从元件的顶部向引脚方向读。对应色码的含义参见图 1-1-3。

1.2.3 电容器主要性能参数及合理选用

1. 电容器的主要性能参数

1) 标称容量与允许误差

电容量是电容器的基本参数,其数值标注在电容体上。不同类型的电容器有不同系列的容量标称数值。

注意：某些电容器的体积过小,在标注容量时常常不标单位符号,只标数值,这就需要根据电容器的材料、外形尺寸、耐压等因素加以判断,以读出真实的容量值。

由于制造电容的材料不同,误差范围也不相同,有的误差甚大,最大的可达 $-10\%\sim +100\%$。电容器常用的允许误差等级有：$\pm 1\%$、$\pm 2\%$、$\pm 5\%$、$\pm 10\%$、$\pm 15\%$、$\pm 20\%$,对应的符号为：F、G、J、K、L、M。

例如：一瓷片电容器为 104J 表示容量为 $0.1\mu F$、误差为 $\pm 5\%$。

2) 额定工作电压与击穿电压

额定工作电压又称耐压,是指电容器长期安全工作所允许施加的最大直流电压。其值通常为击穿电压的一半。

实际使用中,加在电容器两端的电压应小于额定电压；交流电路中,加在电容器上的交流电压的最大值不得超过额定电压,否则电容器会被击穿。

表 1-2-3 列出了固定电容器的额定直流工作电压系列。

表 1-2-3 固定电容器的额定直流工作电压系列 (单位：V)

1.6	4	6.3	10	16	25	32*	40	50*	63
100	125*	160	250	300*	400	450*	500	630	1000
1600	2000	2500	3000	4000	5000	6300	8000	10000	

注：表中数值下面有下划线的建议优先使用；表中带"*"者只限于电解电容器所用。

3）绝缘电阻

绝缘电阻指电容器两极之间的电阻，又称漏电阻。一般在 $10^8 \sim 10^{10}\,\Omega$ 之间。

4）稳定性

电容器的主要参数有容量、绝缘电阻、损耗角正切等，都受温度、湿度、气压、震动等环境因素的影响而发生变化，变化的大小用稳定性来衡量。

云母及瓷介电容器的温度稳定性最好，温度系数可达 $10^{-4}/℃$ 数量级，铝电解电容器的温度系数最大，可达 $10^{-2}/℃$。多数电容器的温度系数为正值，个别类型电容器（如瓷介电容器）的温度系数为负值。为使电路工作稳定，电容器的温度系数越小越好。

电容器介质的绝缘性能会随着湿度的增加而下降，并使损耗增加。湿度对纸介电容器的影响较大，对瓷介电容器的影响则很小。

2．电容器的合理选用

电容器的种类繁多，性能指标各异。合理选用电容器对于产品设计十分重要。所谓合理选用，就是要在满足电路要求的前提下综合考虑体积、重量、成本及可靠性等各方面的因素。

为了合理选用电容器，应该广泛收集产品目录，及时掌握市场信息，熟悉各类电容器的性能特点；了解电路的使用条件和要求以及每个电容器在电路中的作用，如耐压、频率、容量、允许误差、介质损耗、工作环境、体积及价格等因素。

一般来说，电路各级之间耦合多选用金属化纸介电容器或涤纶电容器；电源滤波和低频旁路宜选用铝电解电容器；高频电路和要求电容量稳定的地方应该选用高频瓷介电容器、云母电容器或钽电解电容器。如果在使用中要求电容量做经常性调整，可选用可变电容器；若不需要经常调整，可使用微调电容。

在具体选用电容器时，还应该注意如下问题。

1）电容器的额定电压

不同类型的电容器有不同的额定电压系列，所选电容器的耐压应该符合标准系列（参见表 1-2-3），一般应为电容器两端实际电压的 $1.5 \sim 2$ 倍。而对于液体电解质的电解电容器，由于其自身结构的特点，一般应使电路的实际电压相当于所选额定电压的 $50\% \sim 70\%$，才能充分发挥电解电容器的作用。如果液体电解质的电解电容器的实际工作电压低于其额定电压的一半，让高耐压的电解电容器在低电压的电路中长期工作，反而容易使它的电容量逐渐减小、损耗增大，导致工作状态变差。

不论选用何种电容器，都不得使其额定电压低于电路实际工作电压的峰值，否则电容器将会被击穿。因此，必须仔细分析电容器所加电压的性质。一般情况下，电路的工作电压是按照电压的有效值读数的，往往会忽略电压的峰值可能超过电容器的额定电压的情况。因此，在选择电容器的额定电压时，必须留有充分的裕量。但是，选用电容器的耐压也不是越高越好，耐压高的电容器体积大、价格高。

2）标称容量及精度等级

一般情况下对电容器的容量要求并不严格，例如，在电路中用于耦合或旁路，电容量相差几倍往往都没有很大关系。但在振荡回路、滤波、延时电路及音频电路中,对电容量的要求则非常精确,电容器的容量及其误差应满足电路要求。

在制造电容器时,控制容量比较困难,不同精度等级的电容器,价格相差很大。所以,在确定电容器的容量精度时,应该仔细考虑电路的要求,不要盲目追求电容器的精度等级。

3) 绝缘电阻

尽量选用绝缘电阻大的电容器。

4) 电容器的体积和比率电容

在产品设计中,一般都希望体积小、重量轻,特别是在密度较高的电路中,更要求选用小型电容器。由于介质材料不同,电容器的体积往往相差几倍或几十倍。

单位体积的电容量称为电容器的比率电容,即比率电容越大,电容器的体积越小,价格也高一些。

5) 成本

由于各类电容器的生产工艺相差很大,因此价格也相差很大。在满足产品技术要求的情况下,应该尽量选用价格低廉的电容器,以便降低产品成本。

1.2.4 常用电容器介绍

1. 瓷介电容器(型号:CC 或 CT)

介质材料为陶瓷,无极性,一般容量较小。标识一般为数字如 103,读法为前两位表示有效数字,第三位表示倍乘,单位为 pF,即 10000pF。

按其性能可分为低压小功率和高压大功率(通常额定工作电压高于 1kV)两种。高压大功率瓷介电容器可制成鼓形、瓶形及板形等形式。这种电容器的额定直流电压可达 30kV,容量范围为 470~6800pF,通常用于高压供电系统的功率因数补偿。

特点:由于所用陶瓷材料的介电性能不同,因而低压小功率瓷介电容器有高频瓷介(CC)、低频瓷介(CT)电容器之分。高频瓷介电容器的体积小、耐热性好、绝缘电阻大、损耗小、稳定性高,常用于要求低损耗和容量稳定的高频、脉冲、温度补偿电路,但其容量范围较窄,一般为 1pF~0.1μF;低频瓷介电容器的绝缘电阻小、损耗大、稳定性不高,一般用于损耗和容量稳定性要求不高的低频电路,在普通电子产品中广泛用做旁路、耦合元件。

该种电容器有些耐压值比较高,例如彩色电视机中的行逆程电容可以达到 1600V。检测时阻值应为无穷大。

2. 云母电容器(型号:CY)

介质材料为云母,无极性。标识为 100V 100pF,即耐压值 100V,容量 100pF。

特点:由于云母材料优良的电气性能和机械性能,使云母电容器的自身电感和漏电损耗都很小,具有耐压范围宽、可靠性高、性能稳定、容量精度高等优点,广泛用于一些具有特殊要求(如高温、高频、脉冲、高稳定性)的电路中。

目前应用较广的云母电容器的容量一般为 $4.7 \sim 51000\text{pF}$,容量精度可达到 $\pm 0.01\%$,这是其他种类的电容器难以达到的。云母电容器的直流耐压通常在 $100\text{V} \sim 5\text{kV}$ 之间,最高可达 40kV。温度系数小,一般可达 $10^{-4}/℃$ 数量级;可用于高温条件下,最高环境温度可达 $460℃$;长期存放后,容量变化小于 $0.01\% \sim 0.02\%$。但是,云母电容器的生产工艺复杂,成本高、体积大、容量有限,因此它的使用范围受到了一定的限制。

3. 玻璃电容器(型号：CI 或 CO)

介质材料为玻璃,无极性,体积小。与云母和瓷介电容器相比,玻璃电容器的生产工艺简单,因而成本低廉。这种电容器具有良好的防潮性和抗震性,能在 $200℃$ 高温下长期稳定地工作,是一种高稳定性、耐高温的电容器。其稳定性介于云母与瓷介电容器之间,体积一般却只有云母电容器的几十分之一,所以它在高密度的 SMT 电路中广泛使用。

4. 电解电容器(型号：CD 或 CA 等)

电解电容器以金属氧化膜作为介质,以金属和电解质作为电容的两极,金属为阳极,电解质为阴极。使用电解电容器时必须注意极性,由于介质单向极化的性质,它不能用于交流电路,极性不能接反,否则会影响介质的极化,使电容器漏液、容量下降,甚至发热、击穿或爆炸。

由于电解电容器的介质是一层极薄的氧化膜(厚度只有几纳米到几十纳米),因此比率电容(电容量/体积)比任何其他类型电容器都要大。换言之,对于相同的容量和耐压,其体积比其他电容器都要小几个或几十个数量级。低压电解电容器的这一特点更为突出。在要求大容量的场合(如滤波电路等),均选用电解电容器。电解电容器的损耗大,温度特性、频率特性、绝缘性能差,漏电流大(可达毫安级),长期存放可能会因电解液干涸而老化。因此,除体积小以外,其任何性能均远不如其他类型的电容器。常见的电解电容器有铝电解电容器、钽电解电容器和铌电解电容器。此外,还有一些特殊性能的电解电容器,如激光储能型、闪光灯专用型及高频低感型电解电容器等,各用于不同要求的电路。

电解电容器极性判断：新型电容器长脚的一端即为正极,在电容的壳体上也有标记,如"＋"号或"·",表示该脚对应的是正极。

1) 铝电解电容器(型号：CD)

这是一种使用最广泛的通用型电解电容器,适用于电源滤波和音频旁路。铝电解电容器的绝缘电阻小,漏电损耗大,容量范围为 $0.33 \sim 4700\mu\text{F}$,额定工作电压一般在 $6.3 \sim 500\text{V}$ 之间。

2) 钽电解电容器(型号：CA)

由于钽及其氧化膜的物理性能稳定,所以它与铝电解电容器相比,具有绝缘电阻大、漏电小、寿命长、比率电容大、长期存放性能稳定、温度及频率特性好等优点,但它的成本高、额定工作电压低(最高只有 160V)。这种电容器主要用于一些对电气性能要求较高的电路,如积分电路、计时电路及开关电路等。

注意：钽电解电容器分为有极性和无极性两种。

除液体钽电容器以外,近年来又发展了超小型固体钽电容器。体积最小的高频片状钽电容器已经做成 0805 系列（长约 2mm，宽约 1.2mm），用于混合集成电路或采用 SMT（Surface Mounted Technology，表面安装技术）的微型电子产品中。

5. 有机介质电容器（型号：CL 等）

由于现代高分子合成技术的进步，新的有机介质薄膜不断出现，这类电容器发展很快。除了传统的纸介、金属化纸介电容器外，常见的涤纶、聚苯乙烯电容器等均属此类。

传统的纸介电容器已经被淘汰。现在，金属化纸介电容器也已经很少见到。

有机薄膜电容器与纸介电容器基本相同，区别在于介质材料不是电容纸，而是有机薄膜。有机薄膜在这里只是一个统称，具体又分涤纶、聚苯乙烯等数种。

这种电容器不论是体积、重量还是在电气参数上，都要比纸介或金属化纸介电容器优越得多。最常见的涤纶薄膜电容器（型号：CL）其体积小，容量范围大，耐热、耐湿、稳定性不高，但比低频瓷介或金属化纸介电容器要好，宜做旁路电容器使用。

6. 可变电容器（型号：CB）

可变电容器是由很多半圆形动片和定片组成的平行板式电容器，动片和定片之间用介质（空气、云母或聚苯乙烯薄膜）隔开，动片组可绕轴相对于定片组旋转 0°～180°，从而改变电容量的大小。可变电容器按结构可分为单联、双联和多联等几种。

可变电容器主要用在需要经常调整电容量的场合，如收音机的频率调谐电路。单联可变电容器的容量范围通常为 7～270pF 或 7～360pF；双联可变电容器的最大容量通常为 270pF。

7. 微调电容器（型号：CCW）

在两块同轴的陶瓷片上分别镀有半圆形的银层，定片固定不动，旋转动片就可以改变两块银片的相对位置，从而在较小的范围内改变容量（几十皮法）。在高频回路中，一般用于不经常进行的频率微调。

如图 1-2-2 所示为常用电容器外形图。

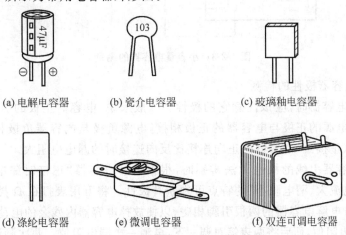

(a) 电解电容器   (b) 瓷介电容器   (c) 玻璃釉电容器

(d) 涤纶电容器   (e) 微调电容器   (f) 双连可调电容器

图 1-2-2　常用电容器外形图

1.2.5 电容器的检测及故障判别

电容器的常见故障有开路、击穿、漏电等。一般用万用表的欧姆挡检测电容器。

1. 电容器容量检测与判别

1) 电容器容量的检测

(1) 对于容量大于 5100pF 的电容器,用万用表的最高电阻挡判别。将万用表的两表笔分别接在电容器的两个引脚上,可见表针有一个较小的摆动过程;数值稳定后的阻值读数就是电容器的绝缘电阻(也称漏电电阻)。然后将两表笔对换,此时表针会有一个较大的摆动过程。这是电容的充放电过程。电容的容量越大,表针摆动越大,指针复原的速度也越慢。假如数字式万用表显示绝缘电阻在几百千欧姆以下或者指针式万用表的表针停在距"∞"较远的位置,表明电容器漏电严重,不能使用。

(2) 对于容量小于 5100pF 的电容器,用万用表测量时,由于其容量小,充电时间很快,直接使用万用表的欧姆挡就很难观察到阻值的变化,无法看出电容的充、放电过程。此时应选用具有测量电容功能的数字万用表进行测量,也可以借助一个 NPN 型三极管的放大作用进行测量。测量电路如图 1-2-3 所示。电容器接到 A、B 两端,由于晶体管的放大作用,就可以测量到电容器的绝缘电阻。判断方法同上所述。

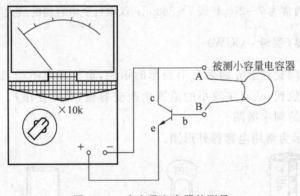

图 1-2-3 小容量电容器的测量

2) 电解电容器极性的检测

测量电解电容器时,应该注意它的极性。一般来说,电容器正极的引线长一些。测量时万用表内电源的正极与电容器的正极相接,电源负极与电容器负极相接,称为电容器的正向连接(正接)。电容器的正向连接比反向连接时的漏电电阻大。

当电解电容器引线的极性无法辨别时,根据电解电容器"正接时漏电流小、漏电阻大,反接时漏电流大、漏电阻小"的特点可判断其极性。将万用表打在 Ω 挡的 R×1k 挡,在检测前,先将电解电容器的两根引脚相碰,以便放掉电容器内残余的电荷。先测一下电解电容器的漏电阻值,而后将两表笔对调一下,再测一次漏电阻值。两次测试中,对应漏电阻值小的那一次,黑表笔接的是电解电容器的负极,红表笔接的是电解电容器的正极。

一般电解电容器的绝缘电阻相对较小,为 200~500kΩ,若小于 200kΩ,则说明漏电较严重。

3)固定电容器的故障判别

用上述判别容量大小的方法,若出现表针不摆动(在 5100pF 以上容量的电容器中较容易出现),说明电容器已开路。

若表针向右摆动后不再复原,说明电容器被击穿。

若表针向右摆动后只有少量向左回摆现象,说明电容器漏电,指针稳定后的读数即为电容器的漏电阻值(绝缘电阻值)。

若表头指针保持在 0Ω 附近,说明该电容器内部短路。

2. 线路上直接检测与判别

线路上直接检测主要是检测电容器是否已开路或已击穿这两种明显故障,而对漏电故障由于受外电路的影响一般是测不准的。用万用表 R×1 挡,电源断开后,先放掉残存在电容器内的电荷。如果表针向右偏转后所指示的阻值很小(接近短路),说明电容器严重漏电或已击穿。如果表针向右偏后无回转,但所指示的阻值不很小,说明电容器开路的可能很大,应脱开电路后进一步检测。

3. 线路上通电状态时检测与判别

若怀疑电解电容器只在通电状态下才存在击穿故障,可以给电路通电,然后用万用表直流挡测量该电容器两端的直流电压,如果电压很低或为 0V,则该电容器已击穿。对于电解电容器的正、负极标志不清楚的,必须先判别出它的正、负极。

4. 微调电容器和可变电容器的检测与判别

可变电容器的漏电或碰片短路,也可用万用表的欧姆挡来检查。

把万用表调到最高电阻挡,将万用表的两只表笔分别与可变电容器的定片和动片引出端相连,同时将电容器来回旋转几下,阻值读数应该极大且无变化。性能良好的微调电容器和可变电容器,其定片和动片之间的电阻应在 100MΩ~10GΩ(或以上),如果读数为零或某一较小的数值,说明可变电容器已发生碰片短路或漏电严重。

缓慢旋转动片,若出现表针跳动现象,说明该可变电容器在表针跳动的位置有碰片故障。

1.3 电感器和变压器

电感器(Inductance)和变压器是用导线一圈靠一圈绕制而成。

电感器简称电感,用符号 L 表示,是一种在电路中能储存磁场能量的多用途元件。电感器能产生自感作用,在电子电路中起着耦合、滤波、振荡、阻流、补偿、延迟、匹配、调谐、储存磁能等作用。

变压器是一种利用互感原理来传输能量的元件,实质是电感器的一种特殊形式,具有变压、变流、变阻抗、耦合、匹配等作用。

1.3.1 电感器和变压器分类

1. 电感器分类

按工作特征分为:固定电感器、微调电感器、可变电感器等。
按磁导体性质分为:空心线圈、磁心线圈、铜心线圈等。
按用途分为:天线线圈、扼流线圈、振荡线圈等。
按照绕制方式及其结构分为:单层、多层、蜂房式、有骨架式和无骨架式等。

2. 变压器分类

按工作频率分为:高频变压器、中频变压器、低频(音频)变压器、脉冲变压器等。
高频变压器:工作在高频状态的变压器,例如:收音机接收电路的变压器。
中频变压器:俗称中周。
低频变压器:工作频率较低,例:收音机中的音频变压器即是低频变压器。
按导磁性质分为:空心变压器、磁心变压器、铁心变压器等。
按用途(传输方式)分为:电源变压器、输入变压器、输出变压器、耦合变压器等。
如图 1-3-1 所示为常用电感器和变压器电路符号。

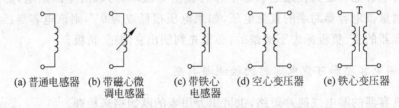

(a) 普通电感器　(b) 带磁心微　　(c) 带铁心　　(d) 空心变压器　(e) 铁心变压器
　　　　　　　　调电感器　　　　　电感器

图 1-3-1　常用电感器电路符号

表 1-3-1 列出了常用电感器和变压器性能特点及用途。

表 1-3-1　常用电感器和变压器性能特点及用途

名　称	性能及用途
固定电感线圈	体积小,Q 值高,性能稳定。常用于滤波、扼流、延时、陷波等电路中
磁心电感线圈	体积小,通过调节磁心改变电感量的大小。用于滤波、振荡、频率补偿等
交流扼流线圈	电感量较大,损耗较小。用做交流阻抗
电源变压器	用于变换正弦波电压或电流
低频(音频)变压器	用于变换电压、阻抗匹配等
中频变压器	用于选频、耦合等
脉冲变压器	用于变换脉冲电压、阻抗匹配、产生脉冲等

1.3.2 电感器型号命名及参数识别

1. 电感器型号命名方法

电感器型号一般由四个部分组成,其中:

- 第一部分:主称,用字母表示,其中 L 代表电感线圈,ZL 代表阻流圈。
- 第二部分:特征,用字母表示,其中 G 代表高频。
- 第三部分:型式,用字母表示,其中 X 代表小型。
- 第四部分:区别代号,用数字或字母表示。

例如:LGX 型为小型高频电感线圈。

应指出的是,目前固定电感线圈的型号命名方法各生产厂有所不同,尚无统一的标准。

2. 电感器参数识别

电感器的单位:亨利(H);倍率单位:毫亨(mH),微亨(μH),纳亨(nH);换算单位:$1H=10^3 mH=10^6 \mu H=10^9 nH$。

电感器的标注方法主要有直标法和色标法。

1) 直标法

电感器采用直标法标注时,一般会在外壳上标注电感量、误差和额定电流值。

在标注电感量时,通常会将电感量值及单位直接标出。在标注误差时,分别用Ⅰ、Ⅱ、Ⅲ表示$+5\%$、$+10\%$、$+20\%$。在标注额定电流时,用 A、B、C、D、E 分别表示 50mA、150mA、300mA、0.7A 和 1.6A。如外壳上标注 C Ⅱ $330\mu H$ 表示电感量 $330\mu H$、误差 $+10\%$、额定电流 300mA。

2) 色标法

色标法是采用色点或色环标在电感器上来表示电感量和误差的方法。色码电感器采用色标法标注,其电感量和误差标注方法同色环电阻器,单位为 μH。

色码电感器的各种颜色含义及代表的数值与色环电阻器相同;色码电感器颜色的排列顺序方法也与色环电阻器相同(对应色码的含义参见图 1-1-3)。色码电感器与色环电阻器识读不同仅在于单位不同,色码电感器单位为 μH。如色码电感器上标注"红棕黑银"表示电感量为 $21\mu H$,误差为 $+10\%$。

1.3.3 电感器和变压器的主要性能参数

1. 电感器

1) 标称电感量

标称电感量是反映电感线圈自感应能力的物理量,其大小与线圈的形状、结构和材料有关。

2）允许误差

允许误差是指电感器上标称的电感量与实际电感的允许误差值。

一般用于振荡或滤波等电路中的电感器要求精度较高，允许误差为 $\pm 0.2\% \sim \pm 0.5\%$；而用于耦合、高频阻流等线圈的精度要求不高，允许误差为 $\pm 10\% \sim \pm 15\%$。

3）品质因数

品质因数定义为电感线圈中储存能量与消耗能量的比值，也称 Q 值，具体表现为线圈的感抗（ωL）与线圈的损耗电阻（R）的比值。

Q 值反映线圈损耗的大小，Q 值越高，损耗功率越小，电路效率越高。一般要求电感器的 Q 值高，以便谐振电路获得更好的选择性。

4）分布电容

电感线圈的各匝绕组之间通过空气、绝缘层和骨架而存在着分布电容，同时，在屏蔽罩之间、多层绕组的每层之间、绕组与底板之间也都存在着分布电容。

这些电容的作用可以看做一个与线圈并联的等效电容。低频时，分布电容对电感器的工作没有影响；高频时，分布电容会改变电感器的性能。

使用电感线圈时，应使其工作频率远低于线圈的固有频率。为了减小线圈的固有电容，可以减小线圈骨架的直径，用细导线绕制线圈，或者采用间绕法、蜂房式绕法。

5）额定电流

额定电流即电感线圈中允许通过的最大电流。当电感线圈在供电回路中作为高频扼流圈或在大功率谐振电路里作为谐振电感时，都必须考虑它的额定电流是否符合要求。

6）直流电阻

直流电阻即为电感线圈的直流损耗电阻 R，可以用万用表的欧姆挡直接测量出来，数值在几欧到几百欧之间。

2. 变压器

1）变压比 n

变压比定义为变压器的初级电压 U_1 与次级电压 U_2 的比值或初级线圈匝数 N_1 与次级线圈匝数 N_2 的比值。

2）额定功率

额定功率指在规定的频率和电压下，变压器能长期工作而不超过规定温升的输出功率。

3）效率

效率指变压器的输出功率与输入功率的比值。一般来说，变压器的容量越大其效率越高。如变压器的额定功率为 100W 以上时，其效率可达 90% 以上；变压器的额定功率为 10W 以下时，其效率只有 $60\% \sim 70\%$。

4）绝缘电阻

绝缘电阻指变压器各绕组之间以及各绕组对铁心（或机壳）之间的电阻。若绝缘电阻过低，会使仪器和设备机壳带电，造成工作不稳定，甚至对设备和人身带来危险。

1.3.4 常用电感器介绍

1. 立式电感器

因形状而分，有些在壳体上有标注，如 $100\mu H$；还有些因为体积小等原因没有标注。

2. 卧式电感器

也是因形状而分，有些在壳体上有标注，如 $150\mu H$；还有些因为体积小等原因没有标注。

3. 色环电感器

壳体上标有色环，类似于色环电阻，现色环标识方法不统一，在电路中要注意不要因外形而判断错误。

4. 振荡线圈

四方形，一般外面罩一层金属，一般有 5 脚。虽然外形和中周相似，但要严格区分，振荡线圈中只有电感线圈没有电容，中周中有电感线圈也有电容。判断方法是：将元件翻转，将其底部朝向自己，观察有没有带颜色的柱状体，有为中周、没有为振荡线圈。应注意：中周和振荡线圈引脚的导通方式不同。

如图 1-3-2 所示为常用电感器外形图。

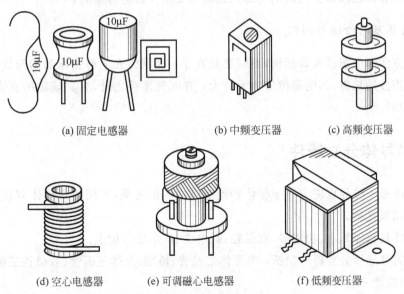

(a) 固定电感器   (b) 中频变压器   (c) 高频变压器

(d) 空心电感器   (e) 可调磁心电感器   (f) 低频变压器

图 1-3-2 常用电感器外形图

1.3.5　电感器和变压器的检测及故障判别

1. 电感器的检测与判别

电感器的主要故障有短路、断线现象。

1) 通断检测

测量电感器最简单的方法是用万用表。测量时,选万用表的 $R \times 1\Omega$ 挡或 $R \times 10\Omega$ 挡,表笔接被测电感器的引出线。若表针指示电阻值为无穷大,则说明电感器断路;若电阻值接近于零,则说明电感器正常。除圈数很少的电感器外,如果电阻值为零,说明电感线圈已经短路。

2) 电感量的检测

取一个 10V 电压的交流电源作为电源,选万用表的 10V 电压挡,对于刻有电感刻度线的万用表,可以从刻度上直接读出电感量。无电感刻度的万用表,有的把电感刻度印在说明书上(如 MF500 型万用表),可参照说明书读出电感量的具体数值。若需要对电感量进行准确的测量,必须使万用电桥、高频 Q 表或数字式电感、电容表。

3) 电感器故障的判别

电感器的性能检测一般采用外观检查结合万用表测试的方法。先检查外观,看线圈有无断线、生锈、发霉、松散或烧焦的情况(这种故障现象较常见)。若无这些现象,再用万用表检测电感线圈的直流损耗电阻,其值通常在几欧到几百欧之间,若测得线圈的电阻远大于标称值或趋于无穷大,说明电感器断路;若测得线圈的电阻远小于标称阻值,说明线圈内部有短路故障。线圈的局部短路需用专用仪器进行检测。

2. 变压器的检测与判别

检测方法与电感器大致相同,不同之处在于:检测前先了解变压器的连线结构。在没有电气连接的地方,其电阻值应为无穷大;有电气连接之处,有其规定的直流电阻(可查资料得知)。

1.4　半导体分立器件

半导体是一种导电能力介于导体和绝缘体之间的物质,常用的半导体有硅、锗、硒及大多数金属氧化物。

半导体具有体积小、功能多、重量轻、耗电少、成本低等优点。

常用的半导体分立器件包括:半导体二极管、桥堆、晶体三极管(双极性三极管)和场效应管(单极性三极管)等。

半导体分 N 型半导体和 P 型半导体,半导体中有电子和空穴两种载流子参与导电,

N 型半导体中,电子为多数载流子,P 型半导体中,空穴为多数载流子。

PN 结(PN Junction)的单向导电性:加正向电压,呈小电阻,电流较大;加反向电压,电阻很大,电流近似为零。

1.4.1 半导体分立器件型号命名

根据中华人民共和国国家标准——半导体器件型号命名方法(GB 249-74),器件型号由 5 部分组成,型号命名如图 1-4-1 所示。表 1-4-1 列出了国产半导体分立器件型号命名及其含义。

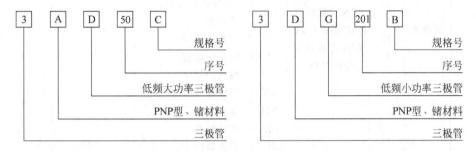

图 1-4-1 半导体分立器件型号命名

注意:可控整流管、体效应器件、雪崩管、场效应器件、半导体特殊器件、复合管、PIN 型管、激光器件、阶跃恢复管等器件的型号命名只有第三、四、五部分。国外进口的半导体分立器件的命名方法与国产器件的命名方法不同,应查阅相关的技术资料。

表 1-4-1 国产半导体分立器件型号命名及其含义

第一部分		第二部分		第三部分		第四部分	第五部分
用数字表示器件的电极数目		用字母表示器件的材料和极性		用字母表示器件的类型		用数字表示器件的序号	用字母表示规格号
符号	意义	符号	意义	符号	意义		
2	二极管	A B C D	N 型锗材料 P 型锗材料 N 型硅材料 P 型硅材料	P V W C Z L S N U K	普通管 微波管 稳压 参数管 整流管 整流堆 隧道管 阻尼管 光电器件 开关管	1 2 3 4 5 6	A B C D

续表

第一部分		第二部分		第三部分		第四部分	第五部分
用数字表示器件的电极数目		用字母表示器件的材料和极性		用字母表示器件的类型		用数字表示器件的序号	用字母表示规格号
符号	意义	符号	意义	符号	意义		
3	三极管	A B C D E	PNP 型锗材料 NPN 型锗材料 PNP 型硅材料 NPN 型硅材料 化合物材料	X G D A T B Y J CS BT FH PIN JG	低频小功率管 高频小功率管 低频大功率管 高频大功率管 可控整流器 （半导体晶闸管） 雪崩管 体效应器件 阶跃恢复管 场效应器件 半导体特殊器件 复合管 PIN 型管 激光器件		

例如：在电子电路中器件 1、2、3 的外壳上分别标有：2AP9、2CZ10、3DG6 的符号，则器件 1 为 N 型锗材料普通二极管、器件 2 为 N 型硅材料整流二极管、器件 3 为 NPN 型硅材料高频小功率三极管。

1.4.2 半导体分立器件选用及注意事项

常见的半导体分立器件封装多为塑料封装或金属封装，也能见到玻璃封装的二极管和陶瓷封装的三极管。金属外壳封装的半导体分立器件可靠性高、散热好并容易加装散热片，但造价比较高。塑料封装的半导体分立器件造价低，应用广泛。

半导体分立器件正常工作需要一定的条件。如果工作条件超过允许的范围，则半导体分立器件不能正常工作，甚至造成永久性的损坏。为使半导体分立器件能够长期稳定运行，必须注意下列事项。

1. 二极管

（1）切勿使电压、电流超过器件手册中规定的极限值，并应根据设计原则选取一定的裕量。

（2）允许使用小功率电烙铁进行焊接，焊接时间应该小于 5s，在焊接点接触二极管时，要注意保证焊点与管心之间有良好的散热。

（3）玻璃封装的二极管引线的弯曲处距离管体不能太近，一般至少 2mm。

（4）安装二极管的位置尽量不要靠近电路中的发热元器件。

（5）接入电路时要注意二极管的极性。通常，二极管的阳极接电路的高电位端，阴极接低电位端；而稳压二极管则与此相反。

2．三极管

使用三极管的注意事项与二极管基本相同，此外还要注意如下事项。

（1）安装时要分清不同电极的管脚位置，焊点距离管壳不要太近，一般三极管应该距离印制板 2～3mm 以上。

（2）大功率管的散热器与管壳的接触面应该平整、光滑，中间应该涂抹导热硅脂以便减小热阻并减少腐蚀；要保证固定三极管的螺丝钉松紧一致。

（3）对于大功率管，特别是外延型高频功率管，在使用中要防止二次击穿。为了防止二次击穿，就必须大大降低三极管的使用功率和工作电压。其安全工作区的判定，应该依据厂家提供的资料，或在使用前进行必要的检测筛选。

注意：大功率管的功耗能力并不服从等功耗规律，而是随着工作电压的升高，其耗散功率相应减小。对于相同功率的三极管而言，低电压、大电流的工作条件要比在高电压、小电流下使用更为安全。

3．场效应管

（1）结型场效应管和一般晶体三极管的使用注意事项相类似。

（2）对于绝缘栅型场效应管，应该特别注意避免栅极悬空，即栅、源两极之间必须经常保持直流通路。因为它的输入阻抗非常高，所以栅极上的感应电荷就很难通过输入电阻泄漏，电荷的积累使静电电压升高，尤其是在极间电容较小的情况下，少量电荷就会产生很高的电压，往往导致管子还未经使用，就已被击穿或出现性能下降的现象。

为了避免由于上述原因对绝缘栅型场效应管造成损坏，在存放时应把它的三个电极短路；在采用绝缘栅型场效应管的电路中，通常是在它的栅、源两极之间接入一个电阻或稳压二极管，使积累电荷不致过多或使电压不致超过某一界限；焊接、测试时应该采取防静电措施，电烙铁和仪器等都要有良好的接地线；使用绝缘栅型场效应管的电路和整机，外壳必须良好接地。

1.4.3 二极管

1．二极管基本知识

二极管是由一个 PN 结、电极引线以及外壳封装构成。如图 1-4-2 所示为二极管的结构示意图、电路符号、外形图。

二极管的文字符号是"VD"，电子电路中经常使用的一种半导体器件。由于采用半导体晶体（主要是锗和硅）材料制成，又称半导体二极管，常用于检波、整流、限幅、变容、

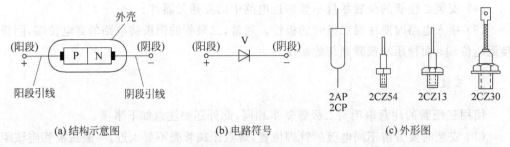

(a) 结构示意图　　　　(b) 电路符号　　　　(c) 外形图

图 1-4-2　二极管的结构示意图、电路符号、外形图

稳压、开关、光电转换、发光等电路中。

1) 二极管单向导电性

二极管两端加一定的正向电压时导通,加反向电压时截止,这一导电特性称为二极管的单向导电性。如图 1-4-3 所示为二极管单向导电性实验电路。

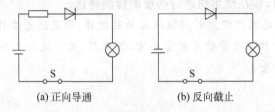

(a) 正向导通　　　　　(b) 反向截止

图 1-4-3　二极管单向导电性实验电路

当开关 S 闭合后,图 1-4-3(a)中二极管两端加有正向电压,处于导通状态,故指示灯发光;图 1-4-3(b)中二极管两端加有反向电压,处于截止状态,故指示灯不发光。

2) 二极管的分类、特点及应用

(1) 根据材料分:锗二极管、硅二极管。

锗二极管的正向电阻很小,正向导通电压约为 0.2V,但反向漏电流大,温度稳定性较差,如今在大部分场合被肖特基二极管(正向导通电压约为 0.2V)取代;硅二极管的反向漏电流比锗二极管小很多,缺点是需要较高的正向电压(约 0.5～0.7V)才能导通,只适用于信号较强的电路。

(2) 根据管心结构分:点接触型二极管、面接触型二极管、平面型二极管。

点接触型二极管 PN 结的接触面积小、结电容小,适用于高频电路,但允许通过的电流和承受的反向电压也比较小,所以只适合在检波、变频等电路中使用。面接触型二极管 PN 结的接触面积大,结电容比较大,不适合在高频电路中使用,但它可以通过较大的电流,多用于频率较低的整流电路。平面型二极管往往用于集成电路制造工艺中,PN 结面积可大可小,用于高频整流和开关电路中。

(3) 根据用途分:整流二极管、检波二极管、稳压二极管、变容二极管、开关二极管、限幅二极管、调制二极管、放大二极管、阶跃恢复二极管、混沌二极管、PIN 二极管、双基极二极管、瞬间电压抑制二极管、阻泥二极管、肖特基二极管、发光二极管等。

在采用国产元器件的电子产品中,常用的检波二极管多为 2AP 型,常用的整流二极管多为2CP型或2CZ型,稳压二极管多为2CW型,开关二极管多为2CK型,变容二极管常用的型号为2CC型。

常用二极管的外形图参见图1-4-2。

3) 二极管的主要性能参数

(1) 最大电流。二极管长期连续工作时允许通过的最大正向电流值,其值与PN结面积及外部散热条件等有关。

(2) 最高反向工作电压。加在二极管两端的反向电压高到一定值时,会将管子击穿,失去单向导电能力。

(3) 反向电流。二极管在规定的温度和最高反向电压作用下,流过二极管的反向电流。反向电流越小,管子的单方向导电性能越好。

2. 二极管的选用、极性判别与性能检测

二极管的选用应根据:二极管在电子电路中的用途和特性要求进行选择,同时要考虑到性价比。二极管的替换应遵循:类型相同,特性相近,外形相似,分类选择的原则。

1) 普通二极管

(1) 外观判别二极管的极性。

① 观察外壳上的符号标记。通常在二极管的外壳上标有三角形的二极管的符号,三角形箭头的指向为从正极指向负极的方向。

② 观察外壳上的色点。在点接触二极管的外壳上,通常标有极性色点(白色或红色)。一般标有色点的一端即为正极。还有的二极管上标有色环,带色环的一端则为负极。

③ 对于透明玻璃壳的二极管,可直接看出极性,即二极管内部连触丝的一端为正极。

④ 若二极管引线是同向引出的,其判别方法为左正右负。

(2) 万用表检测二极管的极性和性能。

根据二极管的单向导电性原理,性能良好的二极管,其正向电阻小、反向电阻大,且这两个数值相差越大越好。

测量时,选用万用表的欧姆挡,一般用R×100或R×1k挡,R×1挡电流太大,容易烧坏二极管,R×10挡内电源电压太大,容易击穿二极管。

具体检测方法如下:

- 将两表棒接在二极管的两个电极上,读出测量的阻值,对换表笔再测一次,记录第二次阻值。若两次相差很大,二极管性能良好,并以阻值较小的一次测量为准,判断极性时:黑表笔所接的一端为二极管的正极,红表笔所接的一端则为二极管的负极。因为黑表笔"−"连接万用表内部电源的正极,红表笔"＋"连接万用表内部电源的负极。

- 在R×1k挡进行测量,测量时手不要接触引脚。一般硅管正向电阻为几千欧,锗管正向电阻为几百欧。正反向电阻相差不大为劣质管,性能欠佳;正反向电阻都是无穷大说明二极管内部断路;阻值为零或很小说明二极管已经被击穿、短路。

- 检测最高工作频率f_M。二极管工作频率,除了可从有关特性表中查阅外,实际操作中常常用眼睛观察二极管内部的触丝来加以区分。如点接触型二极管属于高频管；面接触型二极管多为低频管。另外，也可以用万用表 R×1k 挡进行测试，一般正向电阻小于 1kΩ 的多为高频管；反之为低频管。

- 检测最高反向击穿电压。对于交流电来说，由于电压不断变化，因此最高反向工作电压也就是二极管承受的交流峰值电压。需要指出的是，最高反向工作电压并不是二极管的击穿电压。一般情况下，二极管的击穿电压要比最高反向工作电压高得多(约高一倍)。

2) 稳压二极管(voltage stabilizing diode)

稳压二极管(又叫齐纳二极管)工作于反向击穿区，稳压二极管的特点是：击穿后，其两端的电压基本保持不变。这样，当把稳压管接入电路以后，若由于电源电压发生波动，或其他原因造成电路中各点电压变动时，负载两端的电压将基本保持不变。用于直流稳压电源时，稳压管主要被作为稳压器或电压基准元件使用。

(1) 常用稳压二极管的型号及稳压值。

常用稳压二极管的型号及稳压值如表 1-4-2 所示。

表 1-4-2　常用稳压二极管的型号及稳压值

型号	1N4728	1N4729	1N4730	1N4732	1N4733	1N4734	1N4735	1N4744	1N4750	1N4751	1N4761
稳压值	3.3V	3.6V	3.9V	4.7V	5.1V	5.6V	6.2V	15V	27V	30V	75V

(2) 稳压二极管的检测。

稳压二极管极性及性能测量方法与普通二极管类似，不同之处在于：

① 当用万用及的 R×1k 挡测量时，其反向电阻很大。

② 用 R×10k 挡测量时，如果出现表针向右偏转较大角度，即反向电阻值减小很多的情况，则该二极管为稳压二极管；如果反向电阻基本不变，说明该二极管是普通二极管。

3) 发光二极管(Light Emitting Diode，LED)

发光二极管是半导体二极管的一种，可以把电能转化成光能。

发光二极管与普通二极管一样，是由一个 PN 结组成，也具有单向导电性。当给发光二极管加上正向电压后，从 P 区注入到 N 区的空穴和由 N 区注入到 P 区的电子，在 PN 结附近数微米内分别与 N 区的电子和 P 区的空穴复合，产生自发辐射的荧光。不同的半导体材料中电子和空穴所处的能量状态不同，当电子和空穴复合时释放出的能量多少不同，释放出的能量越多，则发出的光的波长越短。常用的是发红光、绿光或黄光的二极管。常用发光二极管材料及主要参数如表 1-4-3 所示。

表 1-4-3　常用发光二极管材料及主要参数

类型	发光颜色	最大工作电流(mA)	一般工作电流 I_F(mA)	正向压降 U_F(V)
磷砷化镓红色 LED	红光	50	10	1.5
磷化镓绿色 LED	绿光	50	10	2.3
碳化硅黄色 LED	黄光	50	10	6

与小白炽灯泡和氖灯相比,发光二极管的特点是:工作电压很低(有的仅 1V 多一点);工作电流很小(有的仅零点几毫安即可发光);抗冲击和抗震性能好,可靠性高,寿命长;通过调节通过的电流强弱可以方便地控制发光的强弱。由于有这些特点,发光二极管在一些光电控制设备中用做光源,在许多电子设备中用做信号显示器,如家用灯、酒店商务用灯、户外大屏幕、电视、手机背景灯、路灯、交通信号指示灯、汽车尾灯、日行灯等。把它的管心做成条状,用 7 条条状的发光管组成 7 段式半导体数码管,每个数码管可显示 0~9 十个数字。

发光二极管还可分为普通单色发光二极管、高亮度发光二极管、超高亮度发光二极管、变色发光二极管、闪烁发光二极管、电压控制型发光二极管、红外发光二极管和负阻发光二极管等。

(1)发光二极管限流电阻计算。

发光二极管工作于正向区域,其正向导通电压高于普通二极管。反向击穿电压约5V。它的正向伏安特性曲线很陡,使用时必须串联限流电阻以控制通过管子的电流。限流电阻 R 可用下式计算:

$$R = \frac{E - U_\mathrm{F}}{I_\mathrm{F}} \tag{1-4-1}$$

式中,E 为电源电压;U_F 为 LED 的正向压降;I_F 为 LED 的一般工作电流。

(2)发光二极管极性判别与性能检测。

① 发光二极管的正、负电极判别。

发光二极管有两个引脚,通常长引脚为正极,短引脚为负极。有的发光二极管的两根引线一样长,但管壳上有一凸起的小舌,靠近小舌的引线是正极。因发光二极管呈透明状,所以管壳内的电极清晰可见,内部电极面积较宽、较大的为负极,而较窄、较小的为正极。

② 普通发光二极管的检测。

- 用万用表检测发光二极管好坏。利用具有 R×10kΩ 挡的指针式万用表可以大致判断发光二极管的好坏。正常时,二极管正向电阻阻值为几十至 200kΩ,反向电阻的值为∞。如果正向电阻值为 0 或为∞,反向电阻值很小或为 0,则已损坏。这种检测方法,不能看到发光管的实际发光情况,因为 R×10kΩ 挡不能向 LED 提供较大正向电流。

- 用两块指针万用表(最好同型号)检查发光二极管的发光情况。用一根导线将其中一块万用表的"+"接线柱与另一块表的"−"接线柱连接。余下的"−"笔接被测发光管的正极(P 区),余下的"+"笔接被测发光管的负极(N 区)。两块万用表均置 R×10kΩ 挡。正常情况下,接通后就能正常发光。若亮度很低,甚至不发光,可将两块万用表均拨至 R×1mΩ 挡,若仍很暗,甚至不发光,则说明该发光二极管性能不良或损坏。应注意,不能一开始测量时就将两块万用表置于 R×1mΩ 挡,以免电流过大,损坏发光二极管。

- 外接电源检测发光二极管的光、电特性。用 3V 稳压源或两节串联的干电池及万用表(指针式或数字式皆可)可以较准确地测量发光二极管的光、电特性。如果测

得 V_F（正向电压降）在 $1.4\sim3V$ 之间，且发光亮度正常，可以说明发光正常。如果测得 $V_F=0$ 或 $V_F\approx3V$，且不发光，说明发光管已坏。

③ 红外发光二极管的检测。

由于红外发光二极管，它发射 $1\sim3\mu m$ 的红外光，人眼看不到。通常单只红外发光二极管发射功率只有数 mW，不同型号的红外 LED 发光强度角分布也不相同。红外 LED 的正向压降一般为 $1.3\sim2.5V$。正由于其发射的红外光人眼看不见，所以利用上述可见光 LED 的检测法只能判定其 PN 结正、反向电学特性是否正常，而无法判定其发光情况正常否。为此，最好准备一只光敏器件（如 2CR、2DR 型硅光电池）作为接收器，同时用万用表测光电池两端电压的变化情况，以判断红外 LED 加上适当正向电流后是否发射红外光。

4）光电二极管（Photo-Diode）

光电二极管、光电三极管是电子电路中广泛采用的光敏器件。光电二极管和普通二极管一样具有一个 PN 结，不同之处是在光电二极管的外壳上有一个透明的窗口以接收光线照射，实现光电转换，在电路图中文字符号一般为 VD。光电三极管除具有光电转换的功能外，还具有放大功能，在电路图中文字符号一般为 VT。光电三极管因输入信号为光信号，所以通常只有集电极和发射极两个引脚线。同光电二极管一样，光电三极管外壳也有一个透明窗口，以接收光线照射。

普通二极管在反向电压作用下处于截止状态，只能流过微弱的反向电流，在设计和制作光电二极管时，尽量使 PN 结的面积相对较大，以便接收入射光。光电二极管是在反向电压作用下工作的，没有光照时，反向电流极其微弱，此时电流称为暗电流；有光照时，反向电流迅速增大到几十微安，此时电流称为光电流。光的强度越大，反向电流也越大。光的变化引起光电二极管电流变化，这就可以把光信号转换成电信号，成为光电传感器件。光电二极管，作为传感器件广泛应用于光电控制系统中。

（1）光电二极管的检测。

光电二极管是在反向电压作用下工作的。

① 电阻测量法。

用万用表 R×1k 挡。光电二极管正向电阻约 $10k\Omega$ 左右。在无光照情况下，反向电阻为 ∞ 时，这管子是好的（反向电阻不是 ∞ 时说明漏电流大）；有光照时，反向电阻随光照强度增加而减小，阻值可达到几 $k\Omega$ 或 $1k\Omega$ 以下，则管子是好的；若反向电阻都是 ∞ 或为零，则管子是坏的。

② 电压测量法。

用万用表 1V 挡。用红表笔接光电二极管"＋"极，黑表笔接"−"极，在光照下，其电压与光照强度成比例，一般可达 $0.2\sim0.4V$。

③ 短路电流测量法。

用万用表 $50\mu A$ 挡。用红表笔接光电二极管"＋"极，黑表笔接"−"极，在白炽灯下（不能用日光灯），随着光照增强，其电流增加是好的，短路电流可达数十至数百 μA。

（2）光电二极管与发光二极管的辨别。

若管子都是透明树脂封装，则可以从管心安装处来区别。发光二极管管心下有一个浅盘，而光电二极管和光电三极管则没有；若管子尺寸过小或黑色树脂封装的，则可用万用表（置 1k 挡）来测量电阻。用手捏住管子（不让管子受光照），正向电阻为 $20\sim40\text{k}\Omega$，而反向电阻大于 $200\text{k}\Omega$ 的是发光二极管；正反向电阻都接近∞的是光电三极管；正向电阻在 $10\text{k}\Omega$ 左右，反向电阻接近∞的是光电二极管。

5）变容二极管

变容二极管是根据普通二极管内部"PN 结"的结电容能随外加反向电压的变化而变化这一原理专门设计出来的一种特殊二极管。变容二极管在无绳电话机中主要用在手机或座机的高频调制电路上，实现低频信号调制到高频信号上，并发射出去。在工作状态，变容二极管调制电压一般加到负极上，使变容二极管的内部结电容容量随调制电压的变化而变化。

变容二极管发生故障，主要表现为漏电或性能变差。检测方法为：

将万用表置于 R×10k 挡，无论红、黑表笔怎样对调测量，变容二极管的两引脚间的电阻值均应为无穷大。如果在测量中，发现万用表指针向右有轻微摆动或阻值为零，说明被测变容二极管有漏电故障或已经击穿损坏。对于变容二极管容量消失或内部的开路性故障，用万用表是无法检测判别的。必要时，可用替换法进行检查判断。

6）双向触发二极管

双向触发二极管（DIAC）属三层结构，具有对称性的二端半导体器件。常用来触发双向可控硅，在电路中作过压保护等用途。

检测双向触发二极管时：

① 将万用表置于 R×1k 挡，测双向触发二极管的正、反向电阻值都应为无穷大。若交换表笔进行测量，万用表指针向右摆动，说明被测管有漏电性故障。

② 将万用表置于相应的直流电压挡。测试电压由兆欧表提供。测试时，摇动兆欧表，万用表所指示的电压值即为被测管子的 VBO（正向转折电压）值。然后调换被测管子的两个引脚，用同样的方法测出 VBR（反向转折电压）值。最后将 VBO 与 VBR 进行比较，两者的绝对值之差越小，说明被测双向触发二极管的对称性越好。

1.4.4 桥堆

1. 桥堆的结构特点

桥堆就是将整流管封在一个壳内，分全桥堆和半桥堆。

全桥堆是将连接好的桥式整流电路的四个二极管封在一起，二极管的正极和正极接在一起，负极和负极接在一起，其他两个头接在一起，组成方形，对外有四个引脚。正端就是 DC 的正极输出，引脚标有"＋"符号；负端是负极输出，引脚标有"－"符号，这两个引脚不能互换使用。其他两个引脚是交流输入，引脚标有"～"符号，这两个引脚可互换使用。

半桥堆是将两个二极管桥式整流的一半封在一起,由 2 只二极管串联构成,对外有 3 个引脚,内部连接方式有两种。用两个半桥堆可连接成一个桥堆;一个半桥堆也可以组成变压器带中心抽头的桥堆。

如图 1-4-4 所示为桥堆电路符号。桥堆主要在电源电路中作整流用。选择桥堆要考虑整流电路和工作电压。

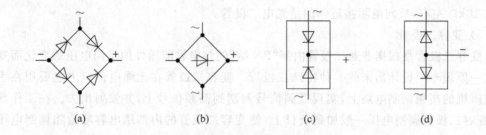

图 1-4-4　桥堆电路符号

2. 桥堆的规格命名

桥堆的正向电流有 0.5A、1A、1.5A、2A、2.5A、3A、5A、10A、20A、35A、50A 等多种规格,耐压值(最高反向电压)有 25V、50V、100V、200V、300V、400V、500V、600V、800V、1000V 等多种规格。

一般桥堆命名中有 3 个数字,第一个数字代表额定电流,单位为 A;后两个数字代表额定电压(数字 * 100),单位为 V。如 KBL410,即 4A,1000V;RS507,即 5A,1000V(1234567 分别代表电压挡的 50V,100V,200V,400V,600V,800V,1000V)。

3. 桥堆的故障现象

桥堆的常见故障有:开路故障、击穿故障。

(1) 开路故障:当桥堆内部有 1 只或 2 只二极管开路时,整流输出的直流电压明显降低的故障。

(2) 击穿故障:若桥堆中有 1 只二极管击穿,则造成交流回路中的保险管烧坏,电源发烫甚至烧坏的故障。

4. 桥堆的检测方法

1) 全桥堆的性能检测与判别

全桥堆性能的好坏,可采用指针式万用表或数字式万用表进行检测。

(1) 用指针式万用表检测。

① 分别测量"＋"极与两个"～"极、"－"极与两个"～"之间各整流二极管的正、反向电阻值(与普通二极管的测量方法相同),如果测试到其中一只二极管的正、反向电阻值均为零或均为无穷大,则可判断该二极管已被击穿或已开路损坏。

② 将万用表置于"R×10k"挡,测试两个"～"极之间的正、反向电阻值,正常时阻值

均应很大,否则说明全桥组件中有一只或多只二极管已被击穿或漏电。

③ 将万用表的量程开关拨至"R×1k"挡,红表笔接"-"极,黑表笔接"+"极,如果此时测出的正向电阻值略比单只二极管正向电阻值大,则说明被测全桥堆正常;若正向电阻值接近单只二极管的正向电阻值,则说明该全桥堆中有一只或两只二极管已被击穿;若正向电阻值较大,且比两只二极管的正向电阻值大很多,则表明该全桥堆的二极管有正向电阻变大或开路的二极管。

(2)用数字式万用表检测。

① 将万用表置于二极管挡,依顺序测量全桥组件的"～"、"～"、"-"、"+"引脚之间的正、反向压降。通常,对于一只性能完好的全桥组件,各二极管的正向压降均在0.524～0.545V范围内,而在测反向压降时万用表应显示溢出符号"1"。

② 将万用表置于二极管挡,测量全桥组件的两个"～"极之间和"+"极与"-"之间的电压。若在测两个"～"极之间的电压时,数字式万用表显示溢出符号"1",而测得"+"极与"-"极之间的电压在 1V 左右,则说明被测全桥组件的内部无短路现象。

2)根据二极管的单向导电性检测

(1)原理:检测桥堆中的每一个二极管的正反向电阻。若其中每一个二极管都具有单向导电性,则该桥堆是好的,否则桥堆已坏。

(2)方法:选用万用表的 R×100 或 R×1k 挡,将两个表棒分别接在桥堆相邻的两个引脚上,测量两个引脚间二极管的正反向阻值。对于全桥堆有四个相邻的引脚,既要测量四次正反向阻值,对于半桥堆有 2 对相邻的引脚,既要测两次正反向阻值。

在上述测量中,若有一次或一次以上出现开路或短路,则认为该桥堆已损坏。

1.4.5 三极管

三极管可分为双极型(BJT)三极管、场效应管(FET)和光电三极管。

1. 双极型半导体三极管

1)概述

双极型三极管因两种载流子要同时参与导电而得名,通常所说的半导体三极管(简称三极管)就是指双极型。它有很多种分类方法:

(1)按材料分,有锗管和硅管;

(2)按结构分,有点接触型和面接触型;

(3)按工作频率分,有高频三极管、低频三极管和开关三极管;

(4)按功率大小可分为大功率、中功率和小功率三极管;

(5)按 PN 结的不同可分有 PNP 和 NPN 型;

(6)按封装形式分,有金属封装和塑料封装等形式。

三极管的品种较多,每一类当中都有若干具体型号,其参数特性也不一样,因此在使用时要分清三极管的特性,根据需要选用相应参数的三极管。

三极管有两个 PN 结,分为三个区:发射区、基区和集电区,从三个区各引出一个电极,分别称为基极(B)、发射极(E)和集电极(C),发射区和基区之间的 PN 结称为发射结,集电区和基区之间的 PN 称为集电结。其结构和符号见图 1-4-5,其中发射极箭头所示方向为发射极电流的流向。在电路中,用字符 T 表示三极管。

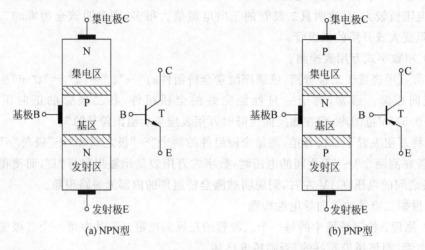

图 1-4-5　两类三极管的结构示意图及符号

2) 主要参数

双极型三极管有直流参数(三极管在正常工作时所需要的直流偏置,称为直流工作点)、交流参数 β(放大倍数)和工作频率 f 等。

由于制造工艺的分散性,即便是同一型号三极管,其 β 值差异也较大。常用的小功率三极管,其 β 值一般为 20~100。当 β 过小,管子的电流放大作用较小;当 β 过大,管子工作的稳定性差。因此一般选用 β 值在 40~80 之间的三极管较为合适。为了能直观地表明三极管的放大倍数,生产厂家将 β 值标记在三极管上。标记的方法有两种,即色标法和英文字母法。色标法即在三极管的外壳上标注不同的色标来表示 β 值,锗、硅开关管,高、低频小功率管,硅低频大功率管 D 系列、DD 系列、3CD 系列所用的色标标志如表 1-4-4所示,3AD 系列所用的色标标志如表 1-4-5 所示。

表 1-4-4　D 系列、DD 系列、3CD 系列三极管的放大倍数色标法

0~15	15~25	25~40	40~55	55~80	80~120	120~180	180~270	270~400	400~600
棕	红	橙	黄	绿	蓝	紫	灰	白	黑

表 1-4-5　3AD 系列三极管的放大倍数色标法

20~30	30~40	40~60	60~90	90~140
棕	红	橙	黄	绿

3) 双极型三极管的选用

在选用三极管时,需要考虑它的特征频率、电流放大倍数、反向击穿电压、集电极耗散功率等参数，一般生产厂家会给出这类参数。除此以外，还应考虑以下几点：

（1）特征频率应高于工作电路频率的 3～5 倍，以保证三极管放大倍数在工作频率范围内的稳定性，但也不能太高，否则容易引起高频振荡。

（2）三极管电流放大倍数则应根据具体的电路加以选择，目前可用数字万用表来直接测量 β 值，但其值有一定的误差。

（3）三极管的集电极最大耗散功率要大于它工作时的功耗（输入电压与输入电流的乘积）。

（4）反向击穿电压应大于电源的电压。

（5）当用新三极管替换原来的三极管时，一般要遵循"就高不就低"的原则，即所选用新的三极管的各种性能不能低于原来的三极管。

（6）大功率三极管使用时，散热器要和三极管底部接触良好，必要时可在中间涂上导热有机硅胶。

2. 场效应管

1）概述

场效应管是一种电压控制型的半导体器件，具有输入电阻高、噪声低、受温度或辐射等外界条件的影响较小、耗电省、便于集成等优点，因此得到了广泛的应用。目前在超大规模集成电路中，最小单位往往由场效应管构成。数字电路中常用的与门、或门等一些简单门电路也常用场效应管构成。场效应管有三个极，分别为 G—栅极、D—漏极和 S—源极，可分别对应三极管的基极、集电极和发射极。场效应管按沟道注入离子的不同可分为 P 型和 N 型，按其生成栅的不同方式可分为结型场效应管和绝缘栅型场效应管。绝缘栅型场效应管又按工作状态分为增强型和耗尽型。如图 1-4-6 所示为结型场效应管和绝缘栅型场效应管的电路符号。

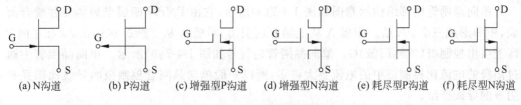

(a) N沟道　　(b) P沟道　　(c) 增强型P沟道　　(d) 增强型N沟道　　(e) 耗尽型P沟道　　(f) 耗尽型N沟道

图 1-4-6　场效应管

2）场效应管的主要参数及注意事项

（1）场效应管的主要参数有夹断电压（开启电压）U_{GS}、饱和漏电流 I_{DSS}、直流输入电阻、跨导和击穿电压等。除耗尽型场效应管外，其他的类型都需要一个开启电压 U_{TH} 才可以正常工作。表 1-4-6 列出了两种常用场效应管的参数。

（2）注意事项。

- 由于场效应管的输入电阻非常高，容易造成栅极上电荷积累，因此容易造成感应电压过高而击穿场效应管，所以在焊接、保存及运送过程要保证场效应管有良好的释放电荷的途径。现在许多场效应管本身就具有保护放电电路，这样使用起来会方便很多。

- 由于结型场效应管的源极和漏极是对称的,因此,在使用时互换源极和漏极不影响效果。

表 1-4-6 常用场效应晶体管主要参数

参数名称	MOS 管 N 沟道结型			MOS 管 N 沟道耗尽型			
	3DJ2	3DJ4	3DJ6	3DJ7	3D01	3D02	3D04
饱和漏电流(mA)	0.3~10	0.3~10	0.3~10	0.35~1.8	0.35~10	0.35~25	0.35~10.5
夹断电压(V)	<1~91	<1~91	<1~91	<1~91	<1~91	<1~91	<1~91
正向跨导(μV)	≥2000	≥2000	≥1000	≥3000	≥1000	≥4000	≥2000
最大漏源电压(V)	>20	>20	>20	>20	>20	>12~20	>20
最大耗散功率(mW)	100	100	100	100	100	25~100	100
栅源绝缘电阻(Ω)	≥10^8	≥10^8	≥10^8	≥10^8	≥10^8	≥10^8~10^9	≥10^9

1.4.6 其他半导体器件

1. 晶闸管

晶闸管是晶体闸流管的简称,俗称可控硅(Silicon Controlled Rectifier),是一种大功率开关型半导体器件,具有硅整流器件的特性,能在高电压、大电流条件下工作,且其工作过程、导通时间可以控制,广泛应用于可控整流、交流调压、无触点电子开关、逆变及变频等电子电路中。其文字符号用 V、VT 表示,在旧标准中用字母 SCR 表示。

1) 单向晶闸管

单向晶闸管与二极管相比,它的单向导电能力还受控于控制极上的信号。

单向晶闸管内部结构示意图如图 1-4-7(a)所示,它由 PNPN 四层半导体交替叠合而成,中间形成三个 PN 结。阳极 A 从上端 P 区引出,阴极 K 从下端 N 区引出,又在中间 P 区上引出控制极(或称门极)G。单向晶闸管的符号如图 1-4-7(b)所示。单向晶闸管中通过阳极的电流比控制极中的电流要大得多,所以一般单向晶闸管控制极的导线比阳极和阴极的导线要细。

单向晶闸管导通的条件是在阳极和阴极之间加上一定大小的正向电压,控制极和阴极之间加适当的正向电压(实际工作中,控制极可加入正触发脉冲信号)。一旦管子触发导通以后,控制极即失去控制作用,此时即使控制极电压为零,可控硅仍然保持导通。要想关断单向晶闸管,可是在阳极上加反向电压或将阳极电流减小到足够小的程度。

2) 双向晶闸管

双向晶闸管与单向晶闸管一样,也同样具有触发控制特性,但触发控制特性与单向晶闸管有很大的不同,即无论在阳极和阴极间接入何种极性的电压,只要在它的控制极上加上一个触发脉冲,也不管这个脉冲是什么极性的,均可使双向晶闸管导通。

双向晶闸管的结构和符号如图 1-4-8(a)、(b)所示。它是一个三端五层半导体结构器件,从管芯结构上看,可将其看做是具有公共控制极(G)一对反向并联的单向晶闸管做在同一块硅单晶片上,T_1 和 G 在芯片的正面,T_2 在芯片的背面,且控制区的面积远小于其余面积。由结构图可见,G 极和 T_1 极很近,距 T_2 极很远,因此,G 极与 T_1 极之间的正、反向电阻均小,而 G 极与 T_2 极、T_2 极与 T_1 极之间的正反电阻均为无穷大。

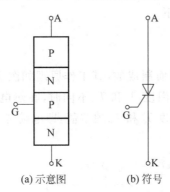

(a) 示意图   (b) 符号

图 1-4-7 单向晶闸管结构与符号

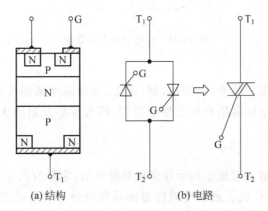

(a) 结构   (b) 电路

图 1-4-8 双向晶闸管的结构和符号

1.5 传感器

1.5.1 传感器基本知识

1. 概述

在所有的物理量中,电量是最容易被测量和处理的物理量。当需要对其他非电物理量进行测量时,人们通常会通过一种转换装置把非电物理量转换成为与之有确定对应关系的电量,这种具有转换功能的装置叫做传感器。传感器的应用极其广泛,是测量装置和控制装置中的重要器件。计算机为信号的处理提供了极其完善的手段,而计算机处理的信号通常都是由传感器提供的,因此,如果没有传感器对物理量原始参数进行准确、可靠的测量,计算机对信号数据处理的结果将是毫无意义的。

2. 常用传感器

传感器的种类繁多,常用的传感器有温度、声音、光、磁、压力、流量、位移、速度、加速度等各种类型,现简要介绍如下。

1) 温度传感器

(1) 热电偶

热电偶是基于塞贝克效应而制成的,其工作原理如图 1-5-1 所示。它由两种不同的金属 A 和 B 连在一起构成,当温度 T 和 T_0 不同时,在热电偶的两端将产生温差电动势 E。电动势 E 的大小取决于温度 T 和 T_0 的差值,即电动势 E 的大小将会随着温度 T 和 T_0 的差值增大而增大。

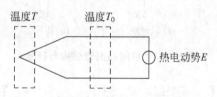

图 1-5-1 热电偶的工作原理

(2) 测温电阻

测温电阻就是利用一些金属(如铂、铜、镍等)的电阻率随温度的变化而变化的特性制成的测温电阻器。金属电阻器具有性能稳定、线性度好及量程大的优点,通常用于高精度的测温场合。

(3) 热敏电阻

热敏电阻是利用对温度敏感的半导体材料制成的,它具有尺寸小、响应速度快、灵敏度高等优点,应用非常广泛。热敏电阻按温度系数可分为负温度系数热敏电阻(NTC)、正温度系数热敏电阻(PTC)和临界温度系数热敏电阻(CTR)三种类型;按工作方式可分为直热式、旁热式和延迟电路三种。

(4) PN 结温度传感器

PN 结温度传感器是利用结电压随温度的变化而变化的原理进行温度测量的。当测温 PN 结处于正偏电流工作状态时,在一定范围内,正向结压降随温度的升高而递减。温度每升高 1℃,结压降大约减小 2mV。PN 结温度传感器具有灵敏度高、体积小、重量轻、响应快、造价低等优点。

2) 霍尔传感器

霍尔传感器是利用半导体磁电效应中的霍尔效应制成的霍尔集成电路。它能感知与磁有关的物理量,而输出相应的电信号。

将一载流体置于磁场中静止不动,若此载流体中的电流方向与磁场方向不同,则在此载流体中,平行于由电流方向和磁场方向所组成的平面上将产生电动势,此现象叫做霍尔效应。

利用霍尔效应制成的霍尔集成电路可进行磁场测量、大电流测量和控制，可制成无触点开关以及进行位移、速度、转速等物理量的测量。

3）光电传感器

在光的作用下，半导体的电性能会发生变化。利用半导体的这种光电特性，可将光信号变成电信号。

光电传感器根据检测模式可分为反射式光电传感器、透射式光电传感器和聚焦式光电传感器。

4）力学量传感器

力学量传感器可将被测的力学量转换成为电信号。这些力学量包括位移、速度、加速度、重力、压力、扭矩和振动等。

1.5.2 光电器件

半导体光电器件也叫做光电器件，常用的有光敏电阻、光电二极管、光电三极管、发光二极管和光电耦合器等。

1. 光敏电阻

光敏电阻是无结半导体器件，它利用半导体的光敏导电特性，即半导体受光照产生空穴和电子，在复合之前由一电极到达另一电极，使光电导体的电阻率发生变化。其光照强度越强，电阻值越小。

2. 发光二极管

发光二极管包括可见光、不可见光、激光等不同类型。发光二极管的发光颜色取决于所用材料，目前有黄、绿、红、橙等颜色。它可以制成长方形、圆形等各种形状，图1-5-2为发光二极管的符号（详见1.4.3节）。

3. 光电二极管

光电二极管又叫光敏二极管，是远红外接收管，是一种光能与电能相互转换的器件，其符号如图1-5-3所示。其结构与普通二极管相似，不同点是管壳上有入射窗口，可将接收到的光线强度的变化转换成电流的变化（详见1.4.3节）。

图1-5-2　发光二极管的符号　　　　图1-5-3　光电二极管的符号

4. 光电三极管

光电三极管依据光照的强度来控制集电极电流的大小，其功能可等效为一只光电二极管和一只三极管相连，并只引出集电极和发射极，所以它具有放大作用。光电三极管等效电路与符号如图 1-5-4 所示。

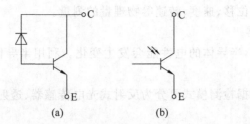

图 1-5-4 光电三极管的符号

光电三极管也可用万用表 R×1k 挡测试。用黑表笔接 C 极,红表笔接 E 极,无光照时,电阻为无穷大;有光照时,阻值减小到几千欧或 1kΩ 以下。若将表笔对换,无论有无光照,阻值均为无穷大。

5．光电耦合器

光电耦合器是实现光电耦合的基本器件,它将发光元件(发光二极管)与光敏元件(光电三极管)相互绝缘地耦合在一起,其对应的等效电路与符号如图 1-5-5(a)、(b)所示。发光元件为输入回路,它将电能转换成光能;光敏元件为输出回路,它将光能再转换成电能,实现了两部分电路的电气隔离,从而可以有效地抑制干扰。在输出回路常采用复合管形式以增大放大倍数,也可为 CaS 光电池、光电二极管、硅光三极管等。

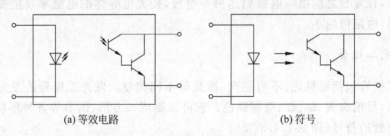

(a) 等效电路   (b) 符号

图 1-5-5 光电耦合器等效电路及符号

选用光电耦合器时主要根据用途来选用合适的受光部分的类型。受光部分选用光电二极管时,线性度好,响应速度快,约为几十纳秒;硅光电三极管要求输入电流 $I_F \geqslant$ 10mA 时,线性度好,响应时间约为 $1 \sim 100 \mu s$;达林顿光电三极管适用于开关电路,响应时间为几十微秒至几百微秒,其传输效率高。

光电耦合也可用万用表检测,输入部分的检测方法和检测发光三极管的方法相同,输出部分的检测方法与受光器件类型有关,对于输出部分为光电二极管、光电三极管的,可按光电二极管、光电三极管的检测方法进行测量。

1.5.3 电声器件

简单地说,电声器件是把电信号转换为声信号或把声信号转换为电信号的器件,它是利用电磁感应、静电感应或压电效应等来完成电声转换的,也可以说它能将电能和声能互相转换,故常称电声器件为"换能器"。常见的电声器件有传声器、扬声器、耳塞、蜂鸣器等。

扬声器俗称喇叭,是一种电声转换器件,它将模拟的语音电信号转化成声波,它是各种收音机、扩音机、录音机、电视机等电子产品中的重要器件,它的质量直接影响着音质和音响效果。

传声器是一种把机械振动转换成电能的"声-电"换能器件,又称话筒、送话器等,常见的传声器有动圈话筒、驻极体话筒和压电陶瓷片等。

1. 扬声器

1)扬声器的结构及符号

扬声器的电路符号如图 1-5-6(a)所示,文字符号为 B 或 BL。电动式扬声器是最常见的一种结构,由纸盆、音圈、音圈支架、磁铁、盆架等组成,当音频电流通过音圈时,音圈产生随音频电流而变化的磁场,这一变化磁场与永久磁铁的磁场发生相吸或相斥作用,导致音圈产生机械运动并带动纸盆振动,从而发出声音。电动式扬声器结构如图 1-5-6(b)、(c)所示。

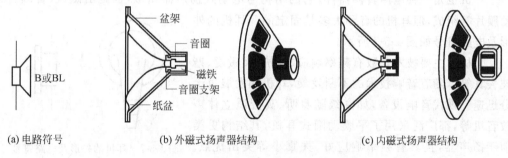

(a)电路符号　　　　(b)外磁式扬声器结构　　　　(c)内磁式扬声器结构

图 1-5-6　扬声器的符号及电动式扬声器结构

2)扬声器的类型

扬声器的类型很多,按其换能原理可分为电动式(即动圈式)、静电式(即电容式)、电磁式(即舌簧式)、压电式(即晶体式)等几种,后两种多用于农村的有线广播网中,其音质较差,但价格便宜。按扬声器工作时的频率范围可分为低音扬声器、中音扬声器、高音扬声器,高、中、低音扬声器常在音箱中作为组合扬声器使用。

3)扬声器的主要技术参数

扬声器的主要技术参数有额定功率、标称阻抗、频率响应、灵敏度等。本书主要介绍前三种参数。

(1)额定功率

扬声器的功率有标称功率和最大功率之分。标称功率又称额定功率、不失真功率,是指扬声器在不失真范围内容许的最大输入功率,在扬声器的标牌和技术说明书上标注的功率即为该功率值。扬声器的最大功率是指扬声器在某一瞬间所能承受的峰值功率。

为保证扬声器工作的可靠性,要求扬声器的最大功率为标称功率的 2～3 倍。常用扬声器的功率有 0.1W、0.25W、1W、2W、3W、5W、10W、60W、120W 等。

（2）标称阻抗

扬声器的标称阻抗又称额定阻抗,是制造厂商规定的扬声器(交流)阻抗值。在这个阻抗上,扬声器可获得最大的输出功率。通常,口径小于 90mm 的扬声器的标称阻抗是用 1000Hz 的测试信号测出的,大于 90mm 的扬声器的标称阻抗则是用 400Hz 的测试频率测量出的。选用扬声器时,标称阻抗是一项重要指标,其标称阻抗一般应与音频功放器的输出阻抗相符。

（3）频率响应

频率响应又称为有效频率范围,是指扬声器重放声音的有效工作频率范围。扬声器的频率响应范围显然是越宽越好,但受到结构和价格等因素的限制,一般不可能很宽,国产普通纸盆扬声器(小于 130mm 或 5in)的频率响应大多为 120～10000Hz,相同尺寸的橡皮边或泡沫边扬声器的频率响应可达 55Hz～21kHz。

4）常见的传声器

（1）耳机

耳机也是一种电声转换器件,它的结构与电动式扬声器相似,也是由磁铁、音圈、振动膜片等组成,但耳机的音圈大多是固定的。耳机的外形及电路符号如图 1-5-7 所示。

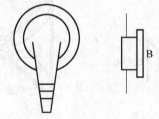

耳机的主要技术参数有频率响应、阻抗、灵敏度、谐波失真等。随着音响技术的不断发展,耳机的发展也十分迅速。现代音响设备,如高级随身听、高音质立体声放音机等,都广泛采用了平膜动圈式耳机,其结构更类似于扬声器,且具有频率响应好、失真小等突出优点。平膜动圈式耳机多数为低阻抗型,如 20Ω×2、30Ω×2 等。

图 1-5-7　耳机的外形及电路符号

（2）压电陶瓷蜂鸣器

① 压电陶瓷喇叭

压电陶瓷喇叭是将压电陶瓷片和金属片粘贴而成的一个弯曲震动片,如图 1-5-8 所示。

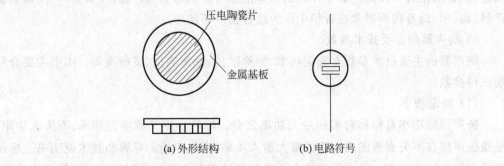

(a) 外形结构　　　　(b) 电路符号

图 1-5-8　压电陶瓷喇叭的外形结构及电路符号

在震荡电路激励下,交变电信号使压电陶瓷带动金属片一起产生弯曲震荡,并随此发出清晰的声音。它和一般扬声器相比,具有体积小、重量轻、厚度薄、耗电省、可靠性好、造价低廉、声响可达 120dB 等特点,广泛应用于电子手表、袖珍计算器、玩具、门铃、移动电话机、BP 机以及各种报警设施中。压电陶瓷片用字母 B 表示,其直径有 $\phi15mm$、$\phi20mm$、$\phi27mm$、$\phi35mm$ 等类型,而厚度仅 $0.4\sim0.5mm$,常见型号有 HTD20、HTD35 等。

具有反馈电极的压电陶瓷喇叭,是将压电陶瓷片分成主电极和反馈电极两部分,从反馈电极直接取出正反馈信号,使震荡电路变得很简单。具有反馈电极的压电陶瓷扬声器的型号有 FT-27-4BT,FT-35-29BT 等。

② 压电陶瓷蜂鸣器

将一个多谐振荡器和压电陶瓷片做成一体化结构,外部采用塑料壳封装,就是一个压电陶瓷蜂鸣器。多谐振荡器一般是由集成电路构成,接通电源后,多谐振荡器起振,输出音频信号(一般为 $1.5\sim2.5kHz$),经阻抗匹配器推动压电陶瓷片发声。

国产压电蜂鸣器的工作电压一般为直流 $3\sim15V$,有正负极两个引出线,压电陶瓷蜂鸣器的组成方框图如图 1-5-9 所示。

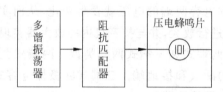

图 1-5-9　压电陶瓷蜂鸣器组成方框图

2. 传声器

传声器又称话筒,是将声能转化成音频电信号的器件。话筒的种类很多,应用最广泛的是动圈式话筒和驻极体电容式话筒,话筒的符号是"BM"。

1) 动圈式话筒

动圈式话筒由永久磁铁、音膜、音圈、输出变压器等部分组成,音圈位于永久磁铁的缝隙中,并与音膜粘在一起。当有声音时,声波激发音膜振动,带动音圈作切割磁力线运动而产生音频感应电压,从而实现了声-电转换。

动圈式话筒的主要技术参数有频率响应、灵敏度、输出阻抗、指向性等。

动圈式话筒的频率响应范围显然是越宽越好,但频率响应范围越宽,其价格越高。普通动圈式话筒的频率响应范围多在 $100\sim10000Hz$,质量优良的话筒其频率响应范围可达 $20\sim20000Hz$。

动圈式话筒的灵敏度是指话筒将声音信号转换成电压信号的能力,用每帕斯卡声压产生多少毫伏电压来表示,其单位为 mV/Pa。话筒的灵敏度还常用分贝(dB)来表示,一般来说,话筒灵敏度越高,话筒的质量就越好。

动圈式话筒的输出阻抗有高阻和低阻两种。高阻话筒的输出阻抗为 $20k\Omega$,低阻话筒的输出阻抗为 600Ω,要和扩音机的输入阻抗配合使用。一般是在购买扩音机后,再根据扩音机的输入阻抗购买相应的话筒。

动圈式话筒的指向性是指其灵敏度与声波入射方向的特性。话筒的指向性是根据需要设计的，分为全指向性话筒、单向指向性话筒、双向指向性话筒和近讲话筒。

全指向性话筒对来自四面八方的声音都有基本相同的灵敏度；单向指向性话筒其正面的灵敏度明显高于背面和侧面；双向指向性话筒其正面和背面有相同的灵敏度，两侧的灵敏度则比较低；近讲话筒只对靠近话筒的声音有比较高的灵敏度，对远方的环境噪声不敏感，多为在舞台上演唱的歌手所采用。

2）驻极体电容式话筒

驻极体电容式话筒是一种用驻极体材料制作的新型话筒，具有体积小、频带宽、噪声小、灵敏度高等特点，广泛应用于助听器、录音机、无线话筒等产品中。

驻极体电容式话筒的结构由声电转换系统和场效应管放大器组成。国产驻极体电容式话筒的常见型号有 CRZ2-1、CRZ2-9、CRZ2-15、CRZ2-66 等。

驻极体电容式话筒是由相当于一个极板位置可变的电容和结型场效应管放大器组成的。当有声波传入时，电容的极板位置发生变化，相当于电容量发生变化，而电容两个极板上的电量保持一定，则电容两端的电压就发生变化，从而实现了声电转换。结型场效应管放大器对信号电压进行放大，并与扩音机内的放大器实现阻抗匹配。

驻极体电容式话筒有两端式和三端式两种类型。两端式驻极体电容式话筒有 2 个输出端，分别是场效应管的漏极和接地端。三端式驻极体电容式话筒有 3 个输出端，分别是场效应管的漏极、源极和接地端。

3）无线话筒

无线话筒实际上是普通话筒和无线发射装置的组合体，其工作频率在 88～108MHz 的调频波段内，用普通调频收音机即可接收。

无线话筒的发射距离一般在 100m 以内。无线话筒由受音头、调制发射电路、天线和电池组成，受音头把声音信号转换为电信号，通过调制再发射出去，由相应的接收机接收、放大和解调后送入扩音设备。

1.6 集成运算放大器

1. 概述

集成运算放大器简称集成运放，是模拟集成电路中应用最为广泛的一种，它实际上是一种高增益、高输入电阻和低输出电阻的多级直接耦合放大器。之所以被称为运算放大器，是因为该器件最初主要用于模拟计算机中实现数值运算的缘故。实际上，目前集成运放的应用早已远远超出了模拟运算的范围，但仍沿用了运算放大器（简称运放）的名称。

2. 集成运算放大器基本原理

集成运算放大器是一个多级、高增益放大电路。其内部结构框图如图 1-6-1 所示，它主要由输入级、中间级、输出级和偏置电路四个主要环节组成。该结构框图中各部分的功能如下：

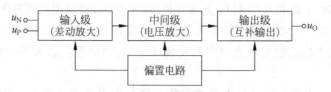

图 1-6-1 集成运放的组成框图

（1）差动输入级：主要由差动放大电路构成，以减小运放的零漂和其他方面的性能，它的两个输入端分别构成整个电路的同相输入端和反相输入端。

（2）中间放大级：中间级的主要作用是获得高的电压增益，一般由一级或多级放大器构成。

（3）输出级：输出级一般由电压跟随器（电压缓冲放大器）或互补电压跟随器组成，以降低输出电阻，提高运放的带负载能力和输出功率。

（4）偏置级：偏置级的作用是为以上各级放大电路提供合适的静态工作点，使各级电路工作在线性放大状态。

此外，为获得电路性能的优化，集成运放内部还增加了一些辅助环节，如电平移动电路、过载保护电路和频率补偿电路等。

集成运放的电路符号如图 1-6-2 所示，集成运放有两个输入端分别称为同相输入端 v_P 和反相输入端 v_N；一个输出端 v_O。其中的"−"、"＋"分别表示反相输入端 v_N 和同相输入端 v_P。在实际应用时，需要了解集成运放外部各引出端的功能及相应的接法，但一般不需要画出其内部电路。

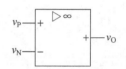

图 1-6-2 运算放大器常用符号

1.6.1 集成运算放大器分类及测试

集成运算放大器按用途分为通用型和专用型。通用型有低、中、高增益三类，其功耗、精度、输入阻抗等各项指标比较均匀，适合通用型电子线路。专用型一般在某些指标上比较突出，适用于专用领域。

1. 集成运算放大器的分类

专用型运算放大器主要有以下几种。

（1）精度型。高精度运算放大器具有低温漂、低噪声的优点，一般用于精密测量、自控仪表等信号量为毫伏级或微伏级的信号处理电路中。

（2）低功耗型。这类运算放大器的功耗很小，一般采用有源负载（用一些场效应管或三极管构成一个需要静态偏置电流但又具有很高的交流电阻的电路替代高阻电阻，以此来保证较小的静态偏置电流和低功耗）。

（3）高速型。高速型运算放大器一般具有较大的工作频带和较高的转换速率，国产型号有 F715、F722、F318、4E321 等；国外型号有 μA207，它的 $S_R = 500\text{V}/\mu\text{s}$。高速型运算放大器主要用于快速 A/D 和 D/A 转换、有源滤波、高速采样保持电路及锁相环等高速电路中。

（4）大功率型。大功率型运算放大器的输出电流可达到安培级，功率达几十瓦。而一般集成运算放大器的输出电流仅为毫安级，因此大功率运算放大器一般可直接向负载输出信号电流。

（5）程控型。程控型运算放大器的参数会随外部偏置电流的改变而改变，可用在要求电参数变化的电路中。

2. 集成运算放大器的测试

集成运算放大器的具体性能及参数需要采用相应方法来进行测试，下面就介绍用万用表粗测 LM324 各引脚的电阻值。如图 1-6-3 所示为 LM324 的引脚排列和内部的简化电路。图中 V_{cc+}、GND 分别为正电源端和地，IN_+、IN_- 分别为同相输入端和反相输入端，OUT 为输出端。

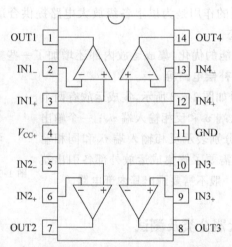

图 1-6-3 LM324 引脚排列的内部的简化电路

表 1-6-1 是用"R×1k"挡测得的各引脚电阻值的典型资料。

表 1-6-1 LM324 各引脚电阻值的典型值

黑表笔位置 （万用表的正极所在）	红表笔的位置 （万用表的正极所在）	正常电阻(kΩ)	不正常电阻
V_{cc+}	GND	16～17	—
GND	V_{cc+}	5～6	—
V_{cc+}	IN_+	50	0 或 ∞
V_{cc+}	IN_-	55	—
OUT	V_{cc+}	20	—
OUT	GND	60～65	—

1.6.2 集成运算放大器两种使用状态

在分析运算放大器时,通常将其理想化。理想化的条件主要是:

- 开环电压放大倍数:$A_{uo} \rightarrow \infty$;
- 差模输入电阻:$r_{id} \rightarrow \infty$;
- 开环输出电阻:$r_o \rightarrow \infty$;
- 共模抑制比:$K_{CMRR} \rightarrow \infty$。

实际运算放大器的技术指标接近理想化的条件,因此在分析时用理想运算放大器代替实际放大器所引起的误差并不严重,在工程上是允许的,因此,本书中对运算放大器分析都是基于其理想化的条件。

理想运算放大器电路符号如图 1-6-4 所示。理想运算放大器传输特性表示输出电压与输入电压之间关系的特性曲线,如图 1-6-5 所示,其中 $u_d = u_+ - u_-$。从运算放大器的传输特性看,可分为线性区和饱和区。

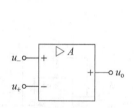

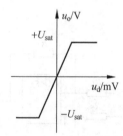

图 1-6-4　理想运算放大器电路符号　　　图 1-6-5　理想运算放大器传输特性

当运算放大器工作在线性区时,u_o 和 $(u_+ - u_-)$ 是线性关系,即

$$u_o = A_{uo}(u_+ - u_-) \tag{1-6-1}$$

运算放大器工作在线性区时,分析依据有两条:

(1) 由于 $r_{id} \rightarrow \infty$,故可认为两个输入端的输入电路流为零。

(2) 由于 $A_{uo} \rightarrow \infty$,而输出电压是个有限值,故从式(1-6-1)可知

$$u_+ - u_- = \frac{u_o}{A_{uo}} \approx 0 \tag{1-6-2}$$

即

$$u_+ \approx u_-$$

运算放大器工作在饱和区时,输出电压只有两种可能:

- 当 $u_+ > u_-$ 时,$u_o = +U_{o(sat)}$;
- 当 $u_+ < u_-$ 时,$u_o = -U_{o(sat)}$。

此外,运算放大器工作在饱和区时,两个输入端的输入电路流也为零。

1.6.3 运算放大器在信号运算方面的应用

运算放大器能完成比例、加减、积分与微分、对数与反对数以及乘除等运算,下面介绍其中几种。

1. 反相比例运算

反相比例运算的电路如图 1-6-6 所示,由运算放大器工作在线性区时的两条分析依据,可得出

$$u_\circ = -\frac{R_f}{R_1}u_i \tag{1-6-3}$$

2. 同相比例运算

同相比例运算电路如图 1-6-7 所示。有

$$u_\circ = \left(1 + \frac{R_f}{R_1}\right) \tag{1-6-4}$$

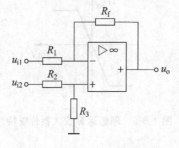
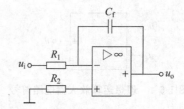

图 1-6-6　反相比例运算电路　　　　图 1-6-7　同相比例运算电路

3. 加法运算

加法运算电路如图 1-6-8 所示。有

$$u_\circ = -\left(\frac{R_f}{R_{11}}u_{i1} + \frac{R_f}{R_{12}}u_{i2}\right) \tag{1-6-5}$$

当 $R_{11} = R_{12} = R_f$ 时,有

$$u_\circ = -(u_{i1} + u_{i2}) \tag{1-6-6}$$

4. 减法运算

减法运算电路如图 1-6-9 所示。有

$$u_\circ = \left(1 + \frac{R_f}{R_1}\right)\frac{R_3}{R_2 + R_3}u_{i2} - \frac{R_f}{R_1}u_{i1} \tag{1-6-7}$$

当 $R_1 = R_2 = R_3 = R_f$ 时, 有

$$u_o = u_{i2} - u_{i1} \qquad (1\text{-}6\text{-}8)$$

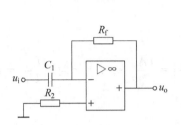

图 1-6-8　加法运算电路

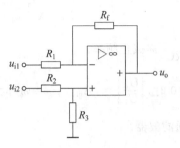

图 1-6-9　减法运算电路

5. 积分运算

积分运算电路如图 1-6-10 所示。有

$$u_o = -\frac{1}{R_1 C_f} \int u_i \, \mathrm{d}t \qquad (1\text{-}6\text{-}9)$$

6. 微分运算

微分运算电路如图 1-6-11 所示。有

$$u_o = -R_f C_1 \frac{\mathrm{d}u_i}{\mathrm{d}t} \qquad (1\text{-}6\text{-}10)$$

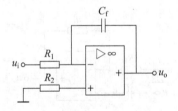

图 1-6-10　积分运算电路

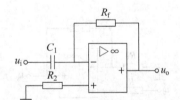

图 1-6-11　微分运算电路

1.6.4　运算放大器在信号处理方面的应用

1. 有源低通滤波器

所谓滤波器,就是一种选频电路,能使一定频率范围内的信号顺利通过,而在此频率范围外的信号不易通过。滤波器可分为低通、高通、带通、带阻等。

由运算放大器组成的有源低通滤波器如图 1-6-12 所示。可推出

$$\left|\frac{U_o}{U_i}\right| = \frac{1+\dfrac{R_f}{R_1}}{\sqrt{1+\left(\dfrac{\omega}{\omega_0}\right)^2}} = \frac{|A_{uf0}|}{\sqrt{1+\left(\dfrac{\omega}{\omega_0}\right)^2}} \qquad (1\text{-}6\text{-}11)$$

式中 $\omega_0 = \dfrac{1}{RC}$，称截止频率。

当 $\omega = 0$ 时，$\left|\dfrac{U_o}{U_i}\right| = |A_{ufo}|$；$\omega = \omega_0$ 时，$\left|\dfrac{U_o}{U_i}\right| = \dfrac{|A_{ufo}|}{\sqrt{2}}$；$\omega = \infty$ 时，$\left|\dfrac{U_o}{U_i}\right| = 0$。可见该电路为低通滤波器。

2. 有源高通滤波器

有源高通滤波器电路如图 1-6-13 所示。可推出

$$\left|\frac{U_o}{U_i}\right| = \frac{1+\dfrac{R_f}{R_1}}{\sqrt{1+\left(\dfrac{\omega_0}{\omega}\right)^2}} \qquad (1\text{-}6\text{-}12)$$

式中，$\omega_0 = \dfrac{1}{RC}$。

当 $\omega = 0$ 时，$\left|\dfrac{U_o}{U_i}\right| = 0$；$\omega = \omega_0$ 时，$\left|\dfrac{U_o}{U_i}\right| = \dfrac{|A_{ufo}|}{\sqrt{2}}$；$\omega = \infty$ 时，$\left|\dfrac{U_o}{U_i}\right| = |A_{ufo}|$。可见该电路为高通滤波器。

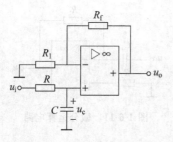
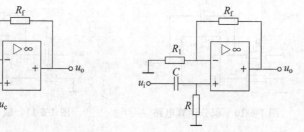

图 1-6-12　低通滤波器电路　　　　图 1-6-13　高通滤波器电路

3. 电压比较器

电压比较器是一种常用的集成电路。它可用于报警器电路、自动控制电路、测量技术，也可用于 V/F 变换电路、A/D 变换电路、高速采样电路、电源电压监测电路、振荡器及压控振荡器电路、过零检测电路等。下面是两种电压比较电路及它们的电压传输特性，分别如图 1-6-14 和图 1-6-15 所示。

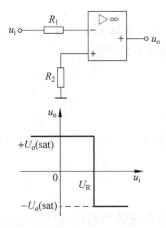

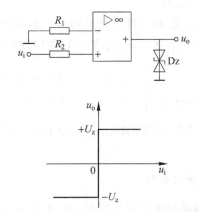

图 1-6-14 反相电压比较器电路   图 1-6-15 同相输出限幅电压比较器电路

1.7 数字电路元器件

数字电路元器件主要是指各种数字集成电路。集成电路是将一些分立元器件、连接导线通过一些工艺集中制作在陶瓷、玻璃或半导体基片上,再将整个电路封装起来,成为一个能够完成某一特定电路功能的整体。各种数字集成电路可以完成信号放大、信号波形变换、数字运算和逻辑运算等处理,其中,所学器件及电路是组成常用电子设备、CPU及外围电路的基本单位。常用数字电路元器件包括基本门电路、编码器和译码器、加法器、计数器、显示器件、锁存器和缓冲器、GAL 器件、CPLD/FPGA 器件等。

1.7.1 门电路

门电路是逻辑电路的基本单元,通常有一个或多个输入端,输入与输出之间满足一定的逻辑关系,它们按照一定的逻辑关系组合起来完成某些逻辑功能。常用的逻辑门有与门、非门、与非门等。使用时,主要掌握门电路的外特性及使用规则等。

1. 基本门电路

1) 与门电路

当一件事情的几个条件全部具备之后,这件事情才能发生,否则不发生,这样的因果关系称为与逻辑关系,能够完成与逻辑功能的电路称为与门。

用逻辑函数表达式表示为 $Y=AB$,与门电路的逻辑符号如图 1-7-1 所示。

2) 或门电路

当决定一件事情的各个条件中至少具备一个条件,这件事情才能发生,否则不发生,这样的因果关系称为或逻辑关系,也称逻辑加。

逻辑函数表达式表示:$Y=A+B$,或门逻辑符号如图 1-7-2 所示。

3）非门电路

事情（灯亮）和条件总是呈相反状态，这样的因果关系称为非逻辑关系，也称逻辑非。

逻辑函数表达式表示：$Y=\overline{A}$，非门逻辑符号如图 1-7-3 所示。

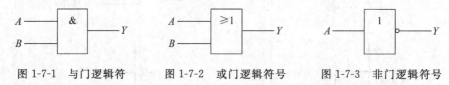

图 1-7-1　与门逻辑符　　　图 1-7-2　或门逻辑符号　　　图 1-7-3　非门逻辑符号

2．复合门电路

所谓复合门电路就是以与、或、非三种基本门电路关系为基础，组成的能完成许多复合功能的门电路，如与非门、或非门等。

1）与非门

只有当所有的输入端均为高电平时，输出才为低电平，只要输入端有一个或几个为低电平时，输出就为高电平，这样的因果关系称为与非逻辑关系。

逻辑函数表达式为 $Y=\overline{AB}$，与非门逻辑符号如图 1-7-4 所示。

2）或非门

当输入端只要有一个或几个为高电平时，输出就为低电平，只有当输入端全部为低电平时，输出才为高电平，这样的因果关系称为或非逻辑关系。

或非门的逻辑函数表达式为 $Y=\overline{A+B}$，或非门逻辑符号如图 1-7-5 所示。

图 1-7-4　与非门逻辑电路及逻辑符号　　　图 1-7-5　或非门逻辑电路及逻辑符号

3．集成逻辑门

如果门电路都是由二极管、三极管、电阻等元件用导线连接而成，称为分立元件电路。现代半导体工艺技术把电路中的半导体器件、电阻以及导线都制造在一个半导体基片上，构成一个完整的电路并且封装为一体，就是集成电路。集成电路几乎取代了所有的分立元件电路。数字集成电路按所用半导体器件的不同可以分为两大类：一类是以双极型晶体管为基本器件，称为双极型集成电路，属于这一类的有 DTL 和 TTL 等；另一类是以 MOS 晶体管为基本器件，称为 MOS 型数字集成电路，属于这种类型的有 NMOS 和 CMOS 等。

1）TTL 集成门电路

TTL 集成门电路内部输入、输出级都采用三极管，这种电路也称为三极管-三极管逻辑电路。

（1）产品系列和外形封装

74LS 系列为现代主要应用产品。TTL 集成电路通常采用双列直插式外形封装。TTL 集成电路的型号由五部分构成。

如 CT74LS××CP。

- 第一部分字母 C 表示国标。
- 第二部分字母 T 表示 TTL 电路。
- 第三部分是器件系列和品种代号，74 表示国际通用 74 系列，54 表示军用产品系列；LS 表示低功耗肖特基系列；×× 为品种代号。
- 第四部分字母表示器件工作温度，C 为 0～70℃，G 为 −25～70℃，L 为 −25～85℃，E 为 −40～85℃，R 为 −55～85℃。
- 第五部分字母表示器件封装，P 为塑料双列直插式，J 为黑瓷双列直插式。

CT74LS××CP 可简称或简写为 74LS×× 或 LS××。

（2）引脚识读

如图 1-7-6 所示是 74LS 系列集成门电路的引脚排列图。引脚编号的判断方法是：把凹槽标志置于左方，引脚向下，逆时针自下而上顺序依次为 1、2、…

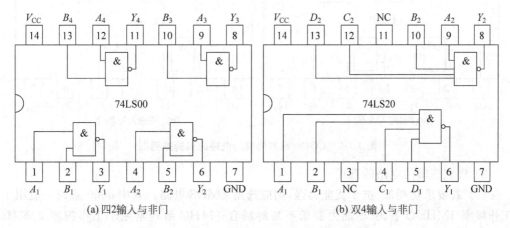

(a) 四2输入与非门   (b) 双4输入与非门

图 1-7-6　74LS 系列集成门电路的引脚排列图

2）CMOS 集成门电路

CMOS 集成门电路是由 PMOS 场效晶体管和 NMOS 场效晶体管组成的互补电路。

（1）产品系列和外形封装

CMOS 集成门电路系列较多，现主要有 4000（普通）、74HC（高速）、74HCT（与 TTL 兼容）等产品系列，其中 4000 系列品种多、功能全，现仍被广泛使用。

外形封装与 TTL 集成门电路相同。CMOS 集成电路的型号由五部分构成，如 CC74HC××RP。

- 第一部分字母 C 表示国标。
- 第二部分字母 C 表示 CMOS 电路。

- 第三部分是器件系列和品种代号,74 表示国际通用 74 系列,54 表示军用产品系列;HC 表示高速 CMOS 系列;××为品种代号。
- 第四部分字母表示器件工作温度,G 为-25~70℃,L 为-25~85℃,E 为-40~85℃,R 为-55~85℃,M 为-55~125℃。
- 第五部分字母表示器件封装,P 为塑封双列直插式,J 为黑瓷双列直插式。

CC74HC××RP 可简称或简写为 74HC××或 HC××(对于 4000 系列,这部分用 40××)。

（2）引脚识读

CMOS 集成电路通常采用双列直插式外形,引脚编号判断方法与 TTL 相同,如图 1-7-7 所示。如 CC4001 是四 2 输入或非门,CC4011 是四 2 输入与非门,都采用 14 脚双列直插塑封装,其引脚功能如图所示,VDD、VSS 与 TTL 的 VCC、GND 表示字符不同。

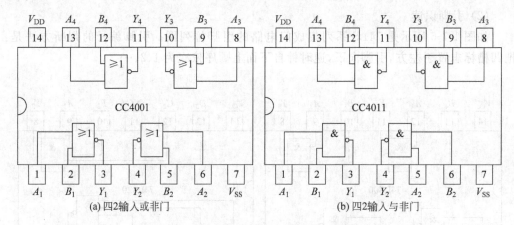

图 1-7-7　CC400 系列集成门电路的引脚排列图

3）集成逻辑门电路的选用

（1）若要求功耗低、抗干扰能力强,则应选用 CMOS 电路。其中 4000 系列一般用于工作频率 1MHz 以下、驱动能力要求不高的场合;74HC 系列常用于工作频率 20MHz 以下、要求较强驱动能力的场合。

（2）若对功耗和抗干扰能力要求一般,可选用 TTL 电路。目前多用 74LS 系列,它的功耗较小,工作频率一般可至 20MHz;如工作频率较高,可选用 CT74ALS 系列,其工作频率一般可至 50MHz。

1.7.2　编码器和译码器

1. 编码器

编码器是一种常用的组合逻辑电路,常采用多位二进制数码的组合对具有某种特定含义的信号进行编码,完成编码功能的逻辑电路称为编码器。编码器是一个多输入多输出电路,如果需要对 m 个输入信号进行编码,则需要 n 位二进制编码,$n^2 \geqslant m$。目前经常按照所需编码的不同特点和要求,编码器主要分成两类:普通编码器和优先编码器。普通编码器工作时,在任何时刻只允许输入一个编码信号,否则输出将发生混乱。而优先编码器工作时,由于电路设计时考虑了信号按优先级排队处理过程,故当几个输入信号同时出现时,只对其中优先权最高的一个信号进行编码,从而保证了输出的稳定。

(1)普通编码器:电路结构简单,一般用于产生二进制编码。包括:

• 二进制编码器:如用门电路构成的 4-2 线,8-3 线编码器等。

• 二-十进制编码器:将十进制的 0～9 十个基码编成相应的 BCD 码。

(2)优先编码器:当有一个以上的输入端同时输入信号时,普通编码器的输出编码会造成混乱。为解决这一问题,需采用优先编码器。如 8 线-3 线集成二进制优先编码器 74LS148、10 线-4 线集成 BCD 码优先编码器 74LS147 等。

2. 译码器

译码器也是一种组合逻辑电路,是编码的逆过程。所谓译码,就是把代码的特定含义"翻译"出来的过程,实现译码操作的电路称为译码器。按功能,译码器有两大类:通用译码器和显示译码器。

1)通用译码器

这里通用译码器是指将输入 n 位二进制码还原成 2^n 个输出信号,或将一位 BCD 码还原为 10 个输出信号的译码器,称为 2 线-4 线译码器,3 线-8 线译码器,4 线-10 线译码器等。常用的集成二进制译码器有 2 线-4 线译码器 74LS139,3 线-8 线译码器 74LS138;4 线-10 线译码器 74LS145 等。

2)显示译码器

显示译码器是将输入二进制码转换成显示器件所需的驱动信号,数字电路中,较多地采用七段字符显示器。

① 七段字符显示器

在数字系统中,经常要用到字符显示器。目前,常用字符显示器有发光二极管 LED 字符显示器和液态晶体 LCD 字符显示器。

发光二极管是用砷化镓、磷化镓等材料制造的特殊二极管。在发光二极管正向导通时,电子和空穴大量复合,把多余能量以光子形式释放出来,根据材料不同发出不同波长的光。发光二极管既可以用高电平点亮,也可以用低电平驱动,分别如图 1-7-8(a)、(b)所示。其中限流电阻一般几百到几千欧姆,由发光亮度(电流)决定。

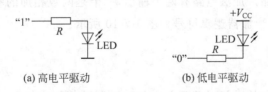

(a) 高电平驱动　　　　　　　　(b) 低电平驱动

图 1-7-8　发光二极管驱动电路

将 7 个发光二极管封装在一起,每个发光二极管做成字符的一个段,就是所谓的七段 LED 字符显示器。根据内部连接的不同,LED 显示器有共阴极和共阳极之分,如图 1-7-9 所示。由图 1-7-9 可知,共阴极 LED 显示器适用于高电平驱动,共阳极 LED 显示器适用于低电平驱动。由于集成电路的高电平输出电流小,而低电平输出电流相对比较大,采用集成门电路直接驱动 LED 时,较多地采用低电平驱动方式。将代码"翻译"成七段数码管的显示码,用来驱动各种数字显示器,如共阴极数码管译码驱动器 74LS48 和 74LS248,共阳数码管译码驱动 74LS47 和 74LS247 等。

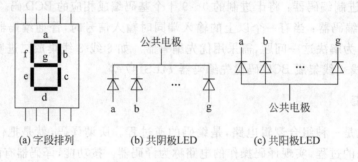

(a) 字段排列　　　(b) 共阴极LED　　　(c) 共阳极LED

图 1-7-9　七段字符显示器

② 集成七段显示译码器

集成显示译码器有多种型号,有 TTL 集成显示译码器,也有 CMOS 集成显示译码器;有高电平输出有效的,也有低电平输出有效的;有推挽输出结构的,也有集电极开路输出结构;有带输入锁存的,有带计数器的集成显示译码器。就七段显示译码器而言,它们的功能大同小异,主要区别在于输出有效电平。七段显示译码器 7448 是输出高电平有效的译码器。4511 为 CMOS 七段显示译码器,具有锁存/译码/驱动功能。

1.7.3　加法器

加法器是能实现二进制加法逻辑运算的组合逻辑电路,有半加器和全加器。

1. 半加器

半加器是不考虑来自低位的进位的加法运算,是指只有被加数(A)和加数(B)输入的一位二进制加法电路。加法电路有两个输出,一个是两数相加的和(S),另一个是相加后向高位进位(CO)。半加器逻辑符号如图 1-7-10 所示。

2. 全加器

全加器将来自低位的进位以及两个 1 位二进制数相加产生和、进位,指被加数 A 和加数 B,还有低位来的进位 CI 作为输入;三个输入相加产生全加器两个输出,和 S 及向高位进位 CO。全加器逻辑符号如图 1-7-11 所示。

图 1-7-10　半加器逻辑符号　　　　图 1-7-11　全加器逻辑符号

3. 多位二进制加法电路

用全加器可以实现多位二进制加法运算,实现四位二进制加法运算的逻辑图如图 1-7-12 所示。图中低位进位输出作为高位进位输入,依此类推,这种进位方式称为异步进位。

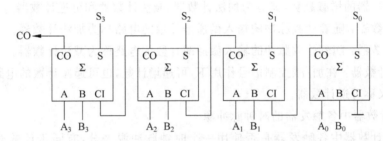

图 1-7-12　采用异步进位的四位二进加法器逻辑图

异步进位方式中,进位信号是后级向前级一级一级传输的,由于门电路具有平均传输延迟时间 t_{pd},经过 n 级传输,输出信号要经过 $n \times t_{pd}$ 时间才能稳定,即总平均传输延迟时间等于 $n \times t_{pd}$。所以,异步进位方式仅适用于位数不多,工作速度要求不高的场合。

4. 集成四位二进制加法器 74283

为克服异步进位方式平均传输延迟时间增大的问题,集成四位二进制加法器 74283 采用了超前进位方式,从而使四位二进制加法器平均传输延迟时间大大小于采用异步进位方式的四位二进制加法器,其 74283 内部逻辑图见图 1-7-13。

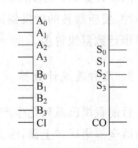

图 1-7-13　74283 内部逻辑图

1.7.4　计数器

计数器是用来计算输入脉冲数目的时序逻辑电路,是数字系统中应用最广泛的基本单元之一。它是用电路的不同状态来表示输入脉冲的个数。计数器所能计算脉冲数目的最大值(即电路所能表示状态数目的最大值)称为计数器的模(M)。

1．计数器分类

计数器的种类很多，主要分类如下。

1）按计数进制

根据计数制的不同，分为二进制计数器、十进制计数器和任意进制计数器。

二进制计数器：按二进制数运算规律进行计数的电路称作二进制计数器。

十进制计数器：按十进制数运算规律进行计数的电路称作十进制计数器。

任意进制计数器：二进制计数器和十进制计数器之外的其他进制计数器统称为任意进制计数器，如五进制计数器、六十进制计数器等。

2）按计数增减

根据计数器的增减趋势，又分为加法计数器、减法计数器和可逆计数器。

加法计数器：随着计数脉冲的输入做递增计数的电路称为加法计数器。

减法计数器：随着计数脉冲的输入做递减计数的电路称为减法计数器。

加/减计数器：在加/减控制信号作用下，可递增计数，也可递减计数的电路，称为加/减计数器，又称可逆计数器。

3）按计数器中各触发器的时钟脉冲源

按构成计数器中各触发器是否使用一个时钟脉冲源来分，有同步计数器和异步计数器。

异步计数器：计数脉冲只加到部分触发器的时钟脉冲输入端上，而其他触发器的触发信号是其他触发器或组合电路的输出信号，因而各级触发器的状态更新不是同时发生的，应翻转的触发器状态更新有先有后的计数器，称作异步计数器。

同步计数器：同步计数器的所有触发器共用一个时钟脉冲，时钟脉冲就是计数的输入脉冲，使应翻转的触发器同时翻转的计数器，称作同步计数器。显然，它的计数速度要比异步计数器快得多。

2．几种集成计数器

目前我国已系列化生产多种中等规模集成电路(MSI)计数器，在一个单片上将整个计数器全部集成在上面，因此这种计数器使用起来很方便。为了增强 MSI 计数器的适应能力，一般 MSI 计数器比小规模集成电路构成的计数器有更多的功能，利用某些引脚可方便地设计成任意进制的计数进制。

集成计数器具有体积小、功耗低、功能灵活等优点，因此在一些简单小型数字系统中被广泛应用。集成计数器的类型很多，表 1-7-1 列举了若干集成计数器产品。这里仅介绍其中几个较典型产品的功能和应用。

表 1-7-1　几种集成计数器

CP 脉冲引入方式	型号	计数模式	清零方式	预置数方式
同步	74161	4 位二进制加法	异步(低电平)	同步
	74HC161	4 位二进制加法	异步(低电平)	同步
	74HCT161	4 位二进制加法	异步(低电平)	同步
	74LS191	单时钟 4 位二进制可逆	无	异步
	74LS193	双时钟 4 位二进制可逆	异步(高电平)	异步
	74160	十进制加法	异步(低电平)	同步
	74LS190	单时钟十进制可逆	无	异步
异步	74LS293	双时钟 4 位二进制加法	异步	无
	74LS290	二-五-十进制加法	异步	异步

1.7.5　A/D 转换器

随着现代科学技术的迅猛发展,特别是数字系统已广泛应用于各种学科领域及日常生活,如微型计算机就是一个典型的数学系统。但是数字系统只能对输入的数字信号进行处理,其输出信号也是数字信号。而在工业检测控制和生活中的许多物理量都是连续变化的模拟量,如温度、压力、流量、速度等,这些模拟量可以通过传感器或换能器变成与之对应的电压、电流或频率等模拟电量。为了实现数字系统对这些模拟电量进行检测、运算和控制,就需要一个模拟量与数字量之间的相互转换的过程,即需要将模拟量转换成数字量,简称为 AD 转换,完成这种转换的电路称为 A/D 转换器(Analog to Digital Converter,ADC);或将数字量转换成模拟量,简称 DA 转换,完成这种转换的电路称为 D/A 转换器(Digital to Analog Converter,DAC)。D/A 及 A/D 转换在自动控制和自动检测等系统中应用非常广泛。

1. A/D 转换器的分类

目前 A/D 转换器的种类虽然很多,但从转换过程来看,可以归结成两大类,一类是直接 A/D 转换器,另一类是间接 A/D 转换器。在直接 A/D 转换器中,输入模拟信号不需要中间变量就直接转换成相应的数字信号输出,如计数型 A/D 转换器、逐次逼近型 A/D 转换器和并联比较型 A/D 转换器等,其特点是工作速度高,转换精度容易保证,调准也比较方便。而在间接 A/D 转换器中,输入模拟信号先转换成某种中间变量(如时间、频率等),然后再将中间变量转换为最后的数字量,如单次积分型 A/D 转换器、双积分型 A/D 转换器等,其特点是工作速度较低,但转换精度较高,且抗干扰性能强,一般在测试仪表中用得较多。

2. 常用集成 ADC

ADC0809 是一种逐次比较型 ADC。它是采用 CMOS 工艺制成的 8 位 8 通道 A/D

转换器,采用 28 只引脚的双列直插封装。

各引脚功能如下:

(1) IN0～IN7 是八路模拟输入信号。

(2) ADDA、ADDB、ADDC 为地址选择端。

(3) 2-1～2-8 为变换后的数据输出端。

(4) START(6 脚)是启动输入端。

(5) ALE(22 脚)是通道地址锁存输入端。当 ALE 上升沿到来时,地址锁存器可对 ADDA、ADDB、ADDC 锁定。下一个 ALE 上升沿允许通道地址更新,实际使用中,要求 ADC 开始转换之前地址就应锁存,所以通常将 ALE 和 TART 连在一起,使用同一个脉冲信号,上升沿锁存地址,下降沿则启动转换。

(6) OE(9 脚)为输出允许端,它控制 ADC 内部三态输出缓冲器。

(7) EOC(7 脚)是转换结束信号,由 ADC 内部控制逻辑电路产生。当 EOC=0 时表示转换正在进行,当 EOC=1 表示转换已经结束。因此 EOC 可作为微机的中断请求信号或查询信号。显然只有当 EOC=1 以后,才可以让 OE 为高电平,这时读出的数据才是正确的转换结果。

1.7.6 显示器件

电子显示器件是指将电信号转换为光信号的光电转换器件,即用来显示数字、符号、文字或图像的器件。

1. 液晶显示器(LCD)

液晶本身不会发光,它要借助自然光或外来光才能显示,具有工作电压低(2～6V)、功耗小、体积小等优点。它的缺点是工作温度范围窄(-10～+60℃),响应时间和余辉时间较长(ms 级)。

液晶显示器种类很多,按显示驱动方式可分为静态驱动、多路寻址驱动和矩阵式扫描驱动显示。常见的液晶显示器按使用功能可分为:仪表显示器、电子钟表显示器、电子计算器显示器、点阵显示器、彩色显示器以及其他特种显示器。

2. LED 数码管

将发光二极管制成条状,再按照一定方式连接组成"8"即构成 LED 数码管。使用时按规定使某些笔段上的发光二极管亮,就可组成 0～9 的数字,LED 数码管分共阳极和共阴极两种。

3. 荧光显示器

荧光显示器由灯丝、栅极、阳极等组成,它们组装在真空管中,灯丝电源将直热式阴极加热到 700℃左右,使灯丝表面的氧化物发射电子,电子从阴极射向阳极上的荧光粉涂层,使荧光粉发光。另外荧光显示器用于显示电视图像时,大大地改善了图像效果。

1.7.7　锁存器和缓冲器

1. 锁存器

锁存器广泛用于计算机与数字系统的输入缓冲电路,其作用是将输入信号暂时寄存,等待处理,即让 CPU 送出的数据在接口电路的输出端保持一段时间,锁存后状态不再发生变化,直到解除锁定。这一方面因为计算机或数字系统的操作都是有序进行的,通常不可能信号一到即刻处理,另一方面,也可防止输入信号的各个位到达时间不一致造成竞争冒险现象。

因锁存器的数据有效迟后于时钟信号有效,即时钟信号先到,数据信号后到,因此在某些运算器电路中有时采用锁存器作为数据暂存器。

锁存器不同于触发器,它不在锁存数据时,输出端的信号随输入信号变化,就像信号通过一个缓冲器一样;一旦锁存信号起锁存作用,则数据被锁住,输入信号不起作用。锁存器也称为透明锁存器,指的是不锁存时输出对于输入是透明的。锁存器比触发器速度快,所以用在地址锁存是很合适的,不过一定要保证所有的 latch 信号源的质量,锁存器在 CPU 设计中很常见,正是由于它的应用使得 CPU 的速度比外部 I/O 部件逻辑快许多。并且 latch 完成同一个功能所需要的门数量比触发器要少,所以锁存器在 ASIC 中用得较多。

2. 缓冲器

缓冲器是输出跟随输入并随时和输入保持一定关系(相同或相反),其主要目的是加大负载,一般是一个(RS、KJ)触发器。

缓冲器分为两种,常用缓冲器(常规缓冲器)和三态缓冲器。常规缓冲器总是将值直接输出,用在推进电流到高一级的电路系统。三态缓冲器除了常规缓冲器的功能外,还有一个选项卡通输入端,用 E 表示。当 E＝0 和 E＝1 时有不同的输出值。

如:当 E＝1 时,选通,其输入直接送到输出;则 E＝0,缓冲器被阻止,无论输入什么值,输出的总是高阻态,用 Z 表示。高阻态能使电流降到足够低,即输出端相当于开路状态。

缓冲器的作用:

(1) 完成速度的匹配。

(2) 提供一个暂存的空间。

(3) 放大信号,提高驱动能力,减少传输及负载对信号源的影响。

(4) 信号隔离的作用,消除负载对信号源的影响。

1.7.8 GAL 器件

通用阵列逻辑(Generic Array Logic,GAL)是 20 世纪 80 年代中期由美国 Lattice 导体公司率先推出的,可擦写、可重复编程、可加密的 PLD 器件。GAL 的与阵列是可编程的,或阵列一般都是固定连接的,但也有与阵列和或阵列都可编程的。GAL 在输出结构中采用了输出逻辑宏单元,使得 GAL 功能更强大。工艺上采用浮栅技术,使得 GAL 具有多次可擦除,可编程的特点,这对开发新产品提供了极大的方便。

一般来讲,GAL 有如下优点:

(1) 具有电可擦除的功能,克服了采用熔丝技术只能一次编程的缺点,其可改写的次数超过 100 次;

(2) 由于采用了输出宏单元结构,用户可根据需要进行组态,一片 GAL 器件可以实现各种组态的 PAL 器件输出结构的逻辑功能,为电路设计带来极大的方便;

(3) 具有加密的功能,保护了知识产权;

(4) 在器件中开设了一个存储区域用来存放识别标志——即电子标签的功能。

1.7.9 CPLD / FPGA 器件

1. CPLD 器件

CPLD(Complex Programmable Logic Device,复杂可编逻辑器件)的基本工作原理与 GAL 器件十分相似,可以看成是由许多 GAL 器件合成的逻辑体,只是相邻块的乘积项可以互借,且每一逻辑单元都能单独引入时钟,从而可实现异步时序逻辑。

目前,生产 CPLD 器件的著名公司主要有 Altera、Xilinx、Lattice、Cypress 等公司。所生产的产品多种多样,器件的结构也有很大的差异,但大多数公司的 CPLD 仍使用基于乘积项的单元结构。Altera 公司主要 CPLD 产品为:MAX3000A/MAX7000/MAX®Ⅱ这三个系列。Xilinx 公司是 FPGA 的发明者,老牌 FPGA 公司,是最大可编程逻辑器件供应商之一,其 CPLD 产品种类较全,主要有 XC9500 和 Coolrunner 这两个系列。

2. FPGA 器件

FPGA(Field Programmable Gate Array,现场可编程门阵列)是大规模可编程逻辑器件。前面提到的 CPLD 和简单 PLD 都是基于乘积项的可编程结构,即可编程的与阵列和固定的或项组成,而 FPGA 使用可编程的查找表(Look Up Table,LUT)结构,用静态随机存储器 SRAM 构成逻辑函数发生器,它的集成度高于 CPLD。

Altera 公司主要 FPGA 产品为:FLEX10K/E、Cyclone/ CycloneⅡ、Stratix/StratixⅡ。Xilinx 公司的 FPGA 产品种类较全,主要有 Spartan 和 Virtex 这两个系列。

3. CPLD 与 FPGA 的比较

CPLD/FPGA 既继承了 ASIC 大规模、高集成度、高可靠性的优点，又克服了 ASIC 设计周期长、投资大、灵活性差的缺点，从而逐步成为复杂数字硬件电路设计的首选器件之一。从以下五个方面对 CPLD 和 FPGA 进行比较。

1）在结构工艺方面

采用 EEPROM 或 Flash 工艺的 CPLD 器件，是以乘积项结构方式构成逻辑行为的器件，更适合于触发器有限而乘积项丰富的结构，CPLD 多用于实现组合逻辑电路；FPGA 器件大多数为 SRAM 工艺实现，该器件适合于触发器丰富的结构，有利于时序逻辑电路的实现。

2）规模和逻辑复杂度

FPGA 可以达到比 CPLD 更高的集成度，同时也具有更复杂的布线结构和逻辑实现。自从 Xilixn 公司 1985 年推出第一片 FPGA 以来，FPGA 的集成度和性能提高很快，其集成度可以达千万门/片以上，系统性能可达到 250MHz 以上。现在的 FPGA 可以嵌入 CPU 或 DSP 内核以及其他 IP core 中，支持软硬件协同设计，可以作为可编程片上系统 SOPC 的硬件平台。

3）编程和配置

向 CPLD 存放所设计电路的结构信息称为编程，通常允许数据擦除改写 1 万次以上。目前使用的 CPLD 器件编程时不需要专用的编程器，只需将由计算机产生的编程数据经编程电缆直接载入到指定的 CPLD 器件，这一技术称为在系统可编程技术。

FPGA 器件大多数为 SRAM 工艺，断电后电路设计信息会丢失，因此每次上电需重新对器件装载编程信息，这一编程过程称为配置（Configure）。对于 SRAM 工艺的 FPGA 来说，配置的次数是无限的。为了使用上的方便，FPGA 的编程数据通常存放在 EEPROM 中，每次开始工作时可自动装载设计信息。

4）功率消耗

一般情况下，CPLD 功耗要比 FPGA 大，并且集成度越高越明显。

5）使用和保密性

CPLD 的编程工艺采用 EEPROM 或 FLASH 技术，无需外部存储器芯片，使用简单，保密性好；而基于 SRAM 编程的 FPGA，其编程信息需存放在外部存储器上，并且使用方法相对较复杂，保密性差。

1.8　接插件及开关

接插件和开关是通过一定的机械动作来完成电气连接和断开的元件，一般串接在电路中，实现信号和电能的传输。它的质量和可靠性直接影响整个电子系统的性能和运转，其中最突出的是接触问题。接触不良不仅会影响信号或电能的正常传送，还会引起较大的误差，而且也是噪声的重要来源之一。因此，合理选择和正确使用开关和接插件，将会大大降低电路的故障率。

1.8.1 常用接插件

接插件又称连接器或插头、插座,泛指各种连接器、插头、插塞、插针、插座、插槽、插孔、管座、接线端子等。通过对它的简便插拔,在电器与电器之间、电子设备的主机和各部件之间、电器中两块电路板或两部分电路之间进行电气连接,或在大功率的分立元器件与印制电路板之间完成电气连接,实现对信号和电能的传输控制,便于组装、更换、维护与维修。

接插元器件种类很多,分类方法也很多。接插件按用途来分,有电源接插件(或称电源插头、插座)、音视频接插件、印制电路连接器(印制电路与导线或印制板的连接)、IC插座(IC封装引脚与PCB的连接)、电视天线接插件、电话接插件、光纤电缆连接件等;接插件按结构形状来分,有圆形连接件、矩形连接件、条形连接件、印制板连接件、IC连接件、带状扁平排线(电缆)接插件等;按工作频率分,有低频和高频连接器。高频连接器也称同轴连接器,采用同轴结构,与同轴电缆相连接。

接插元器件的一般文字符号为"X",插头(凸头)的文字符号是"XP",插座(内孔)的文字符号是"XS";常见接插件的电路图形符号如图1-8-1所示。

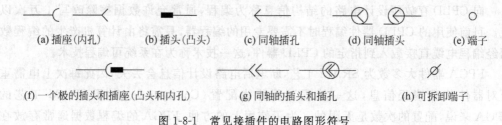

(a) 插座(内孔)　　(b) 插头(凸头)　　(c) 同轴插孔　　(d) 同轴插头　　(e) 端子

(f) 一个极的插头和插座(凸头和内孔)　　(g) 同轴的插头和插孔　　(h) 可拆卸端子

图1-8-1　常见接插件的电路图形符号

1. 圆形插接件

圆形插接件也称为航空插头插座,它有一个标准的螺旋锁紧机构,接触点数目从两个到上百个不等。其插拔力较大,连接方便,抗震性好,容易实现防水密封及电磁屏蔽等特殊要求。该元件适用于大电流连接,额定电流可以从一安培到数百安培。一般用于不需要经常插拔的电路板之间或整机设备之间的电气连接。

2. 矩形接插件

矩形排列能充分利用空间,所以,矩形插接件广泛应用于机内元器件的互连。当其带有外壳或锁紧装置时,也可用机外电缆和面板之间的连接。

3. 印制板接插件

印制电路板与(底板)印制电路板之间或印制线路板与其他部件之间的互连经常采

用印制板连接器。这种接插件的结构形式有簧片式和针孔式两种。印制板连接器多属矩形接插件,是由绝缘性能较好的矩形塑料壳与数量不等的接触对(即插针和插孔)构成,接触对的排列方式有两排、三排、四排等数种。插针和插孔都不接引线,焊接有插头、插座的印制电路板把插头和插座(不接引线)直接插接,实现电气连接。如,计算机的各种板卡、内存条与主板之间就是这样实现的连接。

4. 带状扁平排线接插件

带状扁平排线插接件是由几十根以聚乙烯为绝缘层的导线并排黏合在一起的。它占用空间小,轻巧柔韧,布线方便,不易混淆。带状电缆的插头是电缆两端的连接器。它与电缆的连接不用焊接,而是靠压力使连接端上的刀口刺破电缆的绝缘层实现电气连接。其工艺简单可靠,电缆的插座部分直接焊接在印制电路板上。带状扁平排线插接件常用于低电压、小电流的场合,适用于微弱信号的连接,多用于计算机及其外部设备。

5. 其他连接件

1) 接线柱

常用于仪器面板的输入、输出特点,种类很多。

2) 接线端子

常用于大型设备的内部接线。

6. 使用插接件注意事项

(1) 选用接插件应根据具体使用环境和电气、机械要求,留有一定余量。例如,一个地方的环境温度为$-30\sim40℃$,那么最好使用工作温度为$-50\sim50℃$的接插件。

(2) 接插件接触表面要保持干净,避免不必要的插拔。

(3) 在一些对安全性要求较高的互连电路中,可并联多个接插件以提高可靠性。

(4) 应尽量减少使用接插件的数量。

1.8.2　开关

开关是电子设备中用来接通、断开和转换电路的机电元件。大多数开关是手动式机械结构,操作方便,价廉可靠,应用十分广泛。随着新技术的发展,各种非机械结构的开关不断涌现,例如气动开关、水银开关、感应式开关、霍尔开关等。开关种类繁多,分类方式也各不相同。按驱动方式的不同,分为手动和自动两大类;按应用场合不同,分为电源开关、控制开关、转换开关和行程开关等;按机械动作的方式不同,分为旋转式开关、按动式开关、拨动式开关等。

在电路中,开关用文字符号"S"表示(按钮开关也可用"SB"表示),开关的电路图形符号如图 1-8-2 所示。

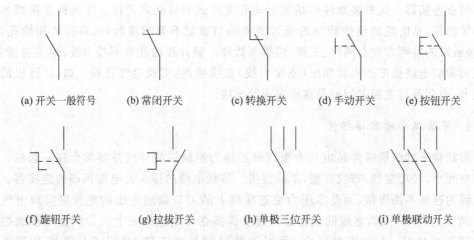

(a) 开关一般符号　　(b) 常闭开关　　(c) 转换开关　　(d) 手动开关　　(e) 按钮开关

(f) 旋钮开关　　　　(g) 拉拔开关　　　(h) 单极三位开关　　　(i) 单极联动开关

图 1-8-2　开关的电路图形符号

1. 按钮开关

按钮开关是通过按动按钮推动传动机构使动触点与静触点接通或断开,并实现电路换接的开关。可分为大型、小型,形状有圆柱形、正方形和长方形。其结构主要有簧片式、组合式、带指示灯和不带指示灯等几种。按下或松开按钮开关,电路就接通或断开。此类开关常用于控制电子设备中的交流接触器。

2. 钮子开关

钮子开关是通过扭动开关柄驱动动触点动作使电路接通或断开的开关。钮子开关有大、中、小型和超小型多种,触点有单刀、双刀和三刀等几种,接通状态有单掷和双掷等。它体积小,操作方便,是电子设备中常用的一种开关,工作电流为 0.5～5A 不等。钮子开关广泛应用于小家电及仪器、仪表中,主要用来作为电源开关或状态转换开关使用。如图 1-8-3 所示为常见外形及其原理示意图。

扭柄

图 1-8-3　钮子开关常见外形及其原理示意图

船型开关也称翘板开关,其结构与钮子开关相同,只是把扭柄换成了船型。外形如图 1-8-4 所示。

图 1-8-4　船型开关

3. 拨动开关

拨动开关是通过拨动开关柄使电路接通或断开从而达到切换电路的目的的开关。常见的有单极双位、单极三位、双极双位以及双极三位等,它一般用于低压电路,进行电源电路及电路工作状态的切换。拨动开关是水平滑动换位式开关,采用切入式咬合接触。具有滑块动作灵活、性能稳定可靠的特点,拨动开关广泛用于各种仪器、仪表设备及小家电产品中。拨动开关常见外形及其电路符号如图 1-8-5 所示。

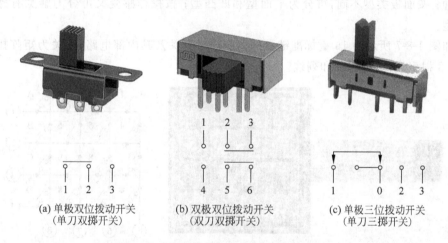

(a) 单极双位拨动开关　　　　(b) 双极双位拨动开关　　　　(c) 单极三位拨动开关
　(单刀双掷开关)　　　　　　　(双刀双掷开关)　　　　　　　(单刀三掷开关)

图 1-8-5　拨动开关常见外形及其电路符号

4. 旋转开关

旋转开关是一种通过旋转旋柄使转轴带动动触头转动,从而与不同位置的静触点接通或断开,达到切换电路的目的的开关。旋转开关可以只有一个动触头及其相应的一层一圈静触点,这样的旋转开关就是单刀多掷(单极多位)开关。也可以有多个动触头及其相应数量的多层静触点,这就构成了多刀多掷(多极多位)开关。

旋转开关主要应用在收音机、收录机、指针式万用表、示波器及其他各种仪器仪表中,用来作为波段开关或挡位开关。旋转开关常见外形及其电路符号(图中示出三极三位)如图 1-8-6 所示。

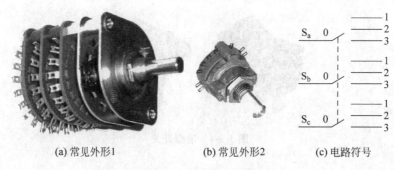

(a) 常见外形1　　　　(b) 常见外形2　　　　(c) 电路符号

图 1-8-6　旋转开关常见外形及其电路符号

5. 薄膜按键开关

薄膜按键开关又称薄膜开关、平面开关、触摸开关，是一种常开型按钮式轻触开关。它是由具有一定柔性的绝缘材料和导电材料层组成的多层结构非自锁按键开关。它是近年来流行的集装饰与功能为一体的新型开关。薄膜开关按基材不同可分为软性和硬性两种；按面板类型不同，可分为平面型和凹凸型；按操作感受又可分为触觉有感型和无感型。

如图 1-8-7 所示为 16 键标准键盘的薄膜按键开关及其内部电路，开关为矩阵排列方式，有 8 根引线，分成行线和列线。

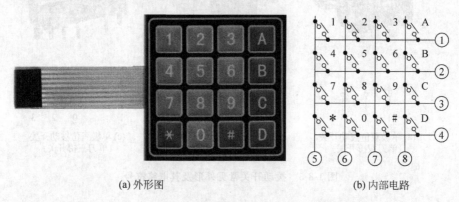

(a) 外形图　　　　　　　　(b) 内部电路

图 1-8-7　16 键标准键盘的薄膜按键开关及其内部电路

与传统的机械开关相比，薄膜开关具有结构简单、外形美观、密闭性好、性能稳定、寿命长等优点，广泛使用于各种微电脑控制的电子设备中，如各种遥控器的键盘等。

6. 磁控开关

磁控开关由永久磁铁和干簧管两部分组成。干簧管又称舌簧管、磁簧开关，是一种磁敏的特殊开关。它通常由两个或三个软磁性材料做成的簧片触点，被封装在充有惰性气体或真空的玻璃管（少数为塑料管）里制作而成。玻璃管内平行封装的簧片端部重叠，并留有一定间隙或相互接触以构成开关的常开或常闭接点。

根据舌簧触点的构造不同,舌簧管可分为常开、常闭、转换三种类型。

常闭接点干簧管的工作原理是:当永久磁铁或通电的线圈靠近单簧管时簧片磁化,一个簧片在触点位置上生成 N 极,另一个的触点位置上生成 S 极。由于异性相吸,当吸引力大于簧片的弹力时,簧片的接点吸合,即电路闭合;当磁力小到一定程度时,因弹力作用接点又被重新分开,电路断开。

作为一种利用磁场信号来控制的线路开关器件,干簧管可以作为传感器用,用于计数、限位,在安防系统中主要用于门磁、窗磁的制作,同时还被广泛使用于各种通信设备中。

图 1-8-8 所示为常见干簧管开关的外形。

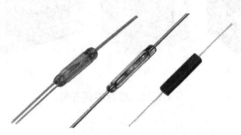

图 1-8-8　常见干簧管开关的外形

7. 拨码开关

拨码开关又名 DIP 开关,是多个单极单位开关的组合,内部可以有多个微型开关(常见的有 3 个、5 个、6 个和 8 个)。当组合有 8 个开关时,其名称为"8 位拨码开关"。当某路开关拨至"ON"的位置时,该路开关处于闭合状态,否则为断开状态。如图 1-8-9 所示为常见拨码开关外形及其内部电路结构。

(a) 外形1　　　　(b) 外形2　　　　(c) 内部结构

图 1-8-9　常见拨码开关外形及其内部结构

一般说来,拨码开关的外壳上都会有"ON"位置标识,注意留意。

拨码开关广泛使用于数据处理、通信、遥控和防盗自动警铃系统等需要手动程式编制的产品上。

在实际应用中,有时还会见到外形如图 1-8-10 所示,也被称做拨码开关的器件。这种器件有时还会被称做拨盘开关。其实,就其功能而言,它并不是一个传统意义上的开关器件,而是常用在有数字预置功能电路中的编码开关。它的种类很多,图 1-8-10(a)、(b)所示是一种叫做 BCD 码拨盘开关的一位拨盘编码开关。开关的内部有一块电路板,通过内部的电路,能把拨盘上调整设定的十进制整数转换为相应的 BCD 编码,从开关下面的 4 个管脚输出。这种开关又称十进制-二进制拨盘开关、8421 编码开关。图 1-8-10(c)、(d)所示为多位 BCD 编码开关。图 1-8-10(e)所示为十六进制-二进制拨盘编码开关。

对于图 1-8-10(a)、(e)所示的拨盘开关,可以通过旋转插入插槽的"一"字螺丝刀,调整设定需转换的整数;而对于图 1-8-10(b)~(d)所示的编码开关,则要通过按压"+"或"-"按钮设定需转换的整数。

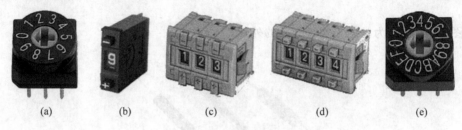

(a)　　　　　(b)　　　　　(c)　　　　　(d)　　　　　(e)

图 1-8-10　拨盘编码开关

8. 光电开关

光电开关是光电接近开关的简称,是一种由红外发光管与红外接收管以及相应的电路封装在一起构成的有源开关器件,其实是一种光电传感器。这种新型的开关已用做物位检测、液位控制、产品计数、宽度判别、速度检测、定长剪切、孔洞识别、信号延时、自动门传感、冲床和剪切机以及安全防护等诸多领域。此外,利用红外线的隐蔽性,还可在银行、仓库、商店以及其他需要的场合作为防盗警戒之用。

光电开关是利用是否对光束有遮挡或反射,检测物体有无,来控制开关电路接通与否的。即它与光耦的原理类似,只不过它是用来作为开关使用的。

常见的光电开关有两种,一种是反射式,另一种是对射式。图 1-8-11 所示为常见光电开关的外形。

图 1-8-11　常见光电开关的外形

1.8.3　导线

导线是能够导电的金属线,是电能和电磁信号的传输载体。

1. 导线材料

电子产品中常用的导线包括电线与电缆，又能细分成裸导线、电磁线、绝缘电线电缆和通信电缆四类。

裸导线是指没有绝缘层的光金属导线。它有单股线、多股绞合线、镀锡绞合线、多股编织线、金属板、电阻电热丝等若干种类。大部分作为电线电缆的线芯，少部分直接用在电子产品中连接电路。表 1-8-1 为常用裸导线的种类、型号和用途。

表 1-8-1 常用裸导线的种类、型号和用途

分 类	名 称	型 号	主 要 用 途
裸单线	硬圆铜单线	TY	作电线电缆的芯线和电器制品（如电机、变压器等）的绕组线
	软圆铜单线	TR	硬圆铜单线也可作电力及通信架空线
	镀锡软铜单线	TRX	用于电线电缆的内外导体制造及电器制品的电气连接
	裸铜软天线	TTR	适用于通信的架空天线
裸型线	软铜扁线硬铜扁线	TBR TBY	适用于电机、电器、配电线路及其他电工制品
	裸铜电刷线	TS、TSR	用于电机及电气线路上联接电刷
电阻合金线	镍铬丝	Cr20 Ni80	供制造发热元件及电阻元件用，正常工作温度 1000℃
	康铜丝	KX	供制造普通线绕电阻器及电位器用，能在 500℃ 条件下使用

电磁线是有绝缘层的导线，绝缘方式有表面涂漆或外缠纱、丝、薄膜等，一般用来绕制各类变压器、电感类产品的绕组，所以也叫做绕组线、漆包线。

绝缘电线电缆包括固定敷设电线、绝缘软电线和屏蔽线，用做电子产品的电气连接。通信电缆包括用在电信系统中的电信电缆、高频电缆和双绞线。电信电缆一般是成对的对称多芯电缆，通常用于工作频率在几百 kHz 以下的信号传输；高频电缆对高频信号传输损耗小，效率高。双绞线用在计算机和电信信号的传输，频率在 10MHz 至几百 MHz。

2. 绝缘导线

在导线外围均匀而密封地包裹一层不导电的材料，如：树脂、塑料、硅橡胶、PVC 等，形成绝缘层，防止导电体与外界接触造成漏电、短路、触电等事故发生的电线叫绝缘导线。

1）导体材料

导体材料主要有铜线和铝线。

纯铜线的表面很容易氧化，一般导线是在铜线表面镀耐氧化金属。如：

• 普通导线——镀锡能提高可焊性；

• 高频用导线——镀银能提高电性能；

- 耐热导线——镀镍能提高耐热性能；
- 线规——指导线的粗细标准，有线号和线径两种表示方法。
- 线号制——按导线的粗细排列成一定号码，线号越大，其线径越小。英、美等国家采用线号制。
- 线径制——用导线直径的毫米(mm)数表示线规，中国采用线径制。

2）绝缘外皮材料

绝缘外皮就是在导线外围均匀而密封地包裹一层不导电的材料。导线绝缘外皮的材料主要有：塑料类（聚氯乙烯、聚四氟乙烯等）、橡胶类、纤维类（棉、化纤等）、涂料类（聚酯、聚乙烯漆）。

绝缘外皮除了电气绝缘外，还有增强导线机械强度、保护导线不受外界环境腐蚀的作用。

3．屏蔽线

屏蔽线是在塑胶绝缘电线的基础上，外加导电的金属屏蔽层和外护套而制成的信号连接线。

屏蔽线具有静电屏蔽、电磁屏蔽和磁屏蔽的作用，它能防止或减少线外信号与线内信号之间的相互干扰。屏蔽线主要用于 1MHz 以下频率的信号连接。

4．电缆

电子产品装配中的电缆主要包括射频同轴电缆、馈线和高压电缆等。

1）射频同轴电缆（高频同轴电缆）

射频同轴电缆的结构与单芯屏蔽线基本相同，不同的是两者使用的材料不同，其电性能也不同。射频同轴电缆主要用于传送高频电信号，具有衰减小，抗干扰能力强，天线效应小，便于匹配的优点，其阻抗一般有 50Ω 或 75Ω 两种。

2）馈线

馈线是由两根平行的导线和扁平状的绝缘介质组成的，专用于将信号从天线传到接收机或由发射机传给天线的信号线。其特性阻抗为 300Ω，传送信号属平衡对称型。

3）高压电缆

高压电缆的结构与普通的带外护套的塑胶绝缘软线相似，只是要求绝缘体有很高的耐压特性和阻燃性，故一般用阻燃型聚乙烯作为绝缘材料，且绝缘体比较厚实。

4）带状电缆（电脑排线、扁平电缆）

扁平电缆是由许多根导线结合在一起，相互之间绝缘的一种扁平带状多路导线的软电缆。这种电缆造价低、重量轻、韧性强，是电子产品常用的导线之一。可用做插座间的连接线，印制电路板之间的连接线及各种信息传递的输入-输出柔性连接。

第2章

常用仪器仪表的使用

电子产品在装配、调试和修理的过程中,都离不开各种电子测量仪器。电子测量仪器主要包括在电子科学技术中用来测量电量和磁量的仪器仪表。电子测量仪器按用途可分为测量基本电量(即表征电信号各种特征的量,如电压、电流、频率、时间、波形等)的仪器;测量各种电子元器件及系统电磁参数(如电阻、电容、电感、各种晶体管特性)的仪器。此外,在测试过程中经常使用的各种模拟信号源也是常用的电子测量仪器。

2.1 电子测量仪器的选择

2.1.1 电子测量仪器分类

电子测量仪器种类繁多,根据测量精度的不同,可分为高精度仪器、普通仪器和简易仪器;根据用途的不同,可分为专业用仪器和通用仪器。专业用仪器是指各专业中测量特殊参量的仪器,如心电图仪就是用于医疗专业的;通用仪器则具有灵活性好,应用面广等特点。按功能不同,通用仪器主要可以分为以下几类。

- 信号发生仪器,用于提供测量、调试所需的各种波形的信号,如低频信号发生器、高频信号发生器、脉冲信号发生器、函数信号发生器和噪声信号发生器等。
- 信号分析仪器,用于观测、分析和记录各种电量的变化,包括时域、频域和数字域分析仪,如电压表、示波器、电子计数器、频谱分析仪和逻辑分析仪等。
- 网络特性测量仪器,用于测量电气网络的频率特性、阻抗特性等,如频率特性测试仪、阻抗测试仪和网络分析仪等。
- 电子元器件测试仪器,用于测量各种电子元器件的各种参数或显示元器件的特性曲线等,如电路元件(R、L、C)测试仪、晶体管特性图示仪和集成电路测试仪等。
- 电波特性测试仪器,用于测量电波传播、电磁场强度、干扰强度等参量,如测试接收机、场强测量仪、干扰测试仪等。
- 辅助仪器,用于配合上述各种仪器对信号进行放大、检波、衰减、隔离等,以便上述仪器充分发挥作用,如各种放大器、检波器、衰减器、记录仪以及交直流稳压电源等。

2.1.2 怎样选择电子测量仪器

由于测量仪器的工作频段不同,即使是功能相似的仪器,其工作原理与结构也常有很大的不同。而对于不同的使用目的,也常使用不同准确度的仪器。例如,作为计量工作标准的计量仪器常具有最高的精度,实验室中一般使用较精密的测量仪器进行定量测量,而生产和维修场合则常使用简易测试仪器进行测量。实际上,在选择一台电子仪器时,要考虑的远不止这些。通常,选择测量仪器时要考虑的问题包括以下几项。

- 量程。即被测量的最大值和最小值。
- 准确度。指被测量允许的最大误差、仪器的误差及分辨率等。

- 频响特性。指在被测量的频率范围内仪器的频响特性。
- 仪器的输入阻抗在所有量程内是否满足要求,如果输入阻抗不是常数,看其数值变化是否在允许的范围内。
- 稳定性。指两次校准之间允许的最大时间范围。
- 环境。根据电子测量的性质和各种电子测量仪器的技术要求不同,环境因素对测量的影响也不同。
- 电源。使用仪器前最首要的问题是检查仪器的供电要求。
- 仪器的连接。仪器的放置既要考虑到仪器连线的方便,又要考虑到仪器的散热,尽量不要重叠放置。同时使用几台仪器时,测试线的连接要尽量短,以减少信号的衰减,还要尽量减少测试线的交叉,以免信号相互串扰而产生寄生振荡。
- 隔离和屏蔽。技术接地是指仪器的测试端口标有"⊥"的点,它应与被测电路的技术接地点连在一起。
- 可靠性。指仪器规定的使用寿命的长短和维护的方便程度。

当然,实际选择仪器时,不一定要同时考虑上述所有内容。例如,测量音频放大器的幅频特性时,应主要考虑测量仪器的频率范围和量程是否合适,及测量误差是否在允许的范围内。可以从实验室现有的仪器中选取电子电压表(毫伏表)或示波器作为测量仪器。使用时,要注意给仪器预热、调零和校准。为保证等精度测量,实验时应尽可能选择使用同一组仪器。

2.1.3 电子测量仪器的使用注意事项

每一台电子仪器都有规定的操作规程的使用方法,使用者必须严格遵守。一般电子仪器在使用前后及使用过程中,都应注意以下几个方面。

1. 仪器开机前注意事项

(1) 在开机通电前,应检查仪器设备的工作电压与电源电压是否相应。

(2) 在开机通电前,应检查仪器面板上各开关、旋钮、接线柱、插孔等是否松动或滑位,如发生这些现象,应加以紧固或整位,以防止因此而牵断仪器内部连线,造成断开、短路以及接触不良等人为故障。

(3) 在开机通电时,应检查电子仪器的接"地"情况是否良好。

2. 仪器开机时注意事项

(1) 在仪器开机通电时,应使仪器预热 5~10min,待仪器稳定后再行使用。

(2) 在开机通电时,应注意检查仪器的工作情况,即眼看、耳听、鼻闻以及检查有无不正常现象。如发现仪器内部有响声、有臭味、冒烟等异常现象,应立即切断电源,在尚未查明原因之前,应禁止再次通电,以免扩大故障。

(3) 在开机通电时,如发现仪器的保险丝烧断,应更换相同容量的保险管。如第二次开机通电,又烧断保险管,应立即检查,不应第三次调换保险管通电,更不应该随便加大保险管容量,否则导致仪器内部故障扩大,造成严重损坏。

3．仪器使用过程中注意事项

(1)仪器使用过程中,对于面板上各种旋钮、开关的作用及正确使用方法,必须充分了解。对旋钮、开关的扳动和调节,应缓慢稳妥,不可猛扳猛转,以免造成松动、滑位、断裂等人为故障。对于输出、输入电缆的插接,应握住套管操作,不应直接用力拉扯电缆线,以免拉断内部导线。

(2)信号发生器输出端不应直接连到直流电压电路上,以免损坏仪器。对于功率较大的电子仪器,二次开机时间间隔要长,不应关机后马上二次开机,否则会烧断保险丝。

(3)使用仪器测试时,应先连接"低电位"端(地线),然后连接"高电位"端,反之,测试完毕应先拆除"高电位"端,后拆除"低电位"端,否则,会导致仪器过负荷,甚至损坏仪表。

4．仪器使用后注意事项

(1)切断仪器电源开关。

(2)整理好仪器零件,以免散失或错配而影响以后使用。

(3)盖好仪器罩布,以免沾积灰尘。

5．仪器测量时连接

在电子测量时,应特别注意仪器的"共地",即电子仪器相互连接或仪器与实验电路连接时"地"电位端应当可靠地连接在一起。由于大多数电子仪器的两个输出端或输入端总有一个与仪器外壳相连,并与电缆引线的外屏蔽线连在一起,这个端点通常用符号"⊥"表示。在电子技术实验中,由于工作频率高,为避免外界干扰和仪器串扰,对实验结果带来影响,导致测量误差增大,所有仪器的"地"电位端与实验电路的"地"电位端必须可靠地连接在一起,即"共地"。

2.2　万用表

万用表是电子工程领域中用途最广泛的测量仪表之一,是一种多功能的电子测量表,通过切换开关来选择相应的功能,测量结果可在表头上显示出来,当然不同的功能对应表头在显示屏上直接显示所测得的数据,使用起来比较方便,可以把人为误差减小到最低程度,读数的精度也比较高。它的种类很多,主要有模拟式和数字式两大类。

2.2.1　模拟式万用表

以 MF-30 型万用表为例介绍模拟式万用表的使用方法。它是一种结构典型、灵敏度高、体积小的袖珍型万用电表,可测量直流电流、直流电压、交流电压和电阻等。

1. **直流电流的测量**

直流电流的量程范围有 0.05mA、0.5mA、5mA、50mA、500mA 共 5 挡。当万用表转换开关转到直流电流各量程时，电流从"＋"表笔进入，通过内部相应电阻，从"－"表笔流出，从而测得相应的直流电流。

2. **直流电压的测量**

直流电压的量程范围有 1V、5V、25V、100V、500V 共 5 挡。万用表可通过选择不同的量程挡来改变内部所接电阻，构成相应量程的电流表，从而测得对应的直流电压。

3. **交流电压的测量**

交流电压的量程范围有 10V、100V、500V 共 3 挡。当万用表转换开关触头滑到交流电压的量程挡时，转换开关的内部金属触片与相应量程挡的交流电压的触点相接，万用表内部的二极管对交流电流进行半波整流，只有被测交流电压在"＋"表笔为正，"－"表笔为负时，才有电流流过，此时，可从表头读出相应的测量值。

4. **电阻的测量**

电阻的量程范围有 R×1、R×10、R×100、R×1k、R×10k 共 5 挡。

测量电阻方法如下：

(1) 量限开关旋至合适的量限。

(2) 调零。将两表笔短路，调节欧姆调零电位器，使指针指在欧姆刻度的零位上。

(3) 表笔接入待测电阻，按刻度读数，并乘以所用挡位指示的倍数，即为待测电阻值。指针在中心阻值附近读数精度较高。若改变挡位，需重新调零。

例如，将量限开关旋至 R×100，调零，再接入待测电阻，若测量指针指示在 56 刻度位置，则被测电阻的阻值为 $100\Omega\times56=5600\Omega$。若将量限开关旋至 R×1k，调零后，测量指针指示在 5.6 刻度位置，则被测电阻的阻值为 $1k\Omega\times5.6=5.6k\Omega$。

5. **二极管的测量**

检测二极管一般用欧姆挡 R×100Ω 或 R×1k 进行。由于二极管具有单向导电性，它的正向电阻小，反向电阻大。当万用表的红表笔接二极管的正极，黑表笔接负极时，测得的是反向电阻，此值一般要大于几百千欧。反之，红表笔接二极管的负极，黑表笔接二极管的正极，则测得的是正向电阻。对于锗二极管，正向电阻一般在 100～1000Ω，对于硅二极管，正向电阻一般在几百欧至几千欧。

如果两次测得的阻值都是无穷大，说明二极管内部开路；如果阻值都是零，表示二极管内部短路；如果两次差别不大，说明二极管失效。

此外，由于二极管是非线性元件，用不同倍率的欧姆挡或不同灵敏度的万用表进行测量时，所得数据是不同的。

6. 三极管的测量

1) 判定极性(NPN 型或 PNP 型)与管脚电极

将万用表置于"Ω"挡,选取 R×1kΩ 挡量程。假定三极管某一引脚为基极(B),用"黑表笔"接触它并保持不动,"红表笔"分别接触余下两个引脚,测得两个电阻值。如果两个电阻值都很小,则"黑表笔"接触的引脚是基极,并且该三极管是 NPN 型;如果两个电阻值都很大,则该三极管为 PNP 型。

将万用表置于"Ω"挡,选择 R×10kΩ 挡量程。若被测三极管为 NPN 型,假定三极管剩下两个引脚之一为集电极(C),用"黑表笔"去接触它,另一引脚用"红表笔"接触。在"黑表笔"与基极(B)之间加一个人体电阻(R_P)。若万用表指针偏转角度较大,则"黑表笔"接触的引脚是集电极(C)。

2) 三极管 I_{CEO} 的测量

量程开关置于 R×1kΩ 位置,表笔插在"＋"、"＊"插孔内,表笔短路后调节欧姆零电位器,使指针指示在欧姆刻度的零位上,然后断开表笔。晶体管的 C、E 极插入与其相应的"NPN"或"PNP"的插孔内,B 极开路,电表指示值即为晶体管的 I_{CEO} 值。

3) h_{FE} 的值

先转动开关到 ADJ 位置上,将红、黑表笔短接,调节欧姆调零电位器,使指针指到 h_{FE} 挡的 300 刻度上,然后将开关旋至 h_{FE} 挡,将被测晶体管的 E、B、C 极分别插在与其相应的"NPN"或"PNP"侧的插孔内,指针偏转,所示数值为晶体管电流放大系数。

7. 使用注意事项

MF-30 型万用表是利用电流表,并借助转换开关、电阻和二极管等元件构成的可携带式小型多功能仪表,使用较方便。但在使用时还必须注意以下几个问题:

(1) 万用表主要用做检测之用,它的欧姆各挡的中值电阻值会因电池电压的变化而发生变化,使测量误差变大,因而万用表只适于精度要求不太高时的测量。

(2) 万用表通过转换开关的转换,可作为电压表或电流表或欧姆表使用,因而使用前,要特别注意万用表转换开关所处的位置,必须把转换开关转到与测量相对应的位置上,否则可能烧毁万用表。如果万用表在使用前处于电流挡或欧姆挡,在没有把转换开关转到 250V 或 500V 交流电压挡的情况下,直接将表笔接到 220V 交流电源上,则会有过大电流流过电流表和某些电阻,使电流表或这些电阻被烧毁。

(3) 用完万用表之后,一定要把转换开关转到直流电压或交流电压的最高量程挡上,以免下次使用万用表时不小心损坏万用表。

携带或搬运万用表时,不要使万用表受到强烈的冲击和振动,以免线圈或游丝等受损。

(4) 如果万用表长期不使用,应把电池取出,以免电池漏液腐蚀表内元件。另外,当电阻挡不能调零时,应更换电池,否则会使测量误差过大。

2.2.2 数字式万用表

现在,数字式测量仪表已成为主流,有取代模拟式测量仪表的趋势。数字万用表是以数字的方式直接显示被测量的大小,十分便于读数。与一般模拟式仪表相比,具有测量精度高、显示直观、功能全、体积小等优点。另外,它还具有自动调零、显示极性、超量程显示及低压指示等功能,装有快速熔丝管过流保护电路和过压保护元件。下面以常见的 DT890D 为例介绍数字万用表的使用方法。

DT890D 数字万用表由液晶显示屏、量程转换开关和测试插孔等组成,最大显示数字为 ±1999,为 3 位半数字万用表。

图 2-2-1 为常用的 DT-890 型数字万用表面板图,各组成部分如图所示。

- LCD 显示器:显示各种被测量的数值,包括小数点、正负号及溢出状态。
- 电源开关:接通和切断表内电池电源。
- 量程选择开关:根据被测量转换不同的量程及物理量。
- h_{FE} 插孔:进行三极管参数的测量。
- 表笔插孔:外接测试表笔。
- 电容器插孔:进行电容器容量的测量。

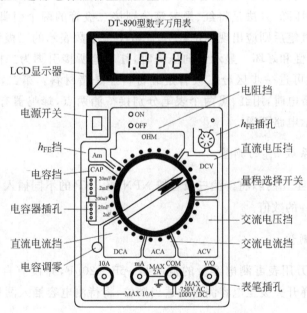

图 2-2-1　DT-890 型数字万用表面板图

1. 交、直流电压和电流的测量

DT890D 数字万用表有较宽的电压和电流测量范围。直流电压量程范围为 0～1000V,交流电压的量程范围为 0～700V,交、直流电流的量程均为 0～20A。

用万用表测量交、直流电压时,将黑表笔插入"COM"插孔,红表笔插入"V/Ω"插孔。将量程选择开关旋转至相应的 ACV 或 DCV 量程上,然后将测试表笔跨接在被测电路上,红表笔所接点的电压与极性将显示在屏幕上。测量交、直流电流时,将黑表笔插入"COM"插孔,红表笔可根据所测电流的大小分别插入"mA"插孔(最大为 200mA)或"10A"插孔(最大为 10A),将量程选择开关旋转至相应的 ACA、DCA 挡位上,然后将测试表笔串入被测电路中,则所测电路的电流值与极性将显示在屏幕上。

交流电压、电流均显示有效值。测量直流时万用表能自动转换和显示极性,当被测电压(电流)的极性接反时,会显示"一"号,不必调换表笔。

2. 电阻的测量

将黑表笔插入"COM"插孔,红表笔插入"V/Ω"插孔。DT890D 万用表电阻量程范围为 $200\Omega \sim 200M\Omega$,共分 7 挡,各挡均为测量上限。测量时,应先估计被测电阻的数值,尽可能选用接近满度的量程,这样可提高测量精度。如果选择的挡位小于被测电阻实际值,显示结果只有高位上的"1",说明量程选得太小,出现溢出,可换更高一挡量程再测。

3. 二极管的测量

在电阻测量挡内,设置了"二极管、蜂鸣器"挡位,该挡位有两个功能:第一,可测量二极管的极性和正向压降,方法是将红、黑表笔分别接二极管的两个引脚,若出现溢出,则为反向特性,交换表笔后则应出现 3 位数字,此数字是小数表示的二极管正向压降,由此可判断二极管的极性和好坏。显示正向压降时,红表笔所接引脚为二极管的正极,根据正向压降的大小还可进一步区分二极管是硅材料还是锗材料。第二,可检查电路的通断,在确定电路不带电时,用红、黑两个表笔分别接待测两点,蜂鸣器有声响时表明电路是通的,无声则表示电路不通。

4. 电流放大系数 h_{FE} 的测量

将选择开关拨至 h_{FE} 挡,将待测三极管按 NPN 或 PNP 的不同插入相应的测试座内,由显示屏可读出 h_{FE} 的数值。

5. 电容量的测量

DT890D 数字万用表可测电容量的范围是 $1pF \sim 20\mu F$,并设有自动调零和保护电路。测量时,将选择开关拨至电容测量的适当挡位,将待测电容插入测量插座内,通过显示屏读出电容数值。

2.3　示波器

示波器是一种综合性电信号显示和测量的仪器,它不但可以直接显示出电信号随时间变化的波形及其变化过程,测量出信号的幅度、频率、脉宽、相位差等,还能观察信号的非线性失真,测量调制信号的参数等,可实现信号定性观察和定量测量。

随着电子技术的不断发展,现在的示波器除了用来观测信号波形外,还可以测量信号的电压、周期、频率、相位、调幅系数等;把它与传感器结合,还能对温度、压力、密度、声、光、磁效应等各种非电量进行测量。因此,示波器无疑是最通用的电子仪器,广泛地应用于电子、电气测量领域。

2.3.1 示波器分类

示波器的种类是多种多样的,从简单的到非常复杂的,从通用的到专用的,范围十分宽广,分类方法也各不相同。

1) 根据测量功能分为模拟示波器和数字示波器

模拟示波器:采用模拟方式直接将模拟信号进行处理和显示,使用模拟方式控制电路的示波器,通过 CRT(Cathode Ray Tube,阴极射线管)显像管进行呈像。它的原理和显像管电视基本相同,都是通过其显像管内部的电子枪向屏幕发射电子,电子束投到荧幕的某处,屏幕后面总会有明亮的荧光物质被点亮,直接反映到屏幕上。

数字示波器:与通用模拟示波器不同的是,在其内部采用 A/D 变换器把被测的输入模拟波形进行取样、量化和编码,转换成数字信号"1"、"0"码,然后存储在半导体 RAM (Random Access Memory,随机存储器)中,这个过程称为存储器的"写过程";然后在需要时,将 RAM 中存储的内容调出,通过相应的 D/A 变换器,再恢复为模拟量显示在示波器的屏幕上,这个过程称为存储器的"读过程"。因此,数字示波器对信号进行数字化处理后再显示。它捕获的是波形的一系列样值,并对样值进行存储,存储限度是判断累计的样值是否能描绘出波形为止,随后数字示波器重构波形。除常见的数字型示波器外,为了便于携带还出现了手持式数字示波器。

2) 根据可显示信号的数量分为单踪示波器、双踪示波器和多踪示波器

单踪示波器:只可以显示一个信号的示波器,结构比较简单只能够检测一个信号的波形和相关参数。

双踪示波器:有两个信号输入端,可以同时在显示屏上显示两个不同的信号波形及相关参数。

多踪示波器:有两个以上信号输入端,可以同时在屏幕上显示多个不同信号源的波形及其参数,常见的多踪示波器一般为四踪示波器。

3) 根据显示器类型分为阴极射线管(CRT)示波器、彩色液晶显示(LCD)示波器和虚拟示波器

阴极射线管示波器:阴极射线管简称示波管,是阴极射线管(CRT)示波器的核心。它将电信号转换为光信号,将电子枪、偏转系统和荧光屏 3 部分密封在一个真空玻璃壳内,构成了一个完整的示波管。

彩色液晶显示示波器:是采用液晶显示器(Liquid Crystal Display,LCD)来显示波形的,与阴极射线管(CRT)相比,彩色液晶显示的清晰度和显示的多样性要高,可以显示相

对复杂的波形。

虚拟示波器：将计算机和测量功能融合于一体，用计算机软件代替传统仪器中某些硬件的功能，用计算机的显示器代替传统仪器物理面板，如图 2-3-1 所示。通过相关的软件可以设计出操作方便、形象逼真的仪器面板，不仅可以实现传统示波器的功能，而且具有存储、再现、分析、处理波形等特点，还可以进行各种信号的处理、加工和分析，完成各种规模的测量任务。仪器的体积小、耗电少，方便携带，可以在不同计算机上使用。

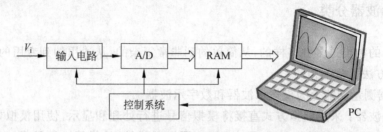

图 2-3-1　虚拟数字存储示波器

4）根据测量范围分为低频和超低频示波器、中频示波器、高频示波器和超高频示波器

低频和超低频示波器：适用于检测低频信号，例如声音信号等，测量信号的范围一般在 0～1MHz。

中频示波器：使用范围较广，也可称为普通示波器，测量范围一般为 1～60MHz，常见的有 20MHz、30MHz、40MHz 的示波器。

高频示波器：可以检测频率较高的信号，一般检测信号为 100MHz 以上，范围为100～1000MHz。常见的有 100MHz、150MHz、200MHz、300MHz 的示波器。

超高频示波器：适用于检测超高频率的信号，一般检测频率为 1000MHz 以上。

2.3.2　模拟示波器

模拟示波器的调整和使用方法基本相同，现以 MOS-620/640 双踪示波器为例，介绍其主要用途及技术特性等。

1. MOS-620/640 双踪示波器前面板

MOS-620/640 双踪示波器的调节旋钮、开关、按键及连接器等都位于前面板上，如图 2-3-2 所示，其作用如下。

1）示波管操作部分

6——POWER：主电源开关及指示灯。按下此开关，其左侧的发光二极管指示灯 5亮，表明电源已接通。

2——INTEN：亮度调节钮。调节轨迹或光点的亮度。

3——FOCUS：聚焦调节钮。调节轨迹或亮光点的聚焦。

4——TRACE ROTATION：轨迹旋转。调整水平轨迹与刻度线相平行。

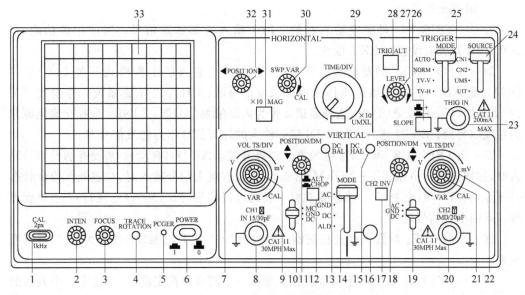

图 2-3-2　MOS-620/640 双踪示波器前面板图

33——显示屏。显示信号的波形。

2）垂直轴操作部分

7、22——VOLTS/DIV：垂直衰减钮。调节垂直偏转灵敏度，5mV/div～5V/div，共10 个挡位。

8——CH1 X：通道 1 被测信号输入连接器。在 X-Y 模式下，作为 X 轴输入端。

20——CH2 Y：通道 2 被测信号输入连接器。在 X-Y 模式下，作为 Y 轴输入端。

9、21——VAR：垂直灵敏度旋钮，微调灵敏度大于或等于 1/2.5 标示值。在校正（CAL）位置时，灵敏度校正为标示值。

10、19——AC-GND-DC：垂直系统输入耦合开关。选择被测信号进入垂直通道的耦合方式。AC：交流耦合；DC：直流耦合；GND：接地。

11、18——POSITION：垂直位置调节旋钮。调节显示波形在荧光屏上的垂直位置。

12——ALT/CHOP：交替/断续选择按键，双踪显示时，放开此键（ALT），通道 1 与通道 2 的信号交替显示，适用于观测频率较高的信号波形；按下此键（CHOP），通道 1 与通道 2 的信号同时断续显示，适用于观测频率较低的信号波形。

13、15——DC BAL：CH1、CH2 通道直流平衡调节旋钮。垂直系统输入耦合开关在 GND 时，在 5mV 与 10mV 之间反复转动垂直衰减开关，调整 DC BAL 使光迹保持在零水平线上不移动。

14——VERTICAL MODE：垂直系统工作模式开关。CH1：通道 1 单独显示；CH2：通道 2 单独显示；DUAL：两个通道同时显示；ADD：显示通道 1 与通道 2 信号的代数和或代数差（按下通道 2 的信号反向键 CH2 INV 时）。

17——CH2 INV：通道 2 信号反向按键。按下此键，通道 2 及其触发信号同时反向。

3）触发操作部分

23——TRIG IN：外触发输入端子。用于输入外部触发信号。当使用该功能时，SOURCE 开关应设置在 EXT 位置。

24——SOURCE：触发源选择开关。CH1：当垂直系统工作模式开关 14 设定在 DUAL 或 ADD 时，选择通道 1 作为内部触发信号源；CH2：当垂直系统工作模式开关 14 设定在 DUAL 或 ADD 时，选择通道 2 作为内部触发信号源；LINE：选择交流电源作为触发信号源；EXT：选择 TRIG IN 端子输入的外部信号作为触发信号源。

25——TRIGGER MODE：触发方式选择开关。AUTO（自动）：当没有触发信号输入时，扫描处在自由模式下；NORM（常态）：当没有触发信号输入时，踪迹处在待命状态并不显示；TV-V（电视场）：当想要观察一场的电视信号时；TV-H（电视行）：当想要观察一行的电视信号时。

26——SLOPE：触发极性选择按键。释放为"＋"，上升沿触发；按下为"－"，下降沿触发。

27——LEVEL：触发电平调节旋钮。显示一个同步的稳定波形，并设定一个波形的起始点。向"＋"旋转触发电平向上移，向"－"旋转触发电平向下移。

28——TRIG ALT：当垂直系统工作模式开关 14 设定在 DUAL 或 ADD，且触发源选择开关 24 选 CH1 或 CH2 时，按下此键，示波器会交替选择 CH1 和 CH2 作为内部触发信号源。

4）水平轴操作部分

29——TIME/DIV：水平扫描速度旋钮。扫描速度从 $0.2\mu s/div$ 到 $0.5s/div$ 共 20 挡。当设置到 X-Y 位置时，示波器可工作在 X-Y 方式。

30——SWP VAR：水平扫描微调旋钮。微调水平扫描时间，使扫描时间校正到与面板上 TIME/DIV 指示值一致。顺时针转到底为校正（CAL）位置。

31——×10 MAG：扫描扩展开关。按下时扫描速度扩展 10 倍。

32——POSITION：水平位置调节钮。调节显示波形在荧光屏上的水平位置。

5）其他操作部分

1——CAL：示波器校正信号输出端。提供幅度为 2Vpp，频率为 1kHz 的方波信号，用于校正 10∶1 探头的补偿电容器和检测示波器垂直与水平偏转因数等。

16——GND：示波器机箱的接地端子。

2．MOS-620/640 双踪示波器正确调整与操作

示波器的正确调整和操作对于提高测量精度和延长仪器的使用寿命十分重要。

1）聚焦和辉度的调整

调整聚焦旋钮使扫描线尽可能细，以提高测量精度。扫描线亮度（辉度）应适当，过亮不仅会降低示波器的使用寿命，也会影响聚焦特性。

2）正确选择触发源和触发方式

触发源的选择：如果观测的是单通道信号，就应选择该通道信号作为触发源；如果

同时观测两个时间相关的信号,则应选择信号周期长的通道作为触发源。

触发方式的选择:首次观测被测信号时,触发方式应设置于 AUTO,待观测到稳定信号后,调好其他设置,最后将触发方式开关置于 NORM,以提高触发的灵敏度。当观测直流信号或小信号时,必须采用 AUTO 触发方式。

3) 正确选择输入耦合方式

根据被观测信号的性质来选择正确的输入耦合方式。一般情况下,被观测的信号为直流或脉冲信号时,应选择 DC 耦合方式;被观测的信号为交流时,应选择 AC 耦合方式。

4) 合理调整扫描速度

调节扫描速度旋钮,可以改变荧光屏上显示波形的个数。提高扫描速度,显示的波形少;降低扫描速度,显示的波形多。但显示的波形不应过多,以保证时间测量的精度。

5) 波形位置和几何尺寸的调整

观测信号时,波形应尽可能处于荧光屏的中心位置,以获得较好的测量线性。正确调整垂直衰减旋钮,尽可能使波形幅度占一半以上,以提高电压测量的精度。

6) 合理操作双通道

将垂直工作方式开关设置到 DUAL,两个通道的波形可以同时显示。为了观察到稳定的波形,可以通过 ALT/CHOP(交替/断续)开关控制波形的显示。按下 ALT/CHOP 开关(置于 CHOP),两个通道的信号断续地显示在荧光屏上,此设定适用于观测频率较高的信号;释放 ALT/CHOP 开关(置于 ALT),两个通道的信号交替地显示在荧光屏上,此设定适用于观测频率较低的信号。在双通道显示时,还必须正确选择触发源。当 CH1、CH2 信号同步时,选择任意通道作为触发源,两个波形都能稳定显示,当 CH1、CH2 信号在时间上不相关时,应按下 TRIG ALT(触发交替)开关,此时每一个扫描周期,触发信号交替一次,因而两个通道的波形都会稳定显示。

值得注意的是:双通道显示时,不能同时按下 CHOP 和 TRIG ALT 开关,因为 CHOP 信号成为触发信号而不能同步显示。利用双通道进行相位和时间对比测量时,两个通道必须采用同一同步信号触发。

7) 触发电平调整

调整触发电平旋钮可以改变扫描电路预置的阈值电平。向"+"方向旋转时,阈值电平向正方向移动;向"-"方向旋转时,阈值电平向负方向移动;处在中间位置时,阈值电平设定在信号的平均值上。触发电平过正或过负,均不会产生扫描信号。因此,触发电平旋钮通常应保持在中间位置。

2.3.3 数字示波器

数字示波器不仅具有多重波形显示、分析和数学运算功能,波形、设置、CSV 和位图文件存储功能,自动光标跟踪测量功能,波形录制和回放功能等,还支持即插即用 USB 存储设备和打印机,并可通过 USB 存储设备进行软件升级等。

1. 数字示波器前操作面板

数字示波器前面板各通道标志、旋钮和按键的位置及操作方法与传统示波器类似。

数字存储示波器是新一代的示波器，它把输入的模拟信号转换成数字信号，采用液晶显示屏，像计算机一样，它内部编有很多程序和命令，所以它不仅能显示信号，而且能对信号进行各种各样的处理，如存储比较、数学运算等，数字示波器比模拟示波器更先进，功能更强大，使用更方便。数字示波器由信号放大电路、高速模数转换器、中央处理器、存储器和液晶显示器（包括驱动电路）组成。

图 2-3-3 为数字存储示波器的面板图，它包括几大功能区和若干常用功能键，每个功能区都在一个方框内，每个功能区又包括几个按键和旋钮，每个按键对应有各自的菜单，菜单里有各种选择。下面介绍其中的主要功能。

1）垂直系统（VERTICAL）

垂直系统的功能为调节信号（波形）在竖直方向的幅度和位置。CH1 和 CH2 为两个波道的选择按键，上面两个旋钮分别为两个波道的竖直幅度调节，下面两个旋钮分别为两个波道的波形竖直位移调节，中间的 MATH 键为数学运算，在它的菜单里选择操作，可对两个波道的波形进行加、减、乘、除运算。REF 键为存储比较，可将当前波形存储，与后面的波形进行比较。

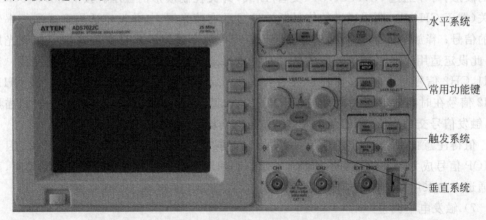

图 2-3-3　数字存储示波器面板图

2）水平系统（HORIZONTAL）

水平系统的功能为调节波形在水平方向的幅度和位置。最左边的旋钮为扫描时间调节，中间的按键为水平设置，在它的菜单里可以进行视窗大小的设定和波形局部的放大。最右边的旋钮为波形的水平位移。

3）触发系统（TRIGGER）

触发系统的功能为确定示波器开始采集数据和显示波形的时间。正确设置触发系统，示波器就能将不稳定的显示结果或空白显示屏转换为有意义的波形。在触发控制区有四个旋钮：

- LEVEL 旋钮：触发电平,设定触发点对应的信号电压,以便进行采样。
- SET TO 50%：设置触发电平为待测信号幅值的垂直中点。
- FORCE 按钮：强制产生一触发信号,主要应用于触发方式中的正常和单次模式。
- TRIG MENU 按钮：显示"触发菜单",可通过该菜单选择触发信号的来源（哪一个波道）,以及触发信号的类型（上升沿或下降沿）。

4）常用功能键

在示波器面板右侧中上部,有一排常用功能键。

（1）AUTO 为自动键。

这是一个非常重要的按键,它的功能是捕捉信号和更新信号。开机后,先按它,会把所有的信号捕捉进来,并且自动在屏幕上显示一个大小最合适的波形。当信号发生变化时,按它,会把变化后的信号捕捉进来,所以它是一个最重要也是最常用的功能键。

（2）CURORS 为光标测量功能键。

使用光标测量功能可以通过移动成对出现的光标,并从显示读数中读取它们的数值,从而测量波形上任何一部分的电压或时间。

电压光标：电压光标在显示屏上以水平线出现,可测量垂直参数。

时间光标：时间光标在显示屏上以竖直线出现,可测量水平参数。

光标移动：使用"万能"旋钮来移动光标 1 和光标 2。只有光标菜单显示时才能移动光标。

（3）MEASURE 为自动测量功能键。

在"自动测量"菜单中系统可以分别显示被测信号的 11 种信息,包括最大值、最小值、峰峰值、均方根值等,还有一个"全部测量"选项,利用此选项可以一次把 11 种信息全部显示在屏幕上。

（4）CQUIRE 为信号获取系统功能键。

此系统功能可以选择示波器采集数据的 3 种不同方式,即"采样"、"峰值检测"和"平均值"。

"采样"：以均匀时间间隔对信号进行取样以建立波形,此模式多数情况下可以精确表示信号,但不能采集取样之间可能发生的快速信号变化,因为有可能导致"假波现象"并可能漏掉窄脉冲,这些情况下应使用"峰值检测"模式。

"峰值检测"：示波器在每个取样间隔中找到输入信号的最大值和最小值,并使用这些值显示波形。此模式可以获取并显示可能丢失的窄脉冲,并可避免信号的混淆,但显示的噪声比较大。

"平均值"：示波器采集几个波形,将其平均,然后显示最终波形。此模式可减少所显示信号中的随机或无关噪音。

（5）DISPLAY 为显示系统功能键。

显示系统设置屏幕的颜色、对比度、网格,以及信号的显示格式、显示类型和显示时间。显示格式中,YT 格式时,横轴为时间,纵轴为电压；XY 格式时,横轴为 X 方向电压,纵轴为 Y 方向电压,观察李沙育图形时,即用 XY 格式。

(6) SAVE/RECALL 为存储系统功能键。

用来实现信号的存储和调出,存储系统可存储最多 10 个波形,需要时可调出使用。

2. 使用要领和注意事项

(1) 信号接入方法。

以 CH1 通道为例介绍信号接入方法。

① 将探头上的开关设定为 10X,将探头连接器上的插槽对准 CH1 插口并插入,然后向右旋转拧紧。

② 设定示波器探头衰减系数。探头衰减系数改变仪器的垂直挡位比例,因而直接关系测量结果的正确与否。默认的探头衰减系数为 1X,设定时必须使探头上的黄色开关的设定值与输入通道"探头"菜单的衰减系数一致。衰减系数设置方法是:按 CH1 键,显示通道 1 的功能菜单。按下与探头项目平行的 3 号功能菜单操作键,转动 ↻ 选择与探头同比例的衰减系数并按下 ↻ 予以确认,此时应选择并设定为 10X。

③ 把探头端部和接地夹接到函数信号发生器或示波器校正信号输出端。按 AUTO (自动设置)键,几秒钟后,在波形显示区即可看到输入函数信号或示波器校正信号波形。

用同样的方法检查并向 CH2 通道接入信号。

(2) 为了加速调整,便于测量,当被测信号接入通道时,可直接按 AUTO 键以便立即获得合适的波形显示和挡位设置等

(3) 示波器的所有操作只对当前选定(打开)通道有效。通道选定(打开)方法是:按 CH1 或 CH2 按钮即可选定(打开)相应通道,并且下状态栏的通道标志变为黑底。关闭通道的方法是:按 OFF 键或再次按下通道按钮当前选定通道即被关闭。

(4) 数字示波器的操作方法类似于操作计算机,操作分为 3 个层次。第一层:按下前面板上的功能键即进入不同的功能菜单或直接获得特定的功能应用;第二层:通过 5 个功能菜单操作键选定屏幕右侧对应的功能项目或打开子菜单或转动多功能旋钮 ↻ 调整项目参数;第三层:转动多功能旋钮 ↻ 选择下拉菜单中的项目并按下 ↻ 对所选项目予以确认。

(5) 使用时应熟悉并通过观察上、下、左状态栏来确定示波器设置的变化和状态。

2.3.4 测量实例

1. 使用前的检查、调整和校准

示波器初次使用前或久藏复用时,有必要简单检查它能否工作,并对扫描电路稳定度、垂直放大电路直流平衡进行调整。示波器在进行电压和时间的定量测试时,还必须进行垂直放大电路增益和水平扫描速度的校准。由于各种型号示波器的校准信号的幅

度、频率等参数不一样,对于示波器能否正常工作的检查方法、垂直放大电路增益和水平扫描速度的校准方法,都略有差异。

2. 使用步骤

用示波器能观察各种不同电信号幅度随时间变化的波形曲线,在这个基础上示波器可以应用于测量电压、时间、频率、相位差和调幅度等电参数。下面介绍用示波器观察电信号波形的步骤。

1)选择 Y 轴耦合方式

根据被测信号频率的高低,将 Y 轴输入耦合方式选择"AC-地-DC"开关置于 AC 或 DC。

2)选择 Y 轴灵敏度

根据被测信号的大约峰-峰值(如果采用衰减探头,应除以衰减倍数;在耦合方式取 DC 挡时,还要考虑叠加的直流电压值),将 Y 轴灵敏度选择 V/div 开关(或 Y 轴衰减开关)置于适当挡级。实际使用中如不需读测电压值,则可适当调节 Y 轴灵敏度微调(或 Y 轴增益)旋钮,使屏幕上显现所需要高度的波形。

3)选择触发(或同步)信号来源与极性

通常将触发(或同步)信号极性开关置于"+"或"一"档。

4)选择扫描速度

根据被测信号周期(或频率)的大约值,将 X 轴扫描速度 $t/$div(或扫描范围)开关置于适当挡级。实际使用中如不需读测时间值,则可适当调节扫描速度 $t/$div 微调(或扫描微调)旋钮,使屏幕上显示测试所需周期数的波形。如果需要观察的是信号的边沿部分,则扫描速度 $t/$div 开关应置于最快扫描速度档。

5)输入被测信号

被测信号由探头衰减后(或由同轴电缆不衰减直接输入,但此时的输入阻抗降低,输入电容增大),通过 Y 轴输入端输入示波器。

3. 基本操作

1)获得基线

当操作者无法获得说明书时,首先要获得一条最细的水平基线,然后才能用探头进行其他测量,具体方法如下:

(1)预置面板各开关、旋钮。

亮度置适中,聚焦和辅助聚焦置适中,垂直输入耦合置 AC,垂直电压量程选择置 5mV/div,垂直工作方式选择置 CH1,垂直灵敏度微调校准位位置置于 CAL,垂直通道同步源置于中间位置,垂直位置置于中间位置,A 和 B 扫描时间因数一起预置在 0.5ms/div,A 扫描时间微调置校准位置 CAL,水平位移置中间位置,扫描工作方式置 A,触发同步方式置 AUTO,斜率开关置+,触发耦合开关置 AC,触发源选择置 INT。

（2）按下电源开关,电源指示灯点亮。

（3）调节基线使其位于屏幕中间与水平坐标刻度基本重合。

若示波器一切正常,但开机后看不见光迹和光点,可能的原因有:辉度不够、上下调节不到位、左右调节不到位。

2) 显示信号

一般情况下,示波器本身均有一个 $0.5V_{P-P}$ 标准方波信号输出口,当获得基线后,即可将探头接到此处,此时屏幕应有一串方波信号,调节电压量程和扫描时间因数旋钮,方波的幅度和宽窄应变化,至此说明示波器基本调整完毕可以投入使用。

3) 测量信号

将测试线接在 CH1 或 CH2 输入插座,测试探头触及测试点,即可在示波器上观察到波形。如果波形幅度太大或太小,可调整电压量程旋钮;如果波形周期显示不适合,可调整扫描速度旋钮。

4. 模拟示波器测量实例

1) 直流电压的测量

（1）将示波器垂直灵敏度旋钮置于校正位置,触发方式开关置于 AUTO。

（2）将垂直系统输入耦合开关置于 GND,此时扫描线的垂直位置即为零电压基准线,即时间基线。调节垂直位移旋钮使扫描线落于某一合适的水平刻度线。

（3）将被测信号接到示波器的输入端,并将垂直系统输入耦合开关置于 DC。调节垂直衰减旋钮使扫描线有合适的偏移量。

（4）确定被测电压值。扫描线在 Y 轴的偏移量与垂直衰减旋钮对应挡位电压的乘积即为被测电压值。

（5）根据扫描线的偏移方向确定直流电压的极性。扫描线向零电压基准线上方移动时,直流电压为正极性,反之为负极性。

2) 交流电压的测量

（1）将示波器垂直灵敏度旋钮置于校正位置,触发方式开关置于 AUTO。

（2）将垂直系统输入耦合开关置于 GND,调节垂直位移旋钮使扫描线准确地落在水平中心线上。

（3）输入被测信号,并将输入耦合开关置于 AC。调节垂直衰减旋钮和水平扫描速度旋钮,使显示波形的幅度和个数合适。选择合适的触发源、触发方式和触发电平等使波形稳定显示。

（4）确定被测电压的峰-峰值。波形在 Y 轴方向最高点与最低点之间的垂直距离（偏移量）与垂直衰减旋钮对应挡位电压的乘积即为被测电压的峰-峰值。

3) 周期的测量

（1）将水平扫描微调旋钮置于校正位置,并使时间基线落在水平中心刻度线上。

（2）输入被测信号。调节垂直衰减旋钮和水平扫描速度旋钮等,使荧光屏上稳定显示 1～2 个波形。

（3）选择被测波形一个周期的始点和终点，并将始点移动到某一垂直刻度线上以便读数。

（4）确定被测信号的周期。信号波形一个周期在 X 轴方向始点与终点之间的水平距离与水平扫描速度旋钮对应挡位的时间之积，即为被测信号的周期。

用示波器测量信号周期时，可以测量信号 1 个周期的时间，也可以测量 n 个周期的时间，再除以周期个数 n，后一种方法产生的误差会小一些。

4）频率的测量

由于信号的频率与周期为倒数关系，即 $f=1/T$。因此，可以先测信号的周期，再求倒数即可得到信号的频率。

5）相位差的测量

（1）将水平扫描微调旋钮、垂直灵敏度旋钮置于校正位置。

（2）将垂直系统工作模式开关置于 DUAL，并使两个通道的时间基线均落在水平中心刻度线上。

（3）输入两路频率相同而相位不同的交流信号至 CH1 和 CH2，将垂直输入耦合开关置于 AC。

（4）调节相关旋钮，使荧光屏上稳定显示出两个大小适中的波形。

（5）确定两个被测信号的相位差。如图 2-3-4 所示，测出信号波形一个周期在 X 轴方向所占的格数 m（5 格），再测出两波形上对应点（如过零点）之间的水平格数 n（1.6 格），则 u_1 超前 u_2 的相位差角 $\Delta\varphi=\dfrac{n}{m}\times360°=\dfrac{1.6}{5}\times360°=115.2°$。

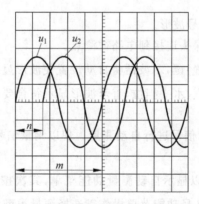

图 2-3-4　测量两正弦交流电的相位差

确定相位差角 $\Delta\varphi$ 符号时，当 u_2 滞后 u_1 时，$\Delta\varphi$ 为负；当 u_2 超前 u_1 时，$\Delta\varphi$ 为正。

频率和相位差角的测量还可以采用 Lissajous 图形法，此处不再赘述。

5. 数字示波器测量实例

1）机内波形测量与探头的校准

使用数字示波器测量信号之前，必须进行校正。探极线接好之后，设定输入探头衰减系数为×10，然后将探头上的开关设定为×10。将示波器的通道探头钩在右下角一个带"1kHz"方波符号位置的接线柱上,将探头端部与探头补偿器的信号输出连接器相连,基准导线夹与探头补偿器的地线连接器相连,打开通道 1 或 2,然后按 AUTO 键。检查所显示波形形状,这里输出的是一个 1000Hz,峰-峰值幅度为 3V 的方波,此时示波器上就会有一个方波图形显示出来,如方波图形显示不理想,如图 2-3-5(a)、(c)所示。适当调节探头上的补偿电容,使之成为理想的方波即可,如图 2-3-5(b)所示。

(a) 补偿过度   (b) 补偿正确   (c) 补偿不足

图 2-3-5   示波器探头补偿波形图

2)测量简单信号

示波器的一个主要功能就是用来观察未知信号的波形。用示波器观察未知信号的波形时,首先要在示波管的 X 轴输入一个周期性的锯齿波信号,以此作为时间轴。然后再从 Y 轴输入随时间变化的未知信号,适当调整锯齿波的扫描频率,使其与 Y 轴输入信号的频率成某一整数倍数,屏幕上就可出现未知信号的波形。如果出现的波形过大或过小,还需调整 Y 轴放大器的增益,使屏幕上图形的大小适宜。

如果用双踪示波器,有两路 Y 输入端,可同时观察两路不同信号的波形,并将这两路的信号波形进行比较。

例如:观测电路中一未知信号,显示并测量信号的频率和峰-峰值。其方法和步骤如下:

(1)正确捕捉并显示信号波形。

• 将 CH1 或 CH2 的探头连接到电路被测点。

• 按 AUTO (自动设置)键,示波器将自动设置使波形显示达到最佳。在此基础上,可以进一步调节垂直、水平挡位,直至波形显示符合要求。

(2)进行自动测量。

示波器可对大多数显示信号进行自动测量。现以测量信号的频率和峰-峰值为例。

• 测量峰-峰值。

首先按 MEASURE 键以显示自动测量功能菜单,其次按 1 号功能菜单操作键选择信源 CH1 或 CH2,然后按 2 号功能菜单操作键选择测量类型为电压测量,并转动多功能旋钮🔄在下拉菜单中选择峰-峰值,按下🔄。此时,屏幕下方会显示出被测信号的峰-峰值。

• 测量频率。

按 3 号功能菜单操作键,选择测量类型为时间测量,转动多功能旋钮🔄在时间测量下拉菜单中选择频率,按下🔄。此时,屏幕下方峰-峰值后会显示出被测信号的频率。

测量过程中,当被测信号变化时测量结果也会跟随改变。当信号变化太大,波形不能正常显示时,可再次按 AUTO 键,搜索波形至最佳显示状态。测量参数等于"※※※

※",表示被测通道关闭或信号过大示波器未采集到,此时应打开关闭的通道或按下 AUTO 键采集信号到示波器。

3)捕捉单次信号

用数字示波器可以快速方便地捕捉脉冲、突发性毛刺等非周期性的信号。要捕捉一个单次信号,先要对信号有一定的了解,以正确设置触发电平和触发沿。例如,若脉冲是 TTL 电平的逻辑信号,触发电平应设置为 2V,触发沿应设置成上升沿。如果对信号的情况不确定,则可以通过自动或普通触发方式先对信号进行观察,以确定触发电平和触发沿。捕捉单次信号的具体操作步骤和方法如下:

- 按触发(TRIGGER)控制区 MENU 键,在触发系统功能菜单下分别按 1～5 号菜单操作键设置触发类型为边沿触发、边沿类型为上升沿、信源选择为 CH1 或 CH2、触发方式为单次、触发设置"耦合为直流"。
- 调整水平时基和垂直衰减挡位至适合的范围。
- 旋转触发(TRIGGER)控制区 ⊚LEVEL 旋钮,调整适合的触发电平。
- 按 RUN/STOP 执行钮,等待符合触发条件的信号出现。如果有某一信号达到设定的触发电平,即采样一次,并显示在屏幕上。
- 旋转水平控制区(HORIZONTAL) ⊚POSITION 旋钮,改变水平触发位置,以获得不同的负延迟触发,观察毛刺发生之前的波形。

4)减少信号随机噪声的方法

如果被测信号上叠加了随机噪声,可以通过调整示波器的设置,滤除和减小噪声,避免其在测量中对本体信号的干扰。其方法有:

- 设置触发耦合改善触发:按下触发(TRIGGER)控制区 MENU 键,在弹出的触发设置菜单中将触发耦合选择为低频抑制或高频抑制。低频抑制可滤除 8kHz 以下的低频信号分量,允许高频信号分量通过;高频抑制可滤除 150kHz 以上的高频信号分量,允许低频信号分量通过。通过设置低频抑制或高频抑制可以分别抑制低频或高频噪声,以得到稳定的触发。
- 设置采样方式和调整波形亮度减少显示噪声:按常用 MENU 区 ACQUIRE 键,显示采样设置菜单。按 1 号菜单操作键设置获取方式为平均,然后按 2 号菜单操作键调整平均次数以 2 倍数步进,依次由 2 至 256,直至波形的显示满足观察和测试要求。转动 ↻ 旋钮降低波形亮度以减少显示噪声。

2.4 信号发生器

信号发生器又称信号源,是电子测量系统不可缺少的重要设备。它的功能是产生测量系统所需的不同频率、不同幅度的各种波形信号,这些信号主要用来测试、校准和维修设备。信号发生器可以产生方波、三角波、锯齿波、正弦波和正负脉冲信号等。

信号发生器用途广泛、种类繁多,它分为通用信号发生器和专用信号发生器两大类。专用信号发生器是为某种专用目的而设计制作的,能够提供特殊的测量信号,如调频立体声信号发生器、电视信号发生器等。通用信号发生器应用面广,灵活性好,可以分为以下几类:

(1) 按照输出信号波形的不同,信号发生器大致分为正弦信号发生器、函数信号发生器、脉冲信号发生器和随机信号发生器。应用最广泛的是正弦信号发生器,函数信号发生器也比较常用,这是因为它不仅可以输出多种波形,而且信号频率范围较宽。脉冲信号发生器主要用来测量脉冲数字电路的工作性能和模拟电路的瞬态响应。随机信号发生器即噪声信号发生器,用来产生实际电路和系统中的模拟噪声信号,借以测量电路的噪声特性。

(2) 按照工作频率的不同,信号发生器分为超低频、低频、视频、高频、甚高频、超高频信号发生器。

(3) 按照调制方式的不同,信号发生器分为调幅、调频、调相、脉冲调制等类型。

2.4.1 函数信号发生器

函数信号发生器是用来产生不同形状、不同频率波形的仪器。实验中常用做信号源,信号的波形、频率和幅度等可通过开关和旋钮进行调节。函数信号发生器有模拟式和数字式两种。本节主要介绍 SP1641B 型函数信号发生器/计数器。

1. 组成和工作原理

SP1641B 型函数信号发生器/计数器属于模拟式,它不仅能输出正弦波、三角波、方波等基本波形,还能输出锯齿波、脉冲波等多种非对称波形,同时对各种波形均可实现扫描功能。此外,还具有低频正弦信号、TTL 电平信号及 CMOS 电平信号输出和外测频功能等。整机组成及原理电路框图如图 2-4-1 所示。

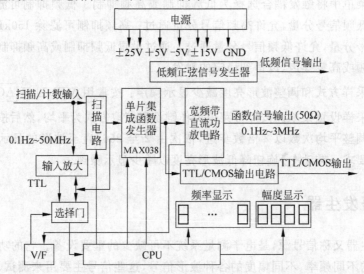

图 2-4-1 SP1641B 型函数信号发生器/计数器组成及原理电路框图

整机电路由一片单片机 CPU 进行管理,其主要任务是:控制函数信号发生器产生的频率;控制输出信号的波形;测量输出信号或外部输入信号的频率并显示;测量输出信号的幅度并显示。单片专用集成电路 MAX038 的使用,确保了能够产生多种函数信号。扫描电路由多片运算放大器组成,以满足扫描宽度、扫描速率的需要,宽频带直流功放电路确保了函数信号发生器的负载能力。

2. 操作面板简介

SP1641B 型函数信号发生器/计数器前操作面板如图 2-4-2 所示。

(1) 频率显示窗口:显示输出信号或外测频信号的频率,单位由窗口右侧所亮的指示灯确定,为"kHz"或"Hz"。

(2) 幅度显示窗口:显示输出信号的幅度,单位由窗口右侧所亮的指示灯确定,为"V_{pp}"或"mV_{pp}"。

(3) 扫描宽度调节旋钮:调节扫频输出的频率范围。在外测频时,逆时针旋转到底(绿灯亮),为外输入测量信号经过低通开关进入测量系统。

(4) 扫描速率调节旋钮:调节内扫描的时间长短。在外测频时,逆时针旋转到底(绿灯亮),为外输入测量信号经过"20dB"衰减进入测量系统。

(5) 扫描/计数输入插座:当"扫描/计数"键功能选择在外扫描或外计数功能时,外扫描控制信号或外测频信号将由此端口输入。

(6) 低频输出端:输出 100Hz、$2V_{pp}$ 的标准正弦波信号。

(7) 函数信号输出端:输出多种波形受控的函数信号,输出幅度 $20V_{pp}$(1MΩ 负载),$10V_{pp}$(50Ω 负载)。

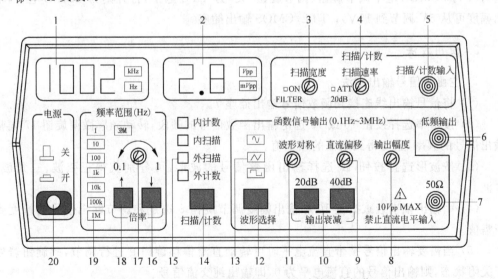

图 2-4-2 SP1641B 型函数信号发生器/计数器前操作面板

(8) 函数信号输出幅度调节旋钮:调节范围为 20dB。

(9) 函数信号输出直流电平偏移调节旋钮:调节范围为 $-5\sim+5V$(50Ω 负载时)或

－10～＋10V(1MΩ 负载时)。当电位器处在关闭位置(逆时针旋转到底,即绿灯亮)时,则为 0 电平。

(10) 函数信号输出幅度衰减按键:20dB、40dB 按键均未按下,信号不经衰减直接从插座 7 输出;20dB、40dB 按键分别按下,则可衰减 20dB 或 40dB;20dB 和 40dB 键同时按下时,则衰减 60dB。

(11) 输出波形对称性调节旋钮:调节此旋钮可改变输出信号的对称性。当电位器处在关闭位置(逆时针旋转到底即绿灯亮)时,则输出对称信号。

(12) 函数信号输出波形选择按钮:按动此键,可选择正弦波、三角波、方波 3 种输出波形。

(13) 波形指示灯:可分别指示正弦波、三角波、方波。按压波形选择按钮 12,指示灯亮,说明该波形被选定。

(14) "扫描/计数"按钮:可选择多种扫描方式和外测频方式。

(15) 扫描/计数方式指示灯:显示所选择的扫描方式和外测频方式。

(16) 倍率选择按钮↓:每按一次此按钮可递减输出频率的 1 个频段。

(17) 频率微调旋钮:调节此旋钮可微调输出信号频率,调节基数为 0.1～1 。

(18) 倍率选择按钮↑:每按一次此按钮可递增输出频率的 1 个频段。

(19) 频段指示灯:共 8 个。指示灯亮,表明当前频段被选定。

(20) 整机电源开关:按下此键,机内电源接通,整机工作,按键释放时,整机电源关断。

此外,在后面板上还有:电源插座(交流市电 220V 输入插座,内置容量为 0.5A 保险丝);TTL/CMOS 电平调节旋钮(调节旋钮"关"为 TTL 电平,打开则为 CMOS 电平,输出幅度可从 5V 调节到 15V);TTL/CMOS 输出插座。

3. 使用方法

1) 主函数信号输出方法

(1) 将信号输出线连接到函数信号输出插座 7。

(2) 按倍率选择按钮 16 或 18 选定输出函数信号的频段,转动频率微调旋钮 17 调整输出信号的频率,直至得到所需的频率值。

(3) 按波形选择按钮 12 选择输出函数信号的波形,可分别获得正弦波、三角波、方波。

(4) 由输出幅度衰减按键 10 和输出幅度调节旋钮 8 选定和调节输出信号的幅度到所需值。

(5) 当需要输出信号携带直流电平时可转动直流偏移旋钮 9 进行调节,此旋钮若处于关闭状态,则输出信号的直流电平为 0,即输出纯交流信号。

(6) 输出波形对称调节钮 11 关闭时,输出信号为正弦波、三角波或占空比为 50% 的方波。转动此旋钮,可改变输出方波信号的占空比或将三角波调变为锯齿波,正弦波调变为正、负半周角频率不同的正弦波形,且可移相 180°。

2）低频正弦信号输出方法

（1）将信号输出线连接到函数信号输出插座 7。

（2）输出频率为 100Hz，幅度为 $2V_{pp}$（中心电平为 0）的标准正弦波信号。

3）内扫描信号输出方法

（1）"扫描/计数"按钮 14 选定为"内扫描"方式。

（2）分别调节扫描宽度调节旋钮 3 和扫描速率调节旋钮 4 以获得所需的扫描信号输出。

（3）主函数信号输出插座 7 和 TTL/CMOS 输出插座（位于后面板）均可输出相应的内扫描的扫频信号。

4）外扫描信号输入方法

（1）"扫描/计数"按钮 14 选定为"外扫描"方式。

（2）由"扫描/计数"输入插座 5 输入相应的控制信号，即可得到相应的受控扫描信号。

5）TTL/CMOS 电平输出方法

（1）转动后面板上 TTL/CMOS 电平调节旋钮使其处于所需位置，以获得所需的电平。

（2）将终端不加 50Ω 匹配器的信号输出线连接到后面板 TTL/CMOS 输出插座即可输出所需的电平。

2.4.2　高频信号发生器

高频信号发生器主要是用来向各种电子设备和电路供给高频能量，或是供给高频标准信号，以便测试各种电子设备和电路的电气工作特性。它能提供在频率和幅度上都经过校准的从 1V 到几分之一微伏的信号电压，并能提供等幅波或调制波（调幅或调频），广泛应用于研制、调制和检修各种无线电收音机、通讯机、电视接收机以及测量电场强度等场合，这类信号发生器通常也称为标准信号发生器。

高频信号发生器按调制类型分为调幅和调频两种，在此只介绍调幅高频信号发生器。

1. 调幅高频信号发生器的工作原理

调幅高频信号发生器原理功能方框图如图 2-4-3 所示，它由振荡电路、放大与调幅电路、音频调制信号发生电路、输出电路（包括细调衰减电路、步级衰减电路）、电压与调幅度指示电路和电源电路等部分组成。

1）振荡电路

振荡电路用于产生高频振荡信号，信号发生器的主要工作特性由本级决定。为保证此主振有较高的频率稳定度，都采用弱耦合反馈至调幅电路，使主振负载较轻。一般采用电感反馈或变压器反馈的单管振荡电路或双管推挽振荡电路。

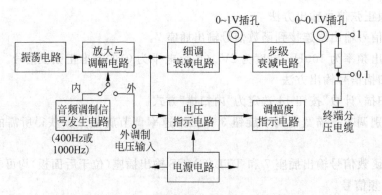

图 2-4-3 高频信号发生器原理功能方框图

通常采用 LC 三点式振荡电路,一般能够输出等幅正弦波的频率范围为 100kHz～30MHz(分若干个频段),这个信号被送到调幅电路作为幅度调制的载波。

2) 放大与调幅电路

通常既是缓冲放大电路(放大振荡电路输出的高频等幅振荡,减小负载对振荡电路的影响),又是调制电路(用音频电压对高频率等幅振荡进行调幅)。

3) 音频调幅信号发生电路

音频调幅信号发生电路是一个音频振荡器,一般调幅高频信号发生器具有 400Hz、1000Hz 两挡频率,改变音频振荡输出电压大小,可以改变调幅度。在需要用 400Hz 或 1000Hz 以外频率的音频信号进行调制时,可以从外调制输入端引入幅度约几十伏所需频率的信号。

4) 电压与调幅度指示电路

电压与调幅度指示电路是两个电子电压表电路。电压指示电路用来测读高频等幅波的电压值;调幅度指示电路用以测读调幅波的调幅度值。

5) 输出电路

输出电路是进一步控制输出电压幅度的电路,其中包括输出微调(连续衰减电路)、输出倍乘(步级衰减电路),使最小输出电压达到微伏数量级。

6) 输出插孔

一般仪器有两个输出插孔,一个是 0～1V 插孔,输出 0.1～1V 电压;另一个是 0～0.1V 插孔,输出 0.1μV～0.1V 电压。0～0.1V 插孔配接带有终端分压电路的输出电缆。

7) 电源电路

电源电路供给各部分电路以所需要的电源电压。

2. 调幅高频信号发生器的使用

调幅高频信号发生器型号不少,但是它们除载波频率范围、输出电压、调幅信号频率大小等有些差异外,基本使用方法是类似的。本书以 XFG-7 型高频信号发生器为例,介绍调幅高频信号发生器面板装置、测试步骤与技巧等方面的内容。

1）面板装置

XFG-7 型调幅高频信号发生器面板图如图 2-4-4 所示。

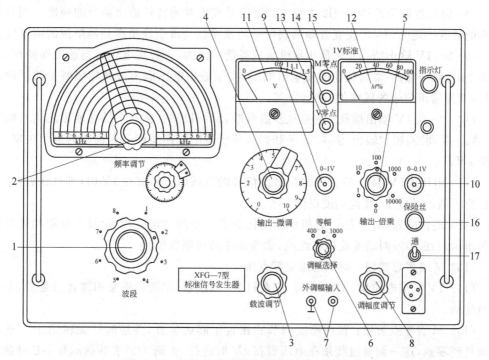

图 2-4-4　XFG-7 型调幅高频信号发生器面板图

（1）波段开关：变换振荡电路工作频段，分 8 个频段，与频率调节度盘上的 8 条刻度线相对应。

（2）频率调节旋钮：在每个频段中连续地改变频率，使用时可先调节粗调旋钮到需要的频率附近，再利用微调旋钮调节到准确的频率上。

（3）载波调节旋钮：用以改变载波信号的幅度值。一般情况下都应该调节它使电压表指在 1V 上。

（4）输出-微调旋钮：用以改变输出信号（载波或调幅波）的幅度，共分 10 大格，每大格又分成 10 小格，这样便组成一个 1∶100 的可变分压器。

（5）输出-倍乘开关：用来改变输出电压的步级衰减器，共分 5 挡：1、10、100、1000 和10000。当电压表准确地指在 1V 红线上时，从 0～0.1V 插孔输出的信号电压幅度就是微调旋钮上的读数与这个开关上倍乘数的乘积，单位为 μV。

（6）调幅选择开关：用以选择输出信号为等幅信号或调幅信号。当开关在等幅挡时，输出为等幅波信号；当开关在 400Hz 或 1000Hz 挡时，输出分别为调制频率是 400Hz或 1000Hz 的典型调幅波信号。

（7）外调幅输入接线柱：当需要在 400Hz 或 1000Hz 以外的调幅波时，可由此输入音频调制信号（此时调幅度选择开关应置于等幅挡）。另外，也可以将内调制信号发生器输出的 400Hz 或 1000Hz 音频信号由此引出（此时调幅度选择开关应置于 400Hz 或 1000Hz 挡）。当连接不平衡式的信号源时，应该注意标有接地符号的黑色接线柱表示接地。

(8) 调幅度调节旋钮：用以改变内调制信号发生器的音频输出信号的幅度。当载波频率的幅度一定时(1V)，改变音频调制信号的幅度就是改变输出高频调幅波的调幅度。

(9) 0~1V 输出插孔：它是从步级衰减器前引出的，一般是电压表指示值保持在 1V 红线上时，调节输出-微调旋钮改变输出电压，实际输出电压值为微调旋钮所指的读数的 1/10，即为输出信号的幅度值，单位为 V。

(10) 0~0.1V 输出插孔：它是从步级衰减器后引出的，从这个插孔输出的信号幅度由"输出-微调"旋钮、"输出-倍乘"开关和带有分压器电缆接线柱三者读数的乘积决定，单位为 μV。

(11) 电压表(V 表)：它指示输出载波信号的电压值。只有在 1V 时（即红线处）才能保证指示值的准确度，其他刻度仅供参考。

(12) 调幅度表(M％表)：它指示输出调幅波信号的调幅度，不论对内调制和外调制均可指示。在 30％调幅度处标有红线，此为常用的调幅度值。

(13) V 表零点旋钮：调节电压表零点用。

(14) 1V 校准电位器：用以校准 V 表的 1V 挡读数（刻度），平常用螺丝盖盖着，不得随意旋动。

(15) M 表零点旋钮：在调幅度调节旋钮置于起始位置（即逆时针旋转到底），将 M 表调整到零点，这一调整过程须在电压表在 1V 时进行，否则 M％表的指示是不正确的。

2) 使用步骤与技巧

(1) 等幅波输出

① 将调幅选择开关置于等幅位置。

② 根据所需频率，将波段开关置于相应的频段，粗调旋钮调到所需的频率附近，然后再调节频率微调旋钮，以得到准确的频率。

③ 调载波调节旋钮，使电压表指示在红线上。

这时在 0~0.1V 插孔输出的信号电压等于输出-微调的读数和输出-倍乘读数的乘积，单位为微伏。在调节输出-微调旋钮后，如果电压表上的指示受影响，则要反复调节载波调节旋钮，使电压表准确地指在红线上。例如，当输出微调旋钮的读数为 6 格，输出倍乘旋钮在 10 的位置时，其输出电压为 $6 \times 10 \mu V = 60 \mu V$。

仪器备有专用的带有分压器的输出电缆，分压器上有 1 和 0.1 两个接线孔，如果上例中信号从分压器的 0.1 孔输出来，这时实际输出信号电压还要乘上 0.1，这时，其实际输出电压为 $6\mu V$。

④ 如果需要的信号电压值大于 0.1V 时，应从 0~1V 插孔输出。这时仍应调节载波调节旋钮，使电压表指示在 1V 上，如果输出-微调旋钮置于 5 处，就表示输出电压为 0.5V。由于仪器的输出电压值在不同频率时是不同的，因此每换一个频率必须按上述方法重新校准一次。

（2）调幅波输出

① 将调幅选择开关置于相应的位置（400Hz 或 1000Hz）。

② 按选择等幅波频率的方法选择载波频率。

③ 调节载波调节旋钮，使电压表指示为 1V。

④ 调节调幅度调节旋钮，使调幅度表指示出所需的调幅度。一般调节指示在 30％处。

⑤ 利用输出-微调旋钮和输出-倍乘旋钮来控制载波的输出幅度，计算方法与输出等幅信号相同。

（3）使用外调制信号时

① 将调幅选择开关置于等幅位置。

② 按选择等幅信号频率的方法选择载波频率。

③ 选择合适的音频信号发生器作为音频调幅信号源，音频信号发生器应具有相应的工作频段，而且它的输出应能提供 0.5W 以上的功率（在 20kΩ 负载上输出大于 100V）。

④ 接通音频信号发生器，将输出调到最小，然后将它接到外调幅输入接线柱上。将调幅度旋钮置于最大位置（顺时针旋转到底）。逐渐增大输出，直到调幅度表上的读数满足为止。这时调幅度表上的读数就是输出调幅度。

⑤ 利用输出-微调旋钮和输出-倍乘开关控制载波的输出幅度，计算方法与输出等幅信号相同。

3. 调幅高频信号发生器的测试应用

调幅高频信号发生器广泛应用在无线电技术的测试实践中。现以无线电接收机的性能测试为例，介绍高频信号发生器的应用。

1）接线方法

（1）被测接收机置于仪器输出插孔的一侧，两者距离应使输出电缆可以达到。

（2）仪器机壳与接收机壳用不长于 30cm 的导线连接，并接地线。

（3）用带有分压器的输出电缆，从 0～0.1V 插孔输出（在测试接收机自动音量控制时，用一根没有分压器的电缆，从 0～1V 插孔输出）。为了避免误接高电位，可以在电缆输出端串接一个 0.01～0.1μF 的电容器。0～1V 插孔应用金属插孔盖盖住。

（4）输出电缆不应靠近仪器的电源线，两者更不能绞在一起。

（5）为了使接收机符合实际工作情况，必须在接收机与仪器之间接一个等效天线。等效天线连接在本仪器的带有分压器的输出电缆的分压接线柱（有电位的一端）与接收机的天线接线柱之间，如图 2-4-5 所示。每种接收机的等效天线由它的技术条件规定。一般可采用如图 2-4-6 所示的典型等效天线电路，它适用在 540kHz 到几十 MHz 的接收机中。

2）接收机的校准

（1）调整仪器输出信号的载波频率，使它与被校接收机调谐频率一致。这时仪器输出信号应为 30％调幅度的 400Hz 调幅波，它的电压大小应不使接收机输出电压过大或过小。

（2）调整接收机中的调谐变压器，使输出电压最大。

（3）按上述方法由末级逐级向前调整。

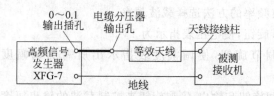

图 2-4-5　等效天线接法

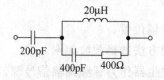

图 2-4-6　典型等效天线电路

3）灵敏度的测试

（1）调整仪器输出信号的载波频率到需要的数值，这时输出信号仍为 30％调幅度的 400Hz 调幅波。

（2）调整接收机，使输出最大。再调节输出-微调旋钮，使接收机输出维持标准输出功率值。

（3）改变仪器输出频率（每 5kHz 变一次），这时维持接收机不动，再调节输出-微调旋钮，使接收机输出仍为标准输出功率值，记下仪器的输出电压值。

（4）依次用同样方法测试各频率，将各个频率时的电压值与第一次的电压值的比值作为纵坐标，频率作为横坐标，绘成曲线，就得到接收机的选择性曲线。

4）保真度的测试

（1）利用外接音频信号源，得到从 50～8000Hz 的调幅波，以适应测试各级接收机的要求，具体频段按接收机的技术规定。

（2）以 30％调幅度的 400Hz 调幅波为标准，调谐接收机，使输出最大。再调节输出-微调旋钮，使接收机输出维持标准输出功率。

（3）维持载波频率和调幅度不变，改变调谐频率，调谐接收机使输出电压最大，记下接收机的输出电压。将其他频率时的输出电压值与 400Hz 时的输出电压值的比值作为纵坐标，将频率作为横坐标（一般用对数刻度）绘得接收机的保真度曲线。

2.5　直流稳定电源

直流稳定电源包括恒压源和恒流源，恒压源的作用是提供可调直流电压，其伏安特性十分接近理想电压源；恒流源的作用是提供可调直流电流，其伏安特性十分接近理想电流源。直流稳定电源的种类和型号很多，有独立制作的恒压源和恒流源，也有将两者制成一体的直流稳定电源，但它们的一般功能和使用方法大致相同。现以 HH 系列双路带 5V-3A 可调直流稳定电源为例介绍直流稳定电源的工作原理和使用方法。

1. 直流稳定电源的基本组成和工作原理

直流稳定电源采用开关型和线性串联双重调节,具有输出电压和电流连续可调,稳压和稳流自动转换,自动限流,短路保护和自动恢复供电等功能。双路电源可通过前面板开关实现两路电源独立供电、串联跟踪供电、并联供电 3 种工作方式。它主要由变压器、交流电压转换电路、整流滤波电路、调整电路、输出滤波器、取样电路、CV 比较电路、CC 比较电路、基准电压电路、数码显示电路和供电电路等组成。

(1) 变压器:将 220V 的交流市电转变成多规格低电压交流电。

(2) 交流电压转换电路:主要由运算放大器组成模/数转换控制电路。其作用是将电源输出电压转换成不同数码,通过驱动电路控制继电器动作,达到自动换挡的目的。随着输出电压的变化,模/数转换器输出不同的数码,控制继电器动作,及时调整送入整流滤波电路的输入电压,以保证电源输出电压大范围变化时,调整管两端电压值始终保持在最合理的范围内。

(3) 整流滤波电路:将交流低电压进行整流和滤波,变成脉动很小的直流电。

(4) 调整电路:该电路为串联线性调整器。其作用是通过比较放大器控制调整管,使输出电压/电流稳定。

(5) 输出滤波器:其作用是将输出电路中的交流分量进行滤波。

(6) 取样电路:对电源输出的电压和电流进行取样,并反馈给 CV 比较电路、CC 比较电路、交流电压转换电路等。

(7) CV 比较电路:该电路可以预置输出电流,当输出电流小于预置电流时,电路处于稳压状态,CV 比较放大器处于控制优先状态。当输入电压或负载变化时,输出电压发生相应变化,此变化经取样电阻输入到比较放大器、基准电压比较放大器等电路,并控制调整管,使输出电压回到原来的数值,达到输出电压恒定的效果。

(8) CC 比较电路:当负载变化输出电流大于预置电流时,CC 比较电路处于控制优先状态,对调整管起控制作用。当负载增加使输出电流增大时,比较电阻上的电压降增大,CC 比较输出低电平,使调整管电流趋于原来值,恒定在预置的电流上,达到输出电流恒定的效果,以保护电源和负载。

(9) 基准电压电路:提供基准电压。

(10) 数码显示电路:将输出电压或电流进行模/数转换并显示出来。

(11) 供电电路:为仪器的各部分电路提供直流电压。

2. 直流稳定电源操作面板简介

HH 系列双路带 5V-3A 直流稳定电源输出电压为 0～30V 或 0～50V,输出电流为 0～2A 或 0～3A,输出电压/电流从零到额定值均连续可调;固定输出端输出电压为 5V,输出电流为 3A。电压/电流值采用 $3\frac{1}{2}$ 位 LED 数字显示,并通过开关切换电压/电流显示。HH 系列双路带 5V-3A 直流稳定电源面板开关、旋钮位置如图 2-5-1。从动(左)路与主动(右)路电源的开关和旋钮基本对称布置,其功能如下。

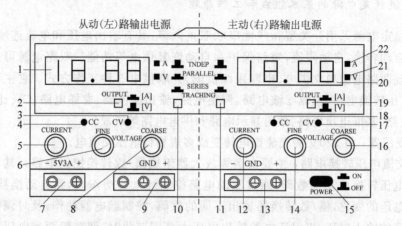

图 2-5-1   HH 系列双路带 5V-3A 直流稳定电源操作面板

(1) 从动(左)路 LED 电压/电流显示窗。

(2) 从动(左)路电压/电流显示切换开关(OUTPUT):按下此开关显示从动(左)路电流值;弹出则显示电压值。

(3) 从动(左)路恒压输出指示(CV)灯:此灯亮,从动(左)路为恒压输出。

(4) 从动(左)路恒流输出指示(CC)灯:此灯亮,从动(左)路为恒流输出。

(5) 从动(左)路输出电流调节旋钮(CURRENT):可调节从动(左)路输出电流大小。

(6) 从动(左)路输出电压细调旋钮(FINE)。

(7) 5V-3A 固定输出端。

(8) 从动(左)路输出电压粗调旋钮(COARSE)。

(9) 从动(左)路电源输出端:共 3 个接线端,分别为电源输出正(+)、电源输出负(一)和接地端(GND)。接地端与机壳、电源输入地线连接。

(10) 从动(左)路电源工作状态控制开关。

(11) 主动(右)路电源工作状态控制开关。

(12) 主动(右)路输出电流调节旋钮(CURRENT):可调节主动(右)路输出电流大小。

(13) 主动(右)路电源输出端。接线端与从动(左)路相同。

(14) 主动(右)路输出电压细调旋钮(FINE)。

(15) 电源开关:按下为开机(ON);弹出为关机(OFF)。

(16) 主动(右)路输出电压粗调旋钮(COARSE)。

(17) 主动(右)路恒压输出指示(CV)灯:此灯亮,主动(右)路为恒压输出。

(18) 主动(右)路恒流输出指示(CC)灯:此灯亮,主动(右)路为恒流输出。

(19) 主动(右)路电压/电流显示切换开关(OUTPUT):按下此开关显示主动(右)

路电流值；弹出则显示电压值。

（20）主动（右）路 LED 电压/电流显示窗。

（21）显示状态及数值的单位指示灯：此灯亮，显示数值为电压值，单位为 V。

（22）显示状态及数值的单位指示灯：此灯亮，显示数值为电流值，单位为 A。

3. 直流稳定电源的使用方法

1）双路电源独立使用方法

（1）将主（右）、从（左）动路电源工作状态控制开关 10、11 分别置于弹起位置（▆），使主、从动输出电路均处于独立工作状态。

（2）恒压输出调节：将电流调节旋钮顺时针方向调至最大，电压/电流显示开关置于电压显示状态（弹起 ▆），通过电压粗调旋钮和细调旋钮的配合将输出电压调至所需电压值，CV 灯常亮，此时直流稳定电源工作于恒压状态。如果负载电流超过电源最大输出电流，CC 灯亮，则电源自动进入恒流（限流）状态，随着负载电流的增大，输出电压会下降。

（3）恒流输出调节：按下电压/电流显示开关，将其置于电流显示状态（▆）。逆时针转动电压调节旋钮至最小。调节输出电流调节旋钮至所需电流值，再将电压调节旋钮调至最大，接上负载，CC 灯亮。此时直流稳定电源工作于恒流状态，恒流输出电流为调节值。

如果负载电流未达到调节值时，CV 灯亮，此时直流稳定电源还是工作于恒压状态。

2）双路电源串联（两路电压跟踪）使用方法

按下从动（左）路电源工作状态控制开关即 ▆ 位，弹起主动（右）路电源工作状态控制开关即 ▆ 位。顺时针方向转动两路电流调节旋钮至最大。调节主动（右）路电压调节旋钮，从动（左）路输出电压将完全跟踪主动路输出电压变化，其输出电压为两路输出电压之和，即主动路输出正端（＋）与从动路输出负端（－）之间电压值，最高输出电压为两路额定输出电压之和。

当两路电源串联使用时，两路的电流调节仍然是独立的，如从动路电流调节不在最大，而在某限流值上，当负载电流大于该限流值时，则从动路工作于限流状态，不再跟踪主动路的调节。

3）两路电源并联使用方法

主（右）、从（左）动路电源工作状态控制开关均按下即 ▆ 位，从动（左）路电源工作状态指示灯（CC 灯）亮。此时，两路输出处于并联状态，调节主动路电压调节旋钮即可调节输出电压。

当两路电源并联使用时，电流由主动路电流调节旋钮调节，其输出最大电流为两路额定电流之和。

4. 直流稳定电源的使用注意事项

（1）两路输出负（－）端与接地（GND）端不应有连接片，否则会引起电源短路。

（2）连接负载前，应调节电流调节旋钮使输出电流大于负载电流值，以有效保护负载。

第3章

电子电路EDA软件的使用和训练

3.1 软件介绍和功能分析

EDA 是电子设计自动化英文(Electronic Design Automation)的缩写,在 20 世纪 90 年代初从计算机辅助设计(Computer Aided Design,CAD)、计算机辅助制造(Computer Aided Manufacturing,CAM)、计算机辅助测试(Computer Aided Test,CAT)和计算机辅助工程(Computer Aided Engineering,CAE)的概念发展而来。EDA 技术就是以计算机为工具,设计者在 EDA 软件平台上,用硬件描述语言(Hardware Description Language,HDL)完成设计文件,然后由计算机自动地完成逻辑编译、化简、分割、综合、优化、布局、布线和仿真,直至对于特定目标芯片的适配编译、逻辑映射和编程下载等工作。EDA 技术的出现极大地提高了电路设计的效率和可行性,减轻了设计者的劳动强度。20 世纪 90 年代,国际上电子和计算机技术较先进的国家,一直在积极探索新的电子电路设计方法,并在设计方法、工具等方面进行了彻底的变革,取得了巨大成功。在电子技术设计领域,可编程逻辑器件(如 CPLD、FPGA)的应用已得到广泛的普及,这些器件为数字系统的设计带来了极大的灵活性。这些器件可以通过软件编程而对其硬件结构和工作方式进行重构,从而使得硬件的设计可以如同软件设计那样方便快捷。这一切极大地改变了传统的数字系统设计方法、设计过程和设计观念,促进了 EDA 技术的迅速发展。在国际上,EDA 工具层出不穷,目前进入我国并具有广泛影响的 EDA 软件有 Multisim 10(原 EWB 的最新版本)、PSPICE、OrCAD、PCAD、Protel、View logic、Mentor、Graphics、Synopsys、Cadence、Multi SIM 等。

根据主要功能或主要应用场合分为电子电路设计与仿真工具、PCB 设计软件、IC 设计软件、PLD 设计工具及可编程器件的编程软件。下面主要介绍前 4 种。

1. 电子电路设计与仿真工具

国内常用电子电路设计与仿真工具主要有 SPICE/ PSPICE、Multisim 10、Matlab 等。

(1) PSPICE 是由 SPICE(Simulation Program with Integrated Circuit Emphasis)发展而来的用于微机系列的通用电路分析程序,是由美国加州大学推出的电路分析仿真软件,是 20 世纪 80 年代世界上应用最广的电路设计软件。在同类产品中,它是功能最为强大的模拟和数字电路混合仿真 EDA 软件,在国内普遍使用。

(2) Multisim 10(EWB 的新版本)软件:是加拿大交互图像技术有限公司(Interactive Image Technologies Ltd)在 20 世纪末推出的电路仿真软件。

2. PCB 设计软件

PCB(Printed-Circuit Board,印制电路板)设计软件种类很多,如 Protel、OrCAD、View logic、Power PCB,目前在我国用得最多的当属 Protel99。Protel 是 Protel 公司在 20 世纪 80 年代末推出的 CAD 工具,是 PCB 设计者的首选软件。它较早在国内使用,普及率最高,几乎所在的电路公司都要用到它,现在普遍使用的是 Protel99SE。

3. IC 设计软件

IC 设计工具很多,其中按市场所占份额排行为 Cadence、Mentor Graphics 和 Synopsys。这3家都是 ASIC 设计领域相当有名的软件供应商。其他公司的软件相对来说使用者较少,中国华大公司也提供 ASIC 设计软件;Avanti 公司提供的软件适用于深亚微米的 IC 设计。

4. PLD 设计工具

PLD(Programmable Logic Device,可编程逻辑器件)是一种由用户根据需要而自行构造逻辑功能的数字集成电路。目前主要有两大类型:CPLD(Complex PLD)和 FPGA (Field Programmable Gate Array)。它们的基本设计方法是借助于 EDA 软件,用原理图、状态机、布尔表达式、硬件描述语言等方法,生成相应的目标文件,最后用编程器或下载电缆,由目标器件实现。生产 PLD 的厂家很多,但最有代表性的 PLD 厂家为 Altera、Xilinx 和 Lattice 公司。

(1) Altera:20 世纪 90 年代以后发展很快。主要产品有 MAX3000/7000、FELX6K/10K、APEX20K、ACEX1K 等。其开发工具 MAX+PLUS Ⅱ 是较成功的 PLD 开发平台,最新版本为 Quartus 11.0。

(2) Xilinx:FPGA 的发明者。产品种类较全,主要有 XC9500/4000、Coolrunner (XPLA3)、Spartan、Vertex 等系列,其最大的 Vertex-Ⅱ Pro 器件已达到 800 万门。开发软件为 Foundation 和 ISE。通常,在欧洲用 Xilinx 的人多,在日本和亚太地区用 Altera 的人多,在美国则是平分秋色。全球 PLD/FPGA 产品 60% 以上是由 Altera 和 Xilinx 提供的,Altera 和 Xilinx 共同决定了 PLD 技术的发展方向。

(3) Lattice:Lattice 是 ISP(In-System Programmability,系统内可编程)技术的发明者。ISP 技术极大地促进了 PLD 产品的发展,与 Altera 和 Xilinx 相比,其开发工具略逊一筹。

3.2 Multisim 10 电路仿真与设计

3.2.1 Multisim 概述

Multisim 是美国国家仪器公司推出的以 Windows 为基础的仿真工具,适用于板级的模拟/数字电路板的设计工作。它包含了电路原理图的图形输入、电路硬件描述语言输入方式,具有丰富的仿真分析能力。

工程师们可以使用 Multisim 交互式地搭建电路原理图,并对电路进行仿真。Multisim 提炼了 SPICE 仿真的复杂内容,这样工程师无需懂得较深的 SPICE 技术就可以很快地进行捕获、仿真和分析新的设计。通过 Multisim 和虚拟仪器技术,PCB 设计工程师和电子学教育工作者可以完成从理论到原理图捕获与仿真,再到原型设计和测试这样一个完整的综合设计流程。

3.2.2 Multisim 10 功能简介

(1) Multisim 10 是美国国家仪器(National Instruments,NI)公司推出的,目前 Multisim 中运用最广泛版本。

(2) 目前美国 NI 公司的 EWB 包含有电路仿真设计的模块 Multisim、PCB 设计软件 Ultiboard、布线引擎 Ultiroute 及通信电路分析与设计模块 Commsim 4 个部分,能完成从电路的仿真设计到电路版图生成的全过程。这 4 个部分相互独立,可以分别使用。它们有增强专业版(Power Professional)、专业版(Professional)、个人版(Personal)、教育版(Education)、学生版(Student)和演示版(Demo)等多个版本,各版本的功能和价格有明显的差异。

(3) NI Multisim 10 用软件的方法虚拟电子与电工元器件,虚拟电子与电工仪器和仪表,实现了"软件即元器件"、"软件即仪器"。NI Multisim 10 是一个原理电路设计、电路功能测试的虚拟仿真软件。

(4) NI Multisim 10 的元器件库提供了数千种电路元器件供实验选用,同时也可以新建或扩充已有的元器件库,而且建库所需的元器件参数可以从生产厂商的产品使用手册中查到,因此也很方便地在工程设计中使用。

(5) NI Multisim 10 的虚拟测试仪器仪表种类齐全,有一般实验用的通用仪器,如万用表、函数信号发生器、双踪示波器、直流电源;还有一般实验室少有或没有的仪器,如波特图仪、字信号发生器、逻辑分析仪、逻辑转换器、失真仪、频谱分析仪和网络分析仪等。

(6) NI Multisim 10 具有较为详细的电路分析功能,可以完成电路的瞬态分析和稳态分析、时域和频域分析、器件的线性和非线性分析、电路的噪声分析和失真分析、离散傅里叶分析、电路零极点分析、交直流灵敏度分析等电路分析方法,以帮助设计人员分析电路的性能。

(7) NI Multisim 10 可以设计、测试和演示各种电子电路,包括电工学、模拟电路、数字电路、射频电路及微控制器和接口电路等。可以对被仿真的电路中的元器件设置各种故障,如开路、短路和不同程度的漏电等,从而观察不同故障情况下的电路工作状况。在进行仿真的同时,软件还可以存储测试点的所有数据,列出被仿真电路的所有元器件清单,以及存储测试仪器的工作状态、显示波形和具体数据等。

(8) NI Multisim 10 有丰富的 Help 功能,其 Help 系统不仅包括软件本身的操作指南,更重要的是包含有元器件的功能解说,有利于进行 CAI 教学。另外,NI Multisim 10 还提供了与国内外流行的印刷电路板设计自动化软件 Protel 及电路仿真软件 PSPICE 之间的文件接口,也能通过 Windows 的剪贴板把电路图送往文字处理系统中进行编辑排版。

(9) 利用 NI Multisim 10 可以实现计算机仿真设计与虚拟实验,与传统的电子电路设计与实验方法相比,具有如下特点:设计与实验可以同步进行,可以边设计边实验,修改调试方便;设计和实验用的元器件及测试仪器仪表齐全,可以完成各种类型的电路设计与实验;可方便地对电路参数进行测试和分析;可直接打印输出实验数据、测试参数、曲线和电路原理图;实验中不消耗实际的元器件,实验所需元器件的种类和数量不受限制,实验成本低,实验速度快,效率高;设计和实验成功的电路可以直接在产品中使用。

(10) NI Multisim 10 易学易用,便于电子信息、通信工程、自动化、电气控制类专业学生自学,便于开展综合性的设计和实验,有利于培养综合分析能力、开发和创新的能力。

3.2.3 Multisim 10 仿真环境

打开 Multisim 10.0 后,其主界面如图 3-2-1 所示,主要包括菜单栏、标准工具栏、视图工具栏、主工具栏、仿真开关、元器件库工具栏、虚拟仪器工具栏、设计工具栏、仿真电路工作区、电子表格视窗和状态栏等。

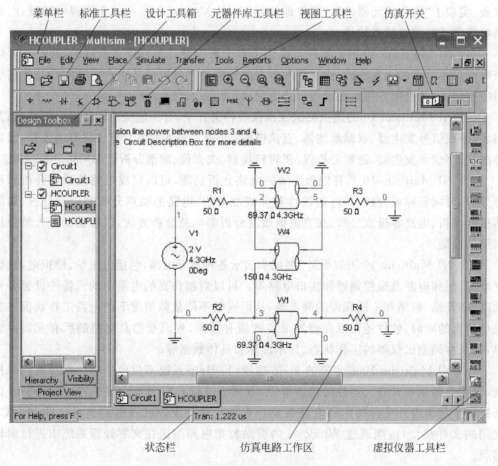

图 3-2-1 Multisim 10 主界面

Multisim 窗口界面主要包括以下几个部分：

(1) 菜单栏： File Edit View Place Simulate Transfer Tools Options Window Help ，从左到右依次是文件、编辑、视图、放置、仿真、传输、工具、选项、窗口、帮助。

(2) 标准工具栏： ，包括新建、打开、保存、剪切、复制等。

(3) 设计工具栏： ，包括器件、编辑器、仪表、仿真等。

(4) 元器件库工具栏： Component ，包括电源、基本元件、二极管、晶体管、模拟元件、元器件、总线等。

(5) 虚拟仪器工具栏： ，从左到右分别是数字万用表、函数发生器、示波器、波特图仪、数字信号发生器、逻辑分析仪、瓦特表、逻辑转换仪、失真分析仪、网络分析仪、频谱分析仪。

3.2.4 Multisim 10 操作步骤

1. 启动操作

双击图标,启动 Multisim 10,出现窗口界面。
选择文件/新建/原理图,即弹出空白的主设计窗口。

2. 添加元件

打开元器件库工具栏,单击需要的元件图标按钮,然后在主设计电路窗口中适当的位置再次单击鼠标左键,所需要的元件即出现在该位置上。
双击此元件,会出现该元件的对话框,可以设置元件的标签、编号、数值和模型参数。

3. 元件的移动

选中元件,直接用鼠标拖曳要移动的元件。

4. 元件的复制、删除与旋转

用相应的菜单、工具栏或单击鼠标右键弹出快捷菜单,进行需要的操作。

5. 放置电源和接地元件

选择"放置信号源按钮"弹出对话框,可选择电源和接地元件。

6. 导线的操作

连接:鼠标指向某元件的端点,出现小圆点后按下鼠标左键拖曳到另一个元件的端点出现小圆点后松开左键。

删除：选定该导线，单击鼠标右键，在弹出的快捷菜单中单击 Delete 按钮。

7. 实时仿真

右上角菜单栏下方是仿真开关，连接好电路后用鼠标左键单击仿真开关，就开始实时仿真。

3.3 PSPICE 动态电路分析

3.3.1 PSPICE 概述

PSPICE 作为一种广为流行的电子电路计算机辅助分析与设计软件包，是运行在微机上的 SPICE"家族"中的一员。通用电路仿真程序 SPICE 最初是由美国加州大学伯克利分校电子工程和计算机科学系开发的，主要用于模拟电路的电路分析和辅助设计。自1972 年问世以后，版本不断更新，1988 年 SPICE 被美国定为国家工业标准。PSPICE 是由美国 MicroSim 公司开发并于 1984 年 1 月首次推出，随着版本不断升级，其功能和性能日趋完善，库资源也更加丰富，可用于模拟电路、数字电路和模数混合电路等的分析、设计和仿真，因而在广大工程技术人员中得到了广泛的应用。

3.3.2 PSPICE 8.0 功能简介

PSPICE 8.0 是一个电路仿真分析设计的集成环境，提供了强大的电路分析功能。应用 PSPICE 软件可对各种线性、非线性电子电路和集成电路等进行各种仿真分析，被分析电路可以包含 R、C、L、传输线、独立源、4 种线性和非线性受控源、5 种最常用的半导体器件。PSPICE 8.0 提供的主要仿真分析功能主要有以下几个方面。

1. 直流分析

直流分析是瞬态分析和交流小信号分析的基础，通常用直流分析来决定瞬态分析的初始条件和交流小信号分析时电路中非线性元件的小信号模型参数。它主要有以下几个内容：

（1）计算电路的直流工作点，即在电路中 L 短路，C 开路的情况下，求得电路每一个节点的电压和支路电流。

（2）计算电路的直流小信号传输函数，即计算在直流小信号工作条件下的输出变量与输入变量的比值。

（3）计算直流转移特性曲线，即在用户指定范围内，计算电路输出变量与指定输入源步进变化之间的关系曲线。

2．交流小信号分析

交流小信号分析是在正弦小信号工作条件下的一种频率分析。它主要有以下几个内容：

（1）频率分析，即计算电路的幅频特性和相频特性。

（2）失真分析，是假设输入端加有一个（或两个）信号频率时，在输出负载上计算出的 3 次以下的小信号谐波失真功率。

（3）噪声分析，即计算每个频率点上指定输出端的等效噪声和指定输入端的等效噪声电平。

3．瞬态分析

瞬态分析是一种非线性的时域分析方法。

（1）在用户指定的时间区域内，进行电路的瞬态响应分析。对于数字电路，通过瞬态分析可得到电路的时序波形。

（2）在大信号正弦激励情况下，对输出波形进行傅里叶分析，计算基波和 2～9 次谐波系数及失真系数。

4．灵敏度分析

灵敏度分析是计算电路指定的输出变量对电路元件参数的小信号灵敏度值，又可分为直流灵敏度分析和交流小信号灵敏度分析。

（1）直流灵敏度分析：是指电路直流分析时，计算指定的输出变量对电路中所有的元件参数和晶体管的所有模型参数单独变化时的灵敏度值，包括绝对灵敏度和相对灵敏度。

（2）交流小信号灵敏度分析：是在指定的频率范围内，计算每个频率点上电路输出变量对电路全部元件参数的灵敏度值。

5．温度特性分析

PSPICE 通常是在 27℃情况下进行各种分析和仿真的，如果用户指定电路的工作温度，则可以进行不同温度下的电路特性分析。

6．蒙特卡罗分析和最坏情况分析

蒙特卡罗（Monte Carlo）分析和最坏情况（Worst Case）分析都属于统计分析。蒙特卡罗分析是分析电路元器件参数在它们各自的容差范围内，以某种统计分布规律随机变化时，电路特性的变化情况；最坏情况分析则是使电路元器件参数同时按容差范围内的最大变化量改变时，得到电路在最坏情况下的特性。

3.3.3 PSPICE 的集成环境

PSPICE 通用电路仿真分析环境主要包括 7 个程序项,各程序项的主要功能如表 3-3-1 所示。

本小节主要介绍 Schematics 和 Probe。

1. PSPICE 的主程序项 Schematics

选择程序项 Schematics 进入主程序窗口,如图 3-3-1 所示。窗口顶部第一行为窗口标题信息,显示当前程序项名称和所编辑的文件名称;第二行为主菜单,Schematics 的所有操作都可通过选择菜单中相应的栏目来完成;第三行为图标工具栏,每个图标代表菜单中一项最常用的操作,点击图标即可完成相应的操作,提高了操作效率;屏幕中间主要区域为原理图编辑区,也就是原理图页面,用户可以设置页面大小;窗口底部是辅助信息提示栏,显示当前光标位置、操作功能提示和操作命令。通过操作功能提示栏,用户可得知每一菜单项的功能。由于篇幅所限,这里不再列出各菜单项的功能。

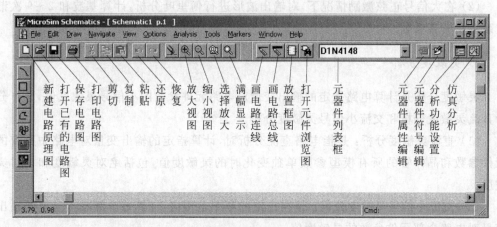

图 3-3-1 Schematics 菜单与功能

表 3-3-1 各程序项的主要功能

程 序 项	主要功能和作用
Schematics	PSPICE 的主程序项,电路仿真分析的全过程均可在此项中完成,且在此项菜单中可以调用其他任何一个程序项,主要功能包括绘制边际原理图、确定和修改元器件的模型参数、分析类型设置,调用 PSPICE 分析电路、调用 Probe 显示打印分析结果等
PSPICE	PSPICE 的分析程序。完成对电路的仿真分析,以文本方式或扫描波形方式输出结果,并存入扩展名为 out(文本结果)和 dat(波形数据)的磁盘文件中
Probe	输出波形的后处理程序(也称探针显示器)。可以处理、显示打印电路各节点和支路的多种波形(频域、时域、FFT 频谱等)

续表

程 序 项	主要功能和作用
Stimulus Editor	信号源编辑器,用于编辑和修改各种信号源
Parts	模型参数提取程序。Parts 程序可以根据产品手册所给出的电路特性参数提取用于 PSPICE 分析的器件模型参数。器件模型包括二极管、BJT、JFET、MOSFET、砷化镓场效应晶体管、运算放大器和电压比较器等
PSPICE Optimizer	电路设计优化程序
MicroSim PCBoards	印刷电路版图编辑

分析功能可通过菜单项 Analysis/Setup…或相应的图标来设置。它们是:

- AC Sweep:交流分析设置。
- DC Sweep:直流分析设置。包括对信号源、温度模型参数和通用参数的扫描分析。
- Monte Carlo/Worst Case:蒙特卡罗分析/最坏情况分析设置。
- Bias Point Detail:静态工作点分析输出选择开关。
- Digital Setup:数字电路分析选项设置。
- Parametric:参数分析设置。分析参数变化对电路特性的影响。
- Sensitivity:直流小信号灵敏度分析设置。
- Temperature:环境温度分析设置。
- Transfer Function:小信号传递函数值分析设置。
- Transient:瞬态分析设置。

菜单项 Analysis 是 Schematics 程序项中最主要的菜单项,分析功能的设置和仿真的执行均在该菜单中。

2. 波形后处理程序 Probe

Probe 是 PSPICE 对分析结果进行波形处理、显示和打印的有效工具,PSPICE 的所有波形输出的结果都要用 Probe 程序来观察及输出。Probe 程序窗口结构与 Schematics 窗口基本相同,其主菜单项和图标工具栏如图 3-3-2 所示。

有 3 种方法启动 Probe 程序:

(1) 在 Schematics 中 Analysis/Probe Setup/Auto-Run Option 设置为 Automatically…时,选择 Analysis/Simulate 进行仿真分析后会自动调用 Probe 程序。

(2) 在 Schematics 中,选择 Analysis/Run Probe。

(3) 在 Windows 95 环境中直接选择 Probe 程序项。

Schematics、PSPICE 和 Probe 是 PSPICE 中最常用的程序项,利用这几个程序可以完成一般的电路仿真分析。

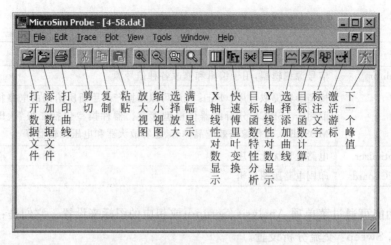

图 3-3-2　Probe 菜单和图标工具栏

3.3.4　PSPICE 8.0 操作步骤

使用 PSPICE 软件对电路进行仿真分析的一般步骤是：

（1）通过电路图编辑程序（Schematics 程序）输入编辑电路图，包括放置元件、设置元件属性及电路连线；

（2）在电路图编辑程序中设置电路的分析方式和参数；

（3）运行电路仿真分析程序，包括进行电路规则检查（Electronica Rule Check，ERC）、建立电路网表（Netlist）、执行仿真分析；

（4）运行图形后处理程序（Probe 程序）查看输出图形或查看电路输出文件。

若有必要，还可通过信号源编辑程序（Stimulus Editor 程序）编辑信号源，及通过元件模型参数提取程序（Parts 程序）建立元件模型，或通过元件图形编辑程序（Symbol Editor 程序）修改元件图形。

3.4　Quartus Ⅱ 综合设计与仿真

3.4.1　Quartus Ⅱ 概述

Quartus Ⅱ是美国 Altera 公司自行设计的第四代 PLD 开发软件，可以完成 PLD 的设计输入、逻辑综合、布局与布线、仿真、时序分析、器件编程的全过程，同时还支持 SOPC（可编程片上系统）设计开发，是继 MAX＋plus Ⅱ后的新一代开发工具，适合大规模 FPGA 的开发。它是 CPLD/FPGA 集成化开发软件，具有完善的可视化设计环境。Quartus Ⅱ提供了方便的设计输入方式、快速的编译和直接易懂的器件编程。能够支持逻辑门数在百万门以上的逻辑器件的开发，并且为第三方工具提供了无缝接口。

Quartus Ⅱ软件包的编程器是系统的核心,提供功能强大的设计处理,设计者可以添加特定的约束条件来提高芯片的利用率。Quartus Ⅱ提供了更优化的综合和适配功能,改善了对第三方仿真和时域分析工具的支持。Quartus Ⅱ还包括DSP Builder开发工具,支持系统级的开发,支持Niso Ⅱ嵌入式核、IP核和用户定义逻辑等。

3.4.2 Quartus Ⅱ功能简介

1. 设计输入

设计输入(Design Entry)是将设计者所设计的电路以开发软件要求的某种形式表达出来,并输入到相应软件中的过程。设计输入有多种表达方式,最常用的是原理图方式和HDL文本方式两种。

1) 原理图输入

原理图(Schematics)是图形化的表达方式,使用元件符号和连线来描述设计。其特点是适合描述连接关系和接口关系,而描述逻辑功能则比较繁琐。原理图输入比较直观,尤其对表现结构,模块化结构更方便。但它要求设计工具提供必要的元件库或逻辑宏单元。如果输入的是较复杂的逻辑或元件库中不存在的模型,采用原理图输入方式往往很不方便,此外,原理图的方式的设计可重用性、可移植性也差一些。

2) HDL文本输入

硬件描述语言(HDL)是一种用文本形式来描述和设计电路的语言。可利用HDL语言来描述自己的设计,然后利用EDA工具进行综合和仿真,最后变为某种目标文件,再用ASIC或FPGA具体实现。这种设计方法已被普遍采用。

2. 综合

综合(Synthesis)是一个很重要的步骤,指的是将较高层次的设计描述自动转化为较低层次设计描述的过程。综合有下面几种形式。

(1) 算法表示,行为描述转换到寄存器传输级(RTL),即从行为描述到结构描述,称为行为结构。

(2) RTL级描述转换到逻辑门限(可包括触发器),成为逻辑综合。

(3) 将逻辑门表示转换到版图表示,或转换到PLD器件的配置网表表示,称为版图综合或结构综合。根据版图信息能够进行ASIC生产,有了配置网表可完成给予PLD器件的系统实现。

3. 布局布线

Quartus Ⅱ的布局布线由"fitter"执行,其功能是使用由"Analysis & synthesis"建立的数据库,将工程的逻辑和时序要求与器件的可用资源相匹配。它会对每个逻辑单元位置进行布线和时序分析,并选定相应的互连路径和引脚分配。

4. 仿真

用户可以在设计过程中对整个系统和各个模块进行仿真（Simulation），即在计算机上用软件验证功能是否正确，各部分的时序配合是否准确。如果有问题可以随时进行修改，从而避免了逻辑错误。高级的仿真软件还可以对整个系统设计的性能进行估计。规模越大的设计，越需要进行仿真。

仿真包含功能仿真和时序仿真。不考虑信号时延等因素的仿真，称为功能仿真，又叫前仿真。时序仿真又叫后仿真，它是在选择了具体器件并完成了布局布线后进行的包括时延的仿真。由于不同器件的内部时延不一样，不同的布局、布线方案也给时延造成了很大的影响，因此在设计实现后，对网络和逻辑块进行时延仿真，分析定时关系，估计设计性能是非常有必要的。

5. 编程和配置

在布局布线之后，用户就可以进行器件的编程和配置工作了。所谓配置，即加载或下载，指对 FPGA 的编程的一个过程，FPGA 每次上电后都需要重新配置，这是基于SRAM 工艺 FPGA 的特点。FPGA 中的配置 SRAM（Configuration RAM）存放配置数据的内容，用来控制可编程多路径、逻辑、互连节点和 RAM 初始化内容等。

Quartus Ⅱ Complier 的 Assembler 模块会生成编辑文件，由 Quartus ⅡProgrammer 加载编程文件进行编程配置，可以用 Programmer 在工程中对器件进行编程或配置，还可以使用它的独立版本对器件进行编程和配置。

6. 调试

SingnalTap Ⅱ Logic Analyzer 是第二代系统调试工具，可以捕获和显示实时信号行为，观察系统设计中硬件和软件之间的互相作用。Quartus Ⅱ软件可以选择要捕获的信号、开始捕获信号的时间以及要捕获多少数据样本，还可以选择是将数据从器件的存储块通过 JTAG 端口传送至 SignalTap Ⅱ Logic Analyzer 或 I/O 引脚，以供外部逻辑分析或示波器显示。

3.4.3 Quartus Ⅱ 仿真环境

启动 Quartus Ⅱ，进入如图 3-4-1 所示的管理器窗口。

1. 菜单栏

通过 File 菜单、View 菜单、Assignments 菜单、Processing 菜单、Tools 菜单等完成相关操作。

2. 工具栏

工具栏紧邻菜单栏下方，如图 3-4-2 所示，它其实是各菜单功能的快捷按钮组合区。

菜单栏　　工具按钮

层次结构显示

工作区

信息提示窗口

图 3-4-1　Quartus Ⅱ管理器窗口

图 3-4-2　工具栏

3. 状态栏

状态栏位于 Quartus Ⅱ窗口的底部。当用鼠标指向菜单栏的命令或工具栏时,状态栏显示其简短描述,起提示用户的作用。可以通过设置 Options/Preferences 选项打开或关闭状态栏。

3.4.4　Quartus Ⅱ操作步骤

用 Quartus Ⅱ软件进行数字系统开发的流程如图 3-4-3 所示,包括以下步骤。

(1) 设计输入:包括原理图输入、HDL 文本输入、EDIF 网表输入、波形输入等几种方式。

(2) 编译:先根据设计要求设定编译方式和编译策略,如器件的选择、逻辑综合方式的选择等,然后根据设定的参数和策略对设计项目进行网表提取、逻辑综合、器件适配,并产生报告文件、延时信息文件及编程文件,供分析、仿真和编程使用。

(3) 仿真与定时分析:仿真和定时分析均属于设计校验,其作用是测试设计的逻辑功能和延时特性。仿真包括功能仿真和时序仿真。定时分析器可通过 3 种不同的分析模式分别对传播延时、时序逻辑性能和建立/保持时间进行分析。

(4) 编程与验证:用得到的编程文件通过编程电缆配置 PLD,加入实际激励,进行在线测试。

在设计过程中,如果出现错误,则需重新回到设计输入阶段,改正错误或调整电路后重新测试。

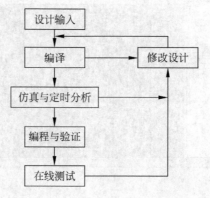

图 3-4-3 Quartus Ⅱ 设计开发流程

实 训 篇

实例篇

第

4

章

安全用电的基本知识

随着电能应用的不断拓展,以电能工作的各种电气设备广泛进入企业、社会和家庭生活中,与此同时,用电所带来的不安全事故也不断发生。为了实现电气安全,对电网本身的安全进行保护的同时,更要重视用电的安全问题。因此,学习安全用电基本知识,掌握常规触电防护技术,是保证用电安全的有效途径。

电气危害有两个方面:一方面是对系统自身的危害,如短路、过电压、绝缘老化等;另一方面是对用电设备、环境和人员的危害,如触电、电气火灾、电压异常升高造成用电设备损坏等,其中尤以触电和电气火灾危害最为严重,触电可直接导致人员伤残、死亡。另外,静电产生的危害也不能忽视,它是电气火灾的原因之一,对电气设备的危害也很大。

4.1　触电事故

在工业用电、家用电器中人们常常见到“高压——危险!”这样的警告提示,造成一种误解:高压是危险的。其实,不仅电压能造成伤害,电能都可能是危险的。电能能否造成实际伤害在于电流以及电流如何流过身体。那么,为什么标牌上是高压警告呢?由于电功率的产生和分配方式,容易确定的是电压而不是电流,所以,大多数电源产生恒定不变的电压,标牌警告的也是容易测量的电压。

4.1.1　触电种类

触电是指人体触及带电体后,电流对人体造成的伤害。人体触电有电伤和电击两种类型。

1．电伤

电伤是指在电流的热效应、化学效应、机械效应,以及电流本身作用所造成的人体外部伤害。电伤会在人体皮肤表面留下明显的伤痕,常见的电伤现象有灼伤、电烙伤和皮肤金属化等现象。

2．电击

电击是指当电流通过人体时,对人体内部组织系统所造成的伤害。电击可使肌肉抽搐,内部组织损伤,造成发热、发麻、神经麻痹等。严重时将引起人昏迷、窒息,甚至心脏停止跳动等现象,直至危及人的生命。

在触电事故中,电击和电伤常会同时发生。

4.1.2　常见的触电方式

人体触电方式主要有两种:直接或间接接触带电体以及跨步电压。直接接触又可分为单相接触和双相接触。

1. 单相触电

当人站在地面上或其他接地体上,人体的某一部位触及一相带电体时,电流通过人体流入大地(或中性线),称为单相触电,如图 4-1-1 所示。图 4-1-1(a)为电源中性点接地运行方式时,单相触电的电流途径。图 4-1-1(b)为中性点不直接接地的单相触电情况。一般情况下,接地电网里的单相触电比不接地电网里的危险性大。

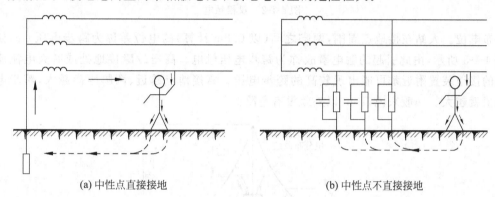

(a) 中性点直接接地　　　　　　　(b) 中性点不直接接地

图 4-1-1　单相触电

1) 中性点直接接地

显然,这种触电的后果与人体和大地间的接触状况有关。如果人体站在干燥绝缘的地板上,因为人体与大地间有很大的绝缘电阻,通过人体的电流很小,就不会有触电危险,但如果地板潮湿,那就有触电危险了。

2) 中性点不直接接地

这种情况下,电流将从电源相线经人体、其他两相的对地阻抗回到电源的中性点,从而形成回路,此时,通过人体的电流与线路的绝缘电阻和对地电容的数值有关,正常情况下,设备的绝缘电阻相当大,通过人体的电流很小,一般不致于造成对人体的伤害。

要避免单线触电,操作时必须穿胶鞋或站在干燥的木凳上。

2. 双相触电

双相触电是指人体两处同时触及同一电源的双相带电体,以及在高压系统中,人体距离高压带电体小于规定的安全距离,造成电弧放电时,电流从一相导体流入另一相导体的触电方式,如图 4-1-2 所示。双相触电加在人体上的电压为线电压,电流将从一相导线经人体流入另一相导线,因此不论电网的中性点接地与否,其触电的危险性都比较大,应立即断开电源。

3. 跨步电压触电

当带电体接地时有电流向大地流散,在以接地点为圆心,半径 20m 的圆面积内形成

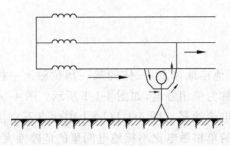

图 4-1-2　双相触电

分布电位。人站在接地点周围,两脚之间(以 0.8m 计算)的电位差称为跨步电压 U_k,如图 4-1-3 所示,由此引起的触电事故称为跨步电压触电。高压故障接地处或有大电流流过的接地装置附近都可能出现较高的跨步电压。离接地点越近、两脚距离越大,跨步电压值就越大。一般来说,10m 以外就没有危险。

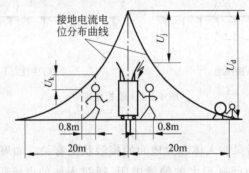

图 4-1-3　跨步电压触电

4. 剩余电荷触电

剩余电荷触电是指当人触及带有剩余电荷的设备时,带有电荷的设备对人体放电造成的触电事故。设备带有剩余电荷,通常是由于检修人员在检修中摇表测量停电后的并联电容器、电力电缆、电力变压器及大容量电动机等设备时,检修前、后没有对其充分放电所造成的。

4.2　影响触电危险程度的因素

触电对人体危害的程度与通过人体的电流的大小、持续时间、路径、频率和人体电阻的大小有关。

4.2.1　电流的类型

各种形式的电流和静电荷对人体均有伤害作用,见表 4-2-1。

表 4-2-1　电流和电荷对人体伤害

电流种类	人 体 反 应
直流电流	最小感知电流 3.5～5.2mA；平均摆脱电流 51～76mA；引起心室颤动的电流均为 500mA
高频电流	1000Hz 以上，伤害程度明显减轻，1000Hz 最小感知电流 8～12mA；平均摆脱电流 50～75mA； 引起心室颤动的电流均为 500mA
冲击电流	雷电、静电产生的冲击电流给人以冲击感，并引起强烈肌肉收缩
静电电荷	对人体的伤害与带电体电容和电压有关，冲击电流引起心室颤动的界限为 27W·s
交流电流	交流电对人体的损害作用比直流电大，它比高频电流的危险性更大。人体对工频交流电要比直流电敏感得多，比相同电压、相同电流强度(安培)的直流电危险 3～5 倍。直流电一般会引起强烈的肌肉收缩，这样往往迫使受害者脱离电源。50Hz 交流电引起触电部位肌肉强直，往往妨碍受害者脱离电源，由此，触电时间延长，引起严重烧伤

4.2.2　电流大小

电流流过人体可能对人体引起伤害——电伤害。电伤害是对神经系统的伤害，神经使用的是电化学信号，电流可能破坏这些信号。当电流路径只包含骨骼肌肉时，造成暂时麻痹(神经信号停止)或不自觉的肌肉收缩，这些危害一般没有生命威胁；然而，当电流路径包含控制大脑供氧的神经和肌肉时，问题就非常严重，这时肌肉的暂时麻痹就有可能停止一个人的呼吸，而且忽然的肌肉收缩可能破坏控制心跳的信号，造成流向大脑的氧化血液暂停，除非立刻得到紧急救援，否则伤者在几分钟内就会死亡。

表 4-2-2 给出了不同电流下人体的生理反应，表中的数据是通过分析事故原因获得的近似数据。

表 4-2-2　不同电流下人体的生理反应

生 理 反 应	电　　流	生 理 反 应	电　　流
仅仅能感觉	3～5mA	肌肉麻痹	50～70mA
极端痛苦	35～50mA	心跳停止	500mA

以人体当做电流的导体时，可以用电阻作为人体的模型。图 4-2-1(a)、(b)分别给出了人体简化模型和人体电模型。图 4-2-1(a)给出了人体简化模型，人的臂部与腿之间有电压差存在。图 4-2-1(b)给出了人体电模型，臂、腿、颈和躯干(胸和腹部)各有典型的电阻。

注意：如果电流的路径通过人体躯干，人体躯干包括心脏，因而成为潜在的致死因素。

应用案例：电力公司安装一套设备，设备工作电压 220V，某工作人员操作不当遭到电击。假定该工作人员臂阻为 600Ω，躯干电阻为 80Ω，腿电阻为 300Ω，试问电击产生的电流是否足够危险，以至于该电力公司必须张贴警示标牌或采取其他预防措施防止电

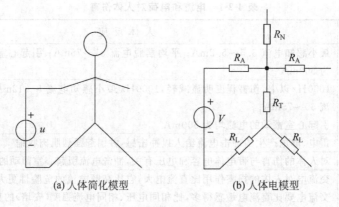

(a) 人体简化模型　　　　(b) 人体电模型

图　4-2-1

击事件发生？

　　分析：由于电流不流过颈部或其他臂和腿，因此可简化人体的电模型如图 4-2-2 所示。

　　解：分析图 4-2-2，根据欧姆定律和基尔霍夫电压定律，有

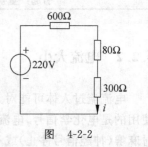

图　4-2-2

$$600i + 80i + 300i - 220 = 0$$

$$i = \frac{220}{980}\text{mA} \approx 224\text{mA}$$

因此，通过心脏区域的电流已达到 224mA，参照表 4-2-2 可见，此电流足以使心脏停止跳动，所以电力公司必须张贴警示标牌或采取其他预防措施防止电击事件发生。

　　行业规定，安全用电电压为 36V，安全电流为 10mA。但对于潮湿而触电危险性较大的环境（如金属容器、管道内施焊检修），安全电压规定为 12 V。

4.2.3　通电时间

　　人体触电，通过电流的时间越长，越易造成心室颤动，生命危险性就愈大。据统计，触电 1～5min 内急救，90% 有良好的效果，10min 内救生率约 60%，超过 15min 时，救生希望甚微。

　　触电保护器的一个主要指标就是额定断开时间与电流乘积小于 30mA·s。实际产品一般额定动作电流 30mA，动作时间 0.1s，故小于 30mA·s 可有效防止触电事故。

4.2.4　电流路径

　　电流通过头部可使人昏迷；通过脊髓可能导致瘫痪；通过心脏会造成心跳停止，血液循环中断；通过呼吸系统会造成窒息。因此，从左手到胸部是最危险的电流路径；从

手到手、从手到脚也是很危险的电流路径；从脚到脚是危险性较小的电流路径。

4.2.5 电源频率

通常 50~60Hz 的工频交流电对人体的伤害程度最重。电源的频率偏离工频越远，对人体的伤害程度越轻。在直流和高频的情况下，人体可承受的电流大，但高压高频电流对人体依然是十分危险的。

4.2.6 人体电阻

人体电阻是不确定的电阻，皮肤干燥时一般为 $100k\Omega$ 左右，而一旦潮湿可降到 $1k\Omega$。人体不同，对电流的敏感程度也不一样，一般地说，儿童较成年人敏感，女性较男性敏感，体重小的较体重大的敏感。患有心脏病者，触电后的死亡可能性就更大。

4.3 防止触电的方法

产生触电事故有以下原因：
- 缺乏用电常识，触及带电的导线。
- 没有遵守操作规程，人体直接与带电体部分接触。
- 由于用电设备管理不当，使绝缘损坏，发生漏电，人体碰触漏电设备外壳。
- 高压线路落地，造成跨步电压引起对人体的伤害。
- 检修中，安全组织措施和安全技术措施不完善，接线错误，造成触电事故。
- 其他偶然因素，如人体受雷击等。

为了防止触电事故，除思想上重视外，还应健全安全措施。

4.3.1 安全电压法

安全电压是指人体不戴任何防护设备触及带电体时，对人体各部分均不会造成伤害的电压值。

国际电工委员会(IEC)规定的接触电压限值(相当于安全电压)为 50V，并规定 25V 以下不需考虑防止电击的安全措施。

我国规定工频电压有效限值为 50V，直流电压的限值为 120V。潮湿环境中工频电压有效值限值为 25V，直流电压限值为 60V。

我国规定工频有效值 42V、36V、24V、12V 和 6V 为安全电压额定值。

(1) 喷涂作业或粉尘环境使用手提照明灯时，应采用 36V 或以下安全电压。

(2) 电击危险环境中手持和局部照明灯时，应采用 36V 或 24V 安全电压。

(3) 金属容器、隧道、潮湿环境中手持照明灯时，应采用 12V 安全电压。

（4）水下作业时，应采用 6V 安全电压。

4.3.2 绝缘法

绝缘是用不导电物把带电体封闭起来，如普通电线、电缆等。加强绝缘就是采用双重绝缘或另加总体绝缘，即保护绝缘体以防止通常绝缘损坏后的触电，如电力电缆等。

常用的绝缘材料有陶瓷、橡胶、塑料、云母、玻璃、木材、布、纸、矿物油，以及某些高分子合成材料等。绝缘材料的电阻一般在 $10^9\Omega$ 以上。

注意：一般绝缘材料可正常使用 20 年，但恶劣的环境条件会降低绝缘电阻值，腐蚀性气体、潮气、机械损伤也会破坏绝缘。

4.3.3 屏护法

屏护就是采用遮拦、护照、护盖箱闸等装置把带电体同外界隔绝，类型有永久性与临时性装置、固定式与移动式装置。

电器开关的可动部分一般不能使用绝缘，而需要屏护。高压设备不论是否有绝缘，均应采取屏护。

4.3.4 安全距离法

为了防止人体触及或接近带电体，保持一定的距离，称为安全距离。安全距离除用于防止触及或过分接近带电体外，还能起到防止火灾、防止混线、方便操作的作用。

线路的安全距离：是指线路与地面和各种设施的最小安全距离。

检修安全距离：是指低压工作时人体或其携带工具与带电体的距离，在低压工作中，最小检修距离不应小于 0.1m。

除此之外，还有变配电设备间距。

4.3.5 接地和接零保护

1. 保护接地

按功能分，接地可分为工作接地和保护接地。工作接地是为了保证电力系统正常运行而设置的接地，如三相四线制低压配电系统中的电源中性点接地；保护接地的目的在于保障人身与设备的安全，其中包括防止触电的保护接地、防雷接地、防静电接地及屏蔽接地等。

注意：在中性点不接地系统中，设备外露部分（金属外壳或金属构架）必须与大地进行可靠电气连接，即保护接地，如图 4-3-1(b)所示。由于绝缘破坏或其他原因而可能呈现危险电压的金属部分,都应采取保护接地措施,如电机、变压器、开关设备、照明器具及其他电气设备的金属外壳都应予以接地。

接地装置由接地体和接地线组成,埋入地下直接与大地接触的金属导体,称为接地体,连接接地体和电气设备接地螺栓的金属导体称为接地线。接地体的对地电阻和接地线电阻的总和,称为接地装置的接地电阻。

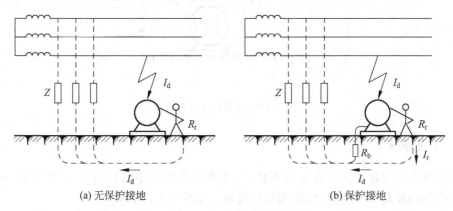

图 4-3-1　保护接地原理图

在图 4-3-1(b)中,当电气设备绝缘损坏,人体触及带电外壳时,由于采用了保护接地,人体电阻和接地电阻并联,因人体电阻远远大于接地电阻,故流经人体的电流远远小于流经接地体电阻的电流,并在安全范围内,这样就起到了保护人身安全的作用。

保护接地常用在 IT 低压配电系统和 TT 低压配电系统中[1]。

2. 保护接零

保护接零是指在电源中性点接地的系统中,将设备需要接地的外露部分与电源中性线直接连接,相当于设备外露部分与大地进行了电气连接。如图 4-3-2 所示。

在图 4-3-2 中,当设备正常工作时,外露部分不带电,人体触及外壳相当于触及零线,无危险;当有电气设备发生单相碰壳故障时,由于采用了接零保护,设备外露部分与大地形成一个单相短路回路。由于短路电流极大,所以熔丝快速熔断,从而使保护装置动作,迅速地切断电源,防止了触电事故的发生。

保护接零适用于 TN 低压配电系统型式。[2]

采用保护接零时注意:保护零线上不准装设熔断器。

保护接地与保护接零的区别:将金属外壳用保护接地线(PEE)与接地极直接连接的叫保护接地;将金属外壳用保护线(PE)与保护中性线(PEN)相连接的则称为保护接零。

---

[1]　IT 系统:电源变压器中性点不接地(或通过高阻抗接地),而电气设备外壳采用保护接地;TT 系统:电源变压器中性点接地,电气设备外壳采用保护接地。

[2]　TN 系统:电源变压器中性点接地,设备外露部分与中性线相连,是将电气设备的金属外壳与工作零线 N 相接的保护系统。

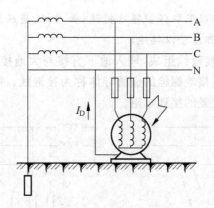

图 4-3-2　保护接零原理图

3. 重复接地

在电源中性线做了工作接地的系统中,为确保保护接零的可靠性,还需相隔一定距离将中性线或接地线重新接地,称为重复接地。如图 4-3-3 所示。

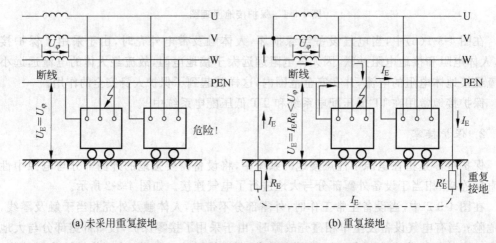

(a)未采用重复接地　　　　　　　　　　　　(b)重复接地

图 4-3-3　重复接地作用

在图 4-3-3(a)中,一旦中性线断线,设备外露部分带电,人体触及同样会有触电的可能。而在图 4-3-3(b)中,由于采用了重复接地,即使出现中性线断线,但外露部分因重复接地而使其对地电压大大下降,对人体的危害也大大下降。不过应尽量避免中性线或接地线出现断线的现象。

为降低因绝缘破坏而遭到电击的危险,对于以上不同的低压配电系统,电气设备常采用保护接地、保护接零、重复接地等不同的安全措施。如图 4-3-4 所示。

4.3.6　装设漏电保护装置

以上分析的电击防护措施是从降低接触电压方面进行考虑的。但实际上这些措施往往还不够完善,需要采用其他保护措施作为补充。例如,采用漏电保护器、过电流保护电器等措施。

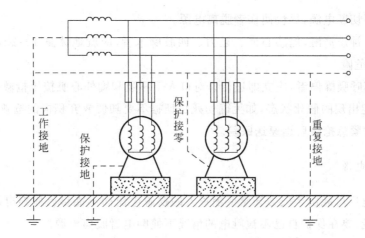

图 4-3-4　保护接地、工作接地、重复接地及保护接零示意图

1. 定义

漏电保护器(漏电保护开关)是一种电气安全装置。将漏电保护器安装在低压电路中,当发生漏电和触电时,且达到保护器所限定的动作电流值时,就立即在限定的时间内动作,自动断开电源进行保护。

漏电保护为近年来推广采用的一种新的防止触电的保护装置。在电气设备中发生漏电或接地故障而人体尚未触及时,漏电保护装置已切断电源;或者在人体已触及带电体时,漏电保护器能在非常短的时间内切断电源,减轻对人体的危害。

2. 种类

漏电保护器按不同方式分类来满足使用的选型。如按动作方式分,有电压动作型和电流动作型;按动作机构分,有开关式和继电器式;按极数和线数分,有单极二线、二极三线等;按动作灵敏度可分为高灵敏度(漏电动作电流在 30mA 以下)、中灵敏度(30～1000mA)、低灵敏度(1000mA 以上)。

4.4　触电急救与电气消防

4.4.1　触电急救

电流通过人体的心脏、肺部和中枢神经系统的危险性比较大,特别是电流通过心脏时,危险性最大。

1．处理步骤

（1）立即切断电源，尽快使伤者脱离电源。

（2）轻者神志清醒，但感心慌、乏力、四肢麻木者，应就地休息 1～2h，以免加重心脏负担，招致危险。

（3）心搏呼吸骤停者，应立即进行口对口人工呼吸和胸外心脏按压抢救生命，并且要注意伤者可能出现的假死状态，如无确切死亡证据不要随便放弃积极的抢救。

（4）经过紧急抢救后迅速送医院。[①]

2．脱离电源

人在触电后可能由于失去知觉或超过人的摆脱电流而不能自己脱离电源，此时抢救人员不要惊慌，要在保护自己不被触电的情况下使触电者脱离电源。

1）低压触电时脱离电源的方法

（1）立即拉开开关或拔出插头，切断电源。

（2）用干木板等绝缘物插入触电者身下，隔断电源。

（3）拉开触电者或挑开电线，使触电者脱离电源。

（4）可用手抓住触电者的衣服，拉离电源。

2）高压触电时脱离电源的方法

（1）立即通知有关部门停电或报警。

（2）带上绝缘手套，穿上绝缘靴，用相应电压等级的绝缘工具拉开开关。

（3）抛掷裸金属线使线路短路接地，迫使保护装置动作，断开电源。抛掷金属线前，应注意先将金属线一端可靠接地，然后抛掷另一端；被抛掷的一端切不可触及触电者和其他人。

3．触电急救方法

1）口对口人工呼吸法

人的生命的维持，主要靠心脏跳动而产生血循环，通过呼吸而形成氧气与废气的交换。如果触电人伤害较严重，失去知觉，停止呼吸，但心脏微有跳动，就应采用口对口的人工呼吸法。具体做法是：

（1）迅速解开触电人的衣服、裤带，松开上身的衣服、护胸罩和围巾等，使其胸部能自由扩张，不妨碍呼吸。

（2）使触电人仰卧，不垫枕头，头先侧向一边清除其口腔内的血块、假牙及其他异

---

① 心搏呼吸骤停快速判断三大主要指标：突然倒地或意识丧失；自主呼吸停止；颈动脉搏动消失。判断动作要快，三大指标检查要求在 10s 完成。

物等。

（3）救护人员位于触电人头部的左边或右边，用一只手捏紧其鼻孔，不使漏气，另一只手将其下巴拉向前下方，使其嘴巴张开，嘴上可盖一层纱布，准备接受吹气。

（4）救护人员做深呼吸后，紧贴触电人的嘴巴，向他大口吹气。同时观察触电人胸部隆起的程度，一般应以胸部略有起伏为宜。

（5）救护人员吹气至需换气时，应立即离开触电人的嘴巴，并放松触电人的鼻子，让其自由排气。这时应注意观察触电人胸部的复原情况，倾听口鼻处有无呼吸声，从而检查呼吸是否阻塞，如图 4-4-1 所示。

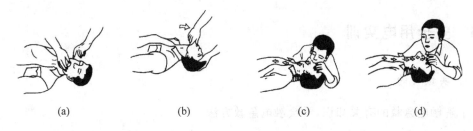

图 4-4-1　口对口（鼻）人工呼吸法

2）人工胸外挤压心脏法

若触电人伤害得相当严重，心脏和呼吸都已停止，人完全失去知觉，则需同时采用口对口人工呼吸和人工胸外挤压两种方法。如果现场仅有一个人抢救，可交替使用这两种方法，先胸外挤压心脏 4～6 次，然后口对口呼吸 2～3 次，再挤压心脏，反复循环进行操作。人工胸外挤压心脏的具体操作步骤如下：

（1）解开触电人的衣裤，清除口腔内异物，使其胸部能自由扩张。

（2）使触电人仰卧，姿势与口对口吹气法相同，但背部着地处的地面必须牢固。

（3）救护人员位于触电人一边，最好是跨跪在触电人的腰部，将一只手的掌根放在心窝稍高一点的地方（掌根放在胸骨的下三分之一部位），中指指尖对准锁骨间凹陷处边缘，如图 4-4-2(a)、(b)所示，另一只手压在那只手上，呈两手交叠状（对儿童可用一只手）。

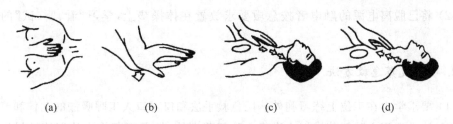

图 4-4-2　心脏挤压

（4）救护人员找到触电人的正确压点，自上而下垂直均衡地用力挤压，如 4-4-2(c)、(d)所示，压出心脏里面的血液，注意用力适当。

（5）挤压后，掌根迅速放松（但手掌不要离开胸部），使触电人胸部自动复原，心脏扩张，血液又回到心脏。

4.4.2 电气消防

（1）发现电子装置、电气设备、电缆等冒烟起火，要尽快切断电源。

（2）使用砂土、二氧化碳或四氯化碳等不导电灭火介质，忌用泡沫和水进行灭火。

（3）灭火时不可将身体或灭火工具触及导线和电气设备。

4.5 安全用电实训

1. 实训目的

了解触电急救的有关知识，学会触电急救方法。

2. 实训器材与工具

- 模拟的低压触电现场
- 各种工具（含绝缘工具和非绝缘工具）
- 体操垫 1 张
- 心肺复苏急救模拟人

4.5.1 实训内容一：触电急救

1. 使触电者尽快脱离电源

（1）在模拟的低压触电现场让一学生模拟被触电的各种情况，要求学生两人一组选择正确的绝缘工具，使用安全快捷的方法使触电者脱离电源。

（2）将已脱离电源的触电者按急救要求放置在体操垫上，学习"看、听、试"的判断办法。

2. 心肺复苏急救方法

（1）要求学生在工位上练习胸外挤压急救手法和口对口人工呼吸法的动作和节奏。

（2）让学生用心肺复苏模拟人进行心肺复苏训练，根据打印输出的训练结果检查学生急救手法的力度和节奏是否符合要求（若采用的模拟人无打印输出，可由指导教师计时和观察学生的手法以判断其正确性），直至学生掌握方法为止。

（3）完成技能训练报告。

4.5.2 实训内容二：消防训练

1. 使用水枪扑救电气火灾

将学生分成数人一组,点燃模拟火场,让学生完成下列操作：

（1）断开模拟电源。

（2）穿上绝缘靴,戴好绝缘手套。

（3）跑到消火栓前,将消火栓门打开,将水带按要求滚开至火场,正确接驳消火栓与水枪,将水枪喷嘴可靠接地。

（4）持水枪并口述安全距离,然后打开消火栓水掣将火扑灭。

2. 使用干粉灭火器和泡沫灭火器（或其他灭火器）扑救电气火灾

步骤如下：

（1）点燃模拟火场。

（2）让学生手持灭火器对明火进行扑救（注意要求学生掌握正确的使用方法）。

（3）清理训练现场。

（4）完成技能训练报告。

4.6 安全用电实训思考题

- 人体的电阻确定吗？和什么因素有关？说出不同情况下的阻值范围。
- 三相电、火线、零线、地线所采用的电线的颜色？
- 用手触摸 5V 干电池的两端是触电吗？为什么？
- 电击和电伤害会同时发生吗？
- 为什么在干燥的冬天脱毛衣就会产生静电？
- 电流对人身作用的相关因素是什么？
- 感知电流、摆脱电流、致命电流分别是什么？
- 触电跟性别、年龄、体重有关吗？为什么？
- 安全距离的规定。
- 安全电压的规定。
- 个人如何防雷。
- 各类插座的接线示意图。
- 触电急救处理步骤。
- 如何使触电者脱离电源？
- 心肺复苏法步骤。
- 脱离电源的方法。
- 触电的急救方法。
- 电气消防步骤。

第5章

电路课程实训

电路课程的主要任务是讨论线性非时变集总参数电路的基本理论与一般分析方法，是一门理论性和实践性均较强的课程。电路课程实训内容建立在电路课程理论和实验教学的基础上，主要包括汽车后窗玻璃除霜器电路设计、R-2R 数模转换电路设计、断线报警器控制电路设计、RC 正弦波振荡电路设计、电容电量实时显示电路设计、光照强度测试显示电路设计共六个实训项目。通过本章学习，要求学生能够学会基于问题式学习的项目研究方法，建立以工程应用为目的的提出问题、分析问题和解决问题的思维过程。熟悉并掌握常用电路仿真设计软件，如 Multisim、Protel、Spice 等软件的仿真调试方法。

每个实训项目按照撰写顺序划分为实训目的及意义、实训任务及要求、方案设计及原理分析、元件选型和参数计算、电路仿真与分析、实训仪器设备及元器件、实训拓展与思考等 7 个部分，旨在培养学生电子电气工程项目设计的基本理念和方法，使学生能够以项目开发的方式完成包括方案设计及原理分析、单元电路设计与选择、元件选型及参数计算、成本核算及评估、电路原理图制作、仿真工作在内的全部设计流程。同时，能够以项目管理方式正确管理课题的开发流程，掌握项目设计报告的撰写规范，并独立完成实训报告的内容撰写和文档整理工作。

5.1 汽车后窗玻璃除霜器电路设计

5.1.1 实训目的及意义

- 熟悉和掌握电阻元件的特性、分类、检测及应用，能够根据电路具体功能确定电阻元件的具体应用。
- 了解汽车后窗玻璃除霜热线的材料，掌握其工作原理和电阻等效电路的分析和求解方法。
- 了解汽车后窗除霜装置的工作原理，能够根据原理分析设计电路。
- 掌握简单电路的计算机辅助设计与仿真、实验板的手工设计与制作、实验调试等基本过程和方法。

5.1.2 实训任务及要求

1. 实训任务

设计一个玻璃除霜器，栅格宽 1m，五根水平栅格的垂直位移是 0.025m。直流 12V 电压供电，功率损耗为 120W/m，试确定各栅格电阻的阻值。

2. 实训要求

(1) 根据玻璃除霜器的工作原理分析，能够根据具体的设计要求，完成栅格电阻的阻值的正确计算，并进行玻璃除霜器的栅格设计。

（2）设计完成后，对设计方案做出可行性论证。

3．实训基础理论

电路理论中并联电阻电路的分析方法，等效电阻的求解，电能转化为热能的工作原理与过程。

5.1.3 方案设计及原理分析

1．玻璃除霜器原理及应用

玻璃除霜器广泛应用于交通运输、汽车等行业，可以由电阻电路来实现，是电阻电路的一个典型应用实例。

汽车后窗玻璃除霜热线多数是把数条镍铬丝均匀地粘在后风窗玻璃内部，或者是采用双层玻璃夹电阻丝，或者在挡风玻璃上镀上透明又导电的氧化铟。电热线两端相接成并联电路，当两端加上电压后，即可产生热量加热玻璃，从而达到防止或清除结霜的目的，耗电量约为 $30\sim50\mathrm{W}$。

除霜热线的电路控制方式分手动和自动两种。一般自动式除霜器是由开关、自动除霜传感器、自动除霜控制器、除霜热线和连接线路等组成。自动除霜传感器安装在后风窗玻璃上，用于检测后风窗玻璃上是否结霜，并将结霜层的厚度传送到控制电路。结霜层厚度越大，传感器的电阻越小。

图 5-1-1 为某轿车的后窗除霜系统电路图，其工作过程为：当接通除霜器开关后，除霜器开关使除霜继电器的磁化线圈搭铁，继电器触点闭合，风窗玻璃及后视镜上的电热丝通电发热，使冰霜受热蒸发。除霜器开关中的时间继电器维持除霜继电器导通 $10\sim20\mathrm{min}$，然后自动切断除霜继电器的电路，使电热丝断电。若想继续除霜，可再次接通除霜开关。

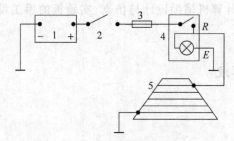

图 5-1-1　汽车后窗玻璃除霜系统电路图

1—蓄电池；2—点火开关；3—熔丝；4—除霜器开关及指示灯；5—除霜器（电热丝）

2．除霜器栅格电路原理与分析

除霜器的栅格结构如图 5-1-2（a）所示，可以认为栅格导线是电阻，如图 5-1-2（b）所示。水平导线的数量与汽车的样式和构造有关系,典型范围是 9 ～ 16 个栅格。图 5-1-2(b)中,x 和 y 标记栅格元件的水平和垂直间距。

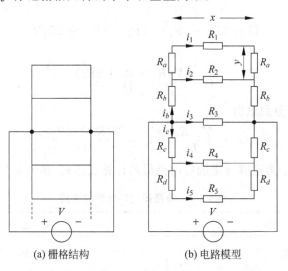

(a) 栅格结构   (b) 电路模型

图 5-1-2　玻璃除霜器栅格结构和电路模型

当栅格尺寸已知时,为了使每根导线单位长度的功率损耗相同,需要求出栅格中每个电阻的表达式,以确保玻璃在 x 和 y 方向统一加热。因此,需要根据下列关系式求栅格电阻的值

$$\begin{cases} i_1^2\left(\dfrac{R_1}{x}\right) = i_2^2\left(\dfrac{R_2}{x}\right) = i_3^2\left(\dfrac{R_3}{x}\right) = i_4^2\left(\dfrac{R_4}{x}\right) = i_5^2\left(\dfrac{R_5}{x}\right) \\[2mm] i_1^2\left(\dfrac{R_a}{y}\right) = i_1^2\left(\dfrac{R_1}{x}\right) \\[2mm] i_1^2\left(\dfrac{R_a}{y}\right) = i_b^2\left(\dfrac{R_b}{y}\right) = i_c^2\left(\dfrac{R_c}{y}\right) = i_5^2\left(\dfrac{R_d}{y}\right) \\[2mm] i_5^2\left(\dfrac{R_d}{y}\right) = i_5^2\left(\dfrac{R_5}{x}\right) \end{cases} \qquad (5\text{-}1\text{-}1)$$

根据栅格的结构特点进行分析,如果不连接较低部分的电路(即电阻 R_c,R_d,R_4,R_5),则电流 i_1,i_2,i_3,i_b 不受影响。因此,可以分析较简单的电路(图 5-1-3),而不去分析图 5-1-2 中的电路。已知 $R_4 = R_2$,$R_5 = R_1$,$R_c = R_b$,$R_d = R_a$。所以,只要求出图 5-1-3 电路中的电阻 R_1,R_2,R_3,R_a 和 R_b 后,也就求出了其余电阻。

根据电阻串并联和分压、分流原理等电阻电路的分析知识。由电路可直接求得 $i_3 = \dfrac{V}{R_3}$。

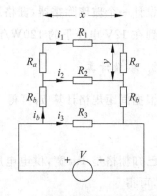

图 5-1-3　简化玻璃除霜器栅格模型

$$i_3 = \frac{V}{R_3} \tag{5-1-2}$$

定义变量

$$D = (R_1 + 2R_a) \cdot (R_2 + 2R_b) + 2R_2 R_b \tag{5-1-3}$$

可求得

$$i_b = \frac{V(R_1 + R_2 + 2R_a)}{D} \tag{5-1-4}$$

根据分流原理,可以分别求得

$$i_1 = \frac{V \cdot R_2}{D}, \quad i_2 = \frac{V(R_1 + 2R_a)}{D} \tag{5-1-5}$$

进而,可推导出以 R_1 为求解变量的各电阻值的计算表达式,如表 5-1-1 所示。

表 5-1-1　除霜器栅格电阻表达式

电　　阻	表　达　式
R_a	hR_1
R_b	$\dfrac{(1+2h)^2 hR_1}{4(1+h)^2}$
R_2	$(1+2h)^2 R_1$
R_3	$\dfrac{(1+2h)^4}{(1+h)^2} R_1$

注:$h = y/x$。

5.1.4　设计实例和参数计算

1. 设计要求

设计一个玻璃除霜器,栅格结构是 1m 宽,五根水平栅格的垂直位移是 0.025m。为了达到在 12V 电压下的 120W/m 功率损耗,试确定 $R_1 \sim R_5$,$R_a \sim R_d$ 的数值。

2. 参数计算

根据间距规格计算 h,可得

$$h = \frac{y}{x} = \frac{0.025}{1} = 0.025$$

已知栅格是 1m 宽,供电电压是 12V,则 R_3 的功率损耗是 120W,分析图 5-1-3 所示电路,可得

$$R_3 = \frac{12^2}{120} = 1.2\Omega$$

对照表 5-1-1 除霜器栅格电阻表达式,则有

$$R_1 = \frac{(1+h)^2}{(1+2h)^4}R_3 = 1.0372\Omega$$

$$R_2 = (1+2h)^2 R_1 = 1.1435\Omega$$

$$R_a = hR_1 = 0.0259\Omega$$

$$R_b = \frac{(1+2h)^2}{4(1+h)^2}hR_1 = 0.0068\Omega$$

根据对称性可得

$$R_4 = R_2 = 1.1435\Omega$$

$$R_5 = R_1 = 1.0372\Omega$$

$$R_c = R_b = 0.0068\Omega$$

$$R_d = R_a = 0.0259\Omega$$

3. 设计结果检验

可通过检查功率损耗来检验这些计算值。每条栅格均应满足指定的 120W/m 的功率损耗。首先,计算 D 的数值,求得 $D = 1.2758$,根据所求 D 值相应公式,可求得电流: $i_b = 21\text{A}, i_1 = 10.7561\text{A}, i_2 = 10.2439\text{A}$。由于 $i_b^2 R_b = 3\text{W}$,则每米功率损耗为 $3/0.025 = 120\text{W/m}$; $i_1^2 R_1 = 120\text{W}$,即 120W/m; $i_2^2 R_2 = 120\text{W}$,即 120W/m;最后检查 $i_1^2 R_a = 3\text{W}$,满足 120W/m。

5.1.5 实训拓展与思考

- 设计一个具有 5 根水平导线的除霜器栅格,要求如下:栅格 1.25m 宽,导线之间垂直间距 0.05m,当提供的电压是 12V 时,功率损耗 150W/m。
- 检查解答,确定它满足设计要求。

5.2 4 位 *R-2R* 数模转换电路设计

5.2.1 实训目的及意义

- 熟悉和掌握电阻元件的特性、分类、检测及应用,能够根据电路具体功能确定电阻元件的具体应用。
- 了解运算放大器的线性应用,掌握运放作为运算电路的分析方法。
- 熟悉电阻电路的分压原理、分流原理和计算方法。
- 了解数字量和模拟量之间的转换过程、原理和方法。
- 掌握简单电路的计算机辅助设计与仿真、实验调试等基本过程和方法。

5.2.2 实训任务及要求

1. 实训任务

根据梯形电路相关知识和电阻电路分压分流相关知识,在给定参考电源电压下,设计一个能够将 4 位二进制数字码转换为相应模拟量输出的数模转换电路。

2. 实训要求

(1) 用 4 个单刀双掷开关的通断模拟 4 位二进制数字码所对应的 0 或 1 数字码。

(2) 计算 4 位数模转换的最小量化单位,输出模拟量为 4 位二进制数字码对应的十进制数与最小量化单位的乘积。

(3) 可给出多种设计方案,采用若干电阻、开关,以及运算放大器等完成电路设计。

3. 实训基础理论

电路理论中电阻电路的分析,分压原理和分流原理;数字电子技术中数字信号转换为模拟信号的原理及方法;模拟电子技术中的运算放大器电路的分析与设计;本书第 1 章 1.1、1.6、1.7 节中所讲授的电阻元件、集成运放等的电气特性和应用方法,以及数字电路中 A/D 和 D/A 转换相关理论。

5.2.3 方案设计及原理分析

1. 数模转换原理

数模(D/A)转换就是把数字量信号转成模拟量信号,且输出电压与输入的数字量成一定的比例关系。D/A 转换的基本原理是按二进制数各位代码的数值,将每一位数字量转换成相应的模拟量,然后将各模拟量叠加,其总和就是与数字量成正比的模拟量。D/A 转换器(DAC)就是将二进制数字量转换成与其数字成正比的电流信号或电压信号的电路。

基本 DAC 电路由四部分组成:参考电源、电阻网络、电子转换开关和运算放大器。按输入至 DAC 的数字量的位数,可分为 8 位、10 位、12 位、14 位、16 位等。本实训项目主要对 4 位 DAC 电路进行设计和仿真。

2. 常见数模转换实现方案

常用的 DAC 电路可分为:梯形和倒梯形电阻网络、权电流型、权电容型、开关树型等。其中,梯形电阻网络型 DAC 按照工作原理,主要分为权电阻型和 R-2R 电阻网络型两种。随着集成技术的发展,中大规模的 D/A 转换集成块相继出现,它们将转换的电阻网络和受数码控制的电子开关都集成在同一芯片上,所以用起来很方便。目前,常用的芯片型号很多,有 8 位、12 位的转换器等。这里我们主要对 4 位梯形电阻网络型 DAC 和权电阻型 DAC 两种电路进行原理分析和仿真研究,其原理分析和结论同样适用于 8 位、12 位 DAC。

5.2.4　4 位 *R-2R* 电阻网络型 DAC

1. 整机电路设计

如图 5-2-1 所示为 4 位 R-2R 电阻梯形网络实现 D/A 转换的电路原理图。其中,V_{ref} 表示参考电源,J1~J4 为表征数字信号的电子转换开关,R、$2R$ 两种电阻连接成梯形网络,V_{out} 表示输出的模拟量电压值。

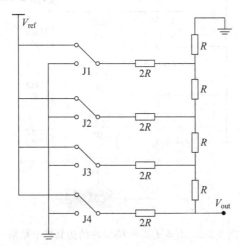

图 5-2-1　整机电路原理图

2. 原理分析与参数计算

电子转换开关表征数字量,4 位二进制数 $d_3d_2d_1d_0$ 对应表征开关 J4~J1 的连接状态。二进制数字“1”表示开关接参考电源 V_{ref},二进制数字“0”表示开关接地。

对应数字量 $d_3d_2d_1d_0 = 1000$ 时,表示开关 J4 接 V_{ref},J1~J3 接地,由图 5-2-1 所示电路分析可得,输出电压 $V_{out} = \dfrac{V_{ref}}{2}$。当开关 J3 接参考电源,J1、J2、J4 接地时,对应数字量 $d_3d_2d_1d_0 = 0100$,此时输出电压 $V_{out} = \dfrac{V_{ref}}{4}$。当开关 J2 接参考电源,J1、J3、J4 接地时,对应数字量 $d_3d_2d_1d_0 = 0010$,此时输出电压 $V_{out} = \dfrac{V_{ref}}{8}$。当开关 J1 接参考电源,J2、J3、J4 接地时,对应数字量 $d_3d_2d_1d_0 = 0001$,此时输出电压 $V_{out} = \dfrac{V_{ref}}{16}$。

由以上分析可知,根据电阻的串并联、分压和分流原理可以求得,图 5-2-1 所示的 4 位 DAC 电路所对应的 D/A 转换公式为

$$V_{out} = \frac{V_{ref}}{16}(d_3 \times 2^3 + d_2 \times 2^2 + d_1 \times 2^1 + d_0 \times 2^0) \tag{5-2-1}$$

由式(5-2-1)可知,输出电压 V_{out} 为与参考电源 V_{ref} 成比例的模拟量,其比值关系正比于二进制数 $d_3 d_2 d_1 d_0$ 所表征的实际十进制数数值。设定参考电源 $V_{ref} = 12V$,电阻 $R = 1k\Omega$,则 $2R = 2k\Omega$。

3. 电路仿真与分析

基于 Multisim 环境,完成电路的仿真分析。图 5-2-2 所示为 $d_3 d_2 d_1 d_0 = 1000$ 时的电路仿真结果,输出电压 $V_{out} = \dfrac{V_{ref}}{2} = 5.999 \approx 6V$。

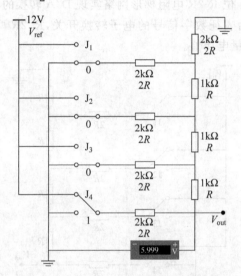

图 5-2-2 $d_3 d_2 d_1 d_0 = 1000$ 时的仿真输出结果

图 5-2-3 所示为 $d_3 d_2 d_1 d_0 = 0100$ 时的电路仿真结果,输出电压 $V_{out} = \dfrac{V_{ref}}{4} = 3.000V$。

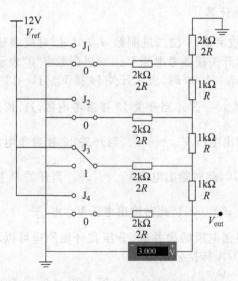

图 5-2-3 $d_3 d_2 d_1 d_0 = 0100$ 时的仿真输出结果

图 5-2-4 所示为 $d_3d_2d_1d_0=1011$ 时的电路仿真结果，输出电压 $V_{\text{out}}=\dfrac{V_{\text{ref}}}{16}(1\times2^3+$

$0\times2^2+1\times2^1+1\times2^0)=\dfrac{11}{16}V_{\text{ref}}=8.25\text{V}$。

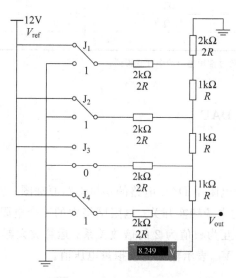

图 5-2-4　$d_3d_2d_1d_0=1011$ 时的仿真输出结果

对应于不同的二进制数字量，也即电子开关在不同状态是电路的仿真输出结果，如表 5-2-1 所示。

表 5-2-1　*R*-2*R* 梯形网络 DAC 电路仿真结果

输入信号				输出电压 V_{out}(V)	输入信号				输出电压 V_{out}(V)
d_3	d_2	d_1	d_0		d_3	d_2	d_1	d_0	
0	0	0	0	0	1	0	0	0	5.999
0	0	0	1	0.750	1	0	0	1	6.749
0	0	1	0	1.500	1	0	1	0	7.499
0	0	1	1	2.250	1	0	1	1	8.249
0	1	0	0	3.000	1	1	0	0	8.999
0	1	0	1	3.750	1	1	0	1	9.749
0	1	1	0	4.500	1	1	1	0	10.499
0	1	1	1	5.249	1	1	1	1	11.249

4. 实训仪器设备及元器件

实训仪器设备：直流稳压电源，数字万用表。

根据如图 5-2-1 所示的 *R*-2*R* 梯形电阻网络 DAC 电路，可以得到完成本设计所需的元器件清单和成本估算值，见表 5-2-2。

表 5-2-2　元器件清单及成本估算

元器件类型	元器件规格	数量	价格（元）
电子开关	单刀双掷拨动开关 TS-13-S20	4	16.0
电阻	2kΩ	5	0.5(25 个)
	1kΩ	3	
总计			16.50

注：实物制作时,电阻可以通过常用电阻的串并联得到。

5.2.5　4 位权电阻型 DAC

1. 整机电路设计

如图 5-2-5 为 4 位权电阻型 DAC 电路的整机电路原理图。其中,V_{ref} 表示参考电源; $J_1 \sim J_4$ 为表征数字信号的电子转换开关;电阻网络中的 4 个电阻分别为 R、$2^1 \cdot R = 2R$、 $2^2 \cdot R = 4R$、$2^3 \cdot R = 8R$,互为权值为 2 的倍数关系;运算放大器 U_1 接成加法器,实现对 各个输入量的求和运算;V_{out} 表示输出的模拟量电压值。

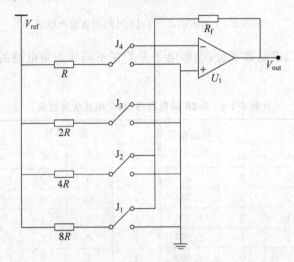

图 5-2-5　整机电路原理图

本设计方案中,选择精度为 5% 的金属膜电阻构成权电阻网络,选择 8 引线双列直插 式双运算放大器 LM358 组成加法器,完成求和运算。LM358 的外形封装和引脚图如 图 5-2-6 所示。

2. 原理分析与参数计算

电子转换开关表征数字量,4 位二进制数 $d_3 d_2 d_1 d_0$ 对应表征开关 J4～J1 的连接状 态。二进制数字"1"表示电子开关与运算放大器的输入端相接,也即相应的权电阻接入电 路;二进制数字"0"表示开关接地,相应权电阻系数为零,从电路中断开,不参与加法运算。

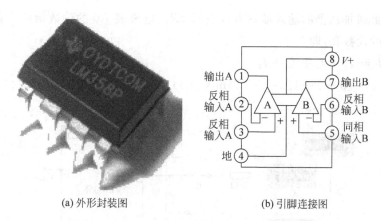

(a) 外形封装图　　　　　　(b) 引脚连接图

图 5-2-6　LM358 的外形封装图和引脚连接图

根据运算放大器的性质,以及加法运算电路的分析方法,可以求得,如图 5-2-5 所示的 4 位 DAC 电路所对应的 D/A 转换公式为

$$V_{\text{out}} = -\frac{R_{\text{f}}}{8R}(d_3 \times 2^3 + d_2 \times 2^2 + d_1 \times 2^1 + d_0 \times 2^0)V_{\text{ref}} \qquad (5\text{-}2\text{-}2)$$

由式(5-2-2)可知,输出电压 V_{out} 为与参考电源 V_{ref} 成比例的模拟量,其比值关系正比于二进制数 $d_3d_2d_1d_0$ 所表征的实际十进制数数值,符合 DAC 电路的基本原理。若设反馈电阻和权电阻网络中的 R 满足比值关系:$\dfrac{R_{\text{f}}}{R} = \dfrac{1}{2}$,则有

$$V_{\text{out}} = -\frac{V_{\text{ref}}}{16}(d_3 \times 2^3 + d_2 \times 2^2 + d_1 \times 2^1 + d_0 \times 2^0) \qquad (5\text{-}2\text{-}3)$$

对比式(5-2-3)与式(5-2-1)可看出,两种结构的电阻型 DAC 电路的输出电压和参考电压的比值关系相同。二者唯一区别是,权电阻型 DAC 的输出电压与输入电压反相。故有:对应数字量 $d_3d_2d_1d_0 = 1000$ 的输出电压 $V_{\text{out}} = -\dfrac{V_{\text{ref}}}{2}$;对应数字量 $d_3d_2d_1d_0 = 0100$ 的输出电压 $V_{\text{out}} = -\dfrac{V_{\text{ref}}}{4}$;对应数字量 $d_3d_2d_1d_0 = 0010$ 的输出电压 $V_{\text{out}} = -\dfrac{V_{\text{ref}}}{8}$;对应数字量 $d_3d_2d_1d_0 = 0001$ 的输出电压 $V_{\text{out}} = -\dfrac{V_{\text{ref}}}{16}$。

设定参考电源 $V_{\text{ref}} = 12\text{V}$,令电阻 $R_{\text{f}} = 1\text{k}\Omega$,则 $R = 2\text{k}\Omega$,满足 $\dfrac{R_{\text{f}}}{R} = \dfrac{1}{2}$。

3. 电路仿真与分析

基于 Multisim 环境,完成电路的仿真分析。为直观反映加法器电路的运算关系,每个支路中接入直流电流表,运算放大器组成的加法运算电路主要是对权电阻网络中的各支路电流进行加法运算。

如图 5-2-7 所示为 $d_3d_2d_1d_0 = 0100$ 时的电路仿真输出结果,输出电压 $V_{\text{out}} = -\dfrac{V_{\text{ref}}}{4} =$

−3.000V；此时加法器的输入端只有权电阻 2R。电流表 A0 的读数始终为各个权电阻支路上电流的代数和，即

$$I_5 = I_1 + I_2 + I_3 + I_4$$
$$= (6 + 3 + 1.5 + 0.75)\text{mA} = 11.25\text{mA} = 0.011\text{A} \quad (5\text{-}2\text{-}4)$$

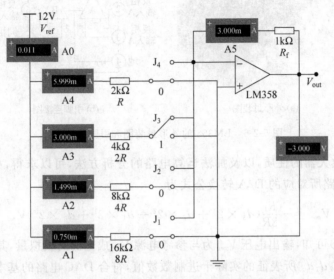

图 5-2-7　$d_3 d_2 d_1 d_0 = 0100$ 时的仿真输出结果

如图 5-2-8 所示为 $d_3 d_2 d_1 d_0 = 1111$ 时的电路仿真结果，此时四个权电阻均输入加法器的输入端。此时，电流表 A5 的读数与电流表 A0 读数相同，均为各个权电阻支路上电流的代数和，其值为 0.011A。输出电压

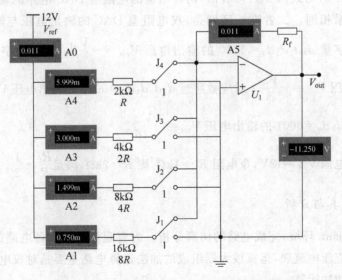

图 5-2-8　$d_3 d_2 d_1 d_0 = 1111$ 时的仿真输出结果

$$V_{out} = -\frac{V_{ref}}{16}(1 \times 2^3 + 1 \times 2^2 + 1 \times 2^1 + 1 \times 2^0) = -\frac{15}{16}V_{ref} = -11.25V \quad (5\text{-}2\text{-}5)$$

如图 5-2-9 所示为 $d_3d_2d_1d_0 = 1011$ 时的电路仿真结果,此时有 R、$4R$、$8R$ 三路权电阻接入加法器。电流表 A5 的读数为 3 个权电阻支路上电流的代数和,为 8.250mA。输出电压:

$$V_{out} = -\frac{V_{ref}}{16}(1 \times 2^3 + 0 \times 2^2 + 1 \times 2^1 + 1 \times 2^0) = -\frac{11}{16}V_{ref} = -8.250 \quad (5\text{-}2\text{-}6)$$

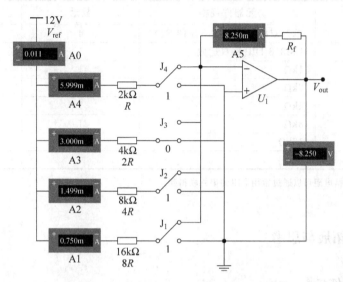

图 5-2-9　$d_3d_2d_1d_0 = 1011$ 时的仿真输出结果

对应于 4 位二进制数字量的 16 种状态,依次改变电子开关 J1~J4 的位置,则电路的仿真输出结果如表 5-2-3 所示。

表 5-2-3　权电阻型 DAC 电路仿真结果

输入信号				输出电压 V_{out}(V)	输入信号				输出电压 V_{out}(V)
d_3	d_2	d_1	d_0		d_3	d_2	d_1	d_0	
0	0	0	0	0	1	0	0	0	−6.00
0	0	0	1	−0.75	1	0	0	1	−6.75
0	0	1	0	−1.50	1	0	1	0	−7.50
0	0	1	1	−2.25	1	0	1	1	−8.25
0	1	0	0	−3.00	1	1	0	0	−9.00
0	1	0	1	−3.75	1	1	0	1	−9.75
0	1	1	0	−4.50	1	1	1	0	−10.50
0	1	1	1	−5.25	1	1	1	1	−11.25

4. 实训仪器设备及元器件

实训仪器设备：直流稳压电源，数字万用表。

根据如图 5-2-5 所示的权电阻型 DAC 电路的整机电路图，可以得到完成本设计所需的元器件清单和成本估算值，见表 5-2-4。

表 5-2-4　元器件清单及成本估算

元器件类型	元器件规格	数量	价格（元）
电子开关	单刀双掷拨动开关 TS-13-S20	4	16.0
运算放大器	LM358 DIP-8 双运放	1	0.5
电阻	1kΩ	1	0.5（25 个）
	2kΩ	1	
	4kΩ	1	
	8kΩ	1	
	16kΩ	1	
总计			17.0

注：实物制作时，电阻可以通过常用电阻的串并联得到。

5.2.6　实训拓展与思考

1. 应用价值拓展

本实训项目所提供的两种设计方案具有电路设计简单、实用性强、成本低等特点。DAC 主要应用于对经过处理或传输的数字量信号进行还原或解码处理，将数字量变成与实际参数相对应的模拟量输出。

2. 实训方案拓展

- 根据本实训项目中所提供的设计方案和思路，试分别设计出 8 位 R-2R 梯形电阻网络 DAC 电路和 8 位权电阻型 DAC 电路，并进行仿真分析和结果讨论。
- 如前所述，集成数模转换芯片（DAC 芯片）是目前的主要应用趋势，集成 DAC 芯片与单片机技术相结合，可以实现很多相对复杂的数模转换方案和电路。以 8 位集成电流型 DAC 芯片 IDAC8 为例，选取参考电压 $V_{ref}=12V$，图 5-2-10 所示为对应于 8 位数字码 $d_7d_6d_5d_4d_3d_2d_1d_0=10001100$ 的输出模拟量结果。试参考图 5-2-10 中 IDAC 芯片接线方式，扩充电路，设计 8 位 D/A 转换电路，并进行仿真分析。

3. 实训思考题

请参考本设计的设计思路和过程，自行设计实训方案，或者选择上述拓展部分所提到的实训方案,完成 8 位 DAC 电路设计。要求 2~3 人一组完成电路设计,元件选型、参数计算,功能仿真等工作,并撰写设计报告。

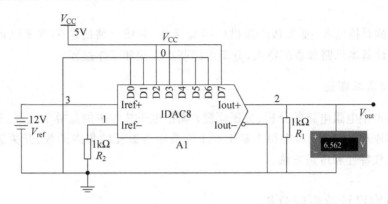

图 5-2-10 集成电流型 DAC 电路参考仿真结果

5.3 断线报警器控制电路设计

5.3.1 实训目的及意义

- 熟悉和掌握电阻元件的特性、分类、检测及应用,能够根据电路具体功能确定电阻元件的具体参数。
- 了解和掌握集成运放的非线性应用,熟悉电压比较器的特性和应用。
- 了解和掌握电磁继电器的电气特性和具体应用。
- 掌握简单电路的计算机辅助设计与仿真、实验调试等基本过程和方法。
- 熟悉 Multisim 软件仿真过程中常见报警元件的连接和使用方法。
- 了解根据具体的设计任务及应用,进行电路设计的工程方法,体会电路原理设计与实际工程应用之间的关系。

5.3.2 实训任务及要求

1. 实训任务

设计一个断线报警器的控制电路,电路有布防和报警两个状态。只要电源打开便直接处于布防状态;一旦外接线路被切断时进入报警状态,以声音或其他形式报警;当外接线路再次接通时,报警声仍持续,直至关断电源,再次启动可以恢复布防状态。

2. 实训要求

(1) 提供集成比较器、电阻、电容、继电器、发光二极管、电线,并提供正负电压可调电源、喇叭(6～15V)。

（2）信号处理电路采用电压比较器实现，采用继电器作为声音报警电路中喇叭的驱动元件。

（3）根据具体任务、要求和所提供的实验条件，完成电路的总体方案设计和仿真调试；总结设计基本思路和系统特点，分析电路基本原理和工作过程。

3．实训基础理论

电路理论中电阻电路的分析、分压原理；模拟电子技术中的运算放大器、比较器；电磁继电器等原理及应用；本书第1章1.6、1.8节中所讲授的集成运放、开关继电器等电路元件的电气特性和应用方法。

5.3.3　方案设计及原理分析

1．设计方案论证

根据题目的具体设计要求，该断线报警器电路日常处于布防状态，一旦外接线路被剪断时，电路进入声音报警状态。将电路的总体设计方案划分为布防电路、信号处理电路、光照报警电路和声音报警电路四个模块进行设计，如图5-3-1所示。

图 5-3-1　系统功能结构框图

1）布防电路模块

根据电路设计要求，以摩托车报警器为设计目的，布防电路设计为一根穿过车轮的长导线。进入布防状态时，表示导线接入电路，可用开关模拟实现。为防止导线被短接，进入二次布防状态，可将导线上串接电阻，将导线接通、断开和被短接三种状态下电阻参数的变换通过分压电路转换为电压信号，用以控制电压比较器电路，做出告警响应。

2）信号处理模块

信号处理模块的核心处理单元是电压比较器，同相和反相输入端的电压关系决定了电压比较器的输出，采用单电源供电模式下的任意电平集成电压比较器，如图5-3-2所示。根据实训要求，比较器的基准电压通过电阻分压电路产生，可根据布防电路的工作状态确定具体分压值。

3）显示报警模块

本断线报警器主要用于夜间防盗，可采用光照和声音双重告警方式，声音报警选择强度较高的报警喇叭，光照报警选择亮度相对较大的灯泡。由于喇叭和灯泡的功率相对较大，因此控制电路需要采用电磁继电器来实现。

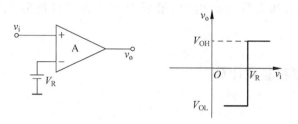

图 5-3-2 任意电平比较器

2. 整机电路设计

根据实训要求,对应于所规划的电路单元模块,初步设计的整机电路图如图 5-3-3 所示。具体工作过程具体分析如下:

(1) 电源电路:供电电源 $V_{CC}=12V$,给分压电路、比较器、发光管、继电器、灯泡等供电。发光管 LED2 作为电源指示灯,用来指示电路的上电状态,电阻 R_3 作为 LED2 的上拉限流电阻。

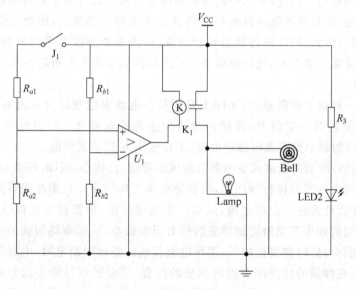

图 5-3-3 整机电路原理图

(2) 布防电路:布防电路和分压电路分别输入电压比较器的同相和反相输入端。布防电路中用跟电阻 R_{a1} 串联的开关 J_1 来模拟布防导线。开关 J_1 打开,表示布防导线被切断;开关 J_1 闭合,表示接通布防导线并上电。

(3) 信号处理和告警电路:布防电路输入比较器的同相输入端,由 R_{b1} 和 R_{b2} 串联分压作为电压比较器反相输入端的基准电压。布防状态时,布防导线连通,开关 J_1 闭合,$V_+ > V_-$,比较器 U_1 输出高电压 $V_o \approx 12V$,继电器 K_1 处于常闭触点,报警喇叭和告警灯与电源断开,不工作;布防导线被剪开时,开关 J_1 打开,也即切断了布防电路的电源,V_+ 被迅速拉至 0 电位点,则 $V_+ < V_-$,比较器 U_1 翻转,输出低电压 $V_o \approx 0V$,继电器 K_1

动作,接通报警喇叭和告警灯的电源,报警喇叭和告警灯同时工作,实现声光同步报警。

5.3.4 元件选型和参数计算

1. 元件选型

1) 电源电路

考虑到声光告警电路的中灯泡的功率和电压,选择供电电源 $V_{CC}=12V$。亦可以采用双电源供电,信号处理部分采用5V直流电源供电,可降低布防状态的功耗。为简化电路设计,本设计选用12V单一电源供电模式。

2) 布防导线

此断线报警器主要基于家用摩托车防盗而设计,布防导线需要穿过摩托车车轮,盗贼只能剪断导线方能推走摩托车,而在布防导线被剪断的瞬间,就会启动报警电路,达到声光同时报警的目的。因此,要求布防导线的强度足够。此外为了防备盗贼通过先短接布防导线的方法,使得系统能继续维持布防状态的同时车辆被盗,因此需要布防导线足够长,且阻值相对较大,可以通过改进设计方案,检测布防导线电阻阻值的微小变化,启动电路的报警方案。鉴于此,选择电阻率相对略高的铝导线作为布防导线。

3) 继电器

继电器是一种电子控制器件,实际上是用较小电流去控制较大电流的一种“自动开关”,当输入电流达到一定值时,其输出量将发生跳跃式变化。本设计中,选择尺寸在 10~25mm 之间的超小型直流电磁继电器,工作电压为12V直流电。

如图 5-3-4(a)所示为电磁式继电器的组成原理图,由铁心、线圈、衔铁、触点簧片等组成。绕在电磁铁上的线圈接控制回路,触点导线接工作回路。只要在线圈两端加上一定的电压,线圈中就会流过一定的电流,从而产生电磁效应,衔铁被电磁铁吸下来,衔铁就会在电磁力吸引的作用下克服返回弹簧的拉力吸向铁心,从而带动衔铁的动触点与静触点(常开触点)吸合,这时弹簧被拉长,工作电路接通。当线圈断电后,电磁的吸力也随之消失,衔铁就会在弹簧的反作用力返回原来的位置,使动触点与原来的静触点吸合。这样吸合、释放,从而达到了在电路中的导通、切断的目的。一般直流电磁继电器的实物如图 5-3-4(b)所示。

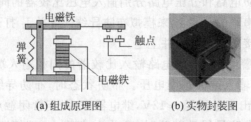

(a) 组成原理图　　　　　　　(b) 实物封装图

图 5-3-4　直流电磁式继电器组成原理和实物图

4）电压比较器

常见的集成电压比较器主要有德州仪器的 LM324、LM358、LM339、LM393，以及日立品牌的 HA17339 等。其中，LM324、LM339、HA17339 为四运放芯片，都有 14 引脚，而 LM358、LM393 均为双运放比较器。原定的设计方案中需要用到 3 个电压比较器，故采用四运放芯片相对经济实用。由于 LM324 是带有真差动输入的四运算放大器，LM339 是 4 个独立的电压比较器，而且 LM339 的翻转速度相对较快，性能更稳定。故选用 LM339 来完成本设计。

LM339 既适用于双电源工作模式，也适用于单电源工作模式。双电源工作范围宽（±1～±18）V，且为开路集电极输出，便于连线。采用双列直插 14 脚封装（DIP-14）和微型的 14 脚塑料封装（SOP-14），其外形封装图和引脚连接图分别如图 5-3-5(a)、(b)所示。

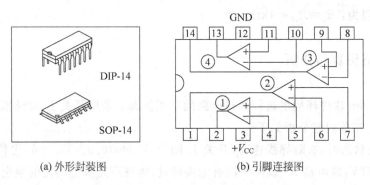

(a) 外形封装图　　　　(b) 引脚连接图

图 5-3-5　LM339 的外形封装图和引脚图

5）报警喇叭

报警喇叭是利用电流的磁效应来发出声音的一种电声器件，本设计中所采用的报警喇叭的型号和主要参数如表 5-3-1 所示。

表 5-3-1　报警喇叭型号和主要参数

参数 型号	标准电压	工作电压范围	额定电流	声压	功率	外形尺寸
BOEN015	DC6V	DC6～15V	500mA	110～120dB	15W	120mm×75mm×45mm

6）其他元件

报警灯：采用 12V 闪灯作为报警灯。

发光管：普通 LED 发光管。

电阻：精度为 5% 的金属膜电阻。

2. 参数计算

1）布防导线电阻参数

根据铝导线的经验数据：每 100m 长的铝导线，当截面为 $1mm^2$ 时，电阻值约为 3Ω。根据电阻的计算公式可知：导线电阻值与导线长度成正比，与它的截面积成反比。若选择导线长度为 40m,截面为 1mm²,则导线的电阻值为 3×0.4＝1.2Ω。相对于电路其他电阻元件的参数和精度来说,铝导线的电阻参数仍可忽略不计。

2) 电源

$V_{CC}＝12V$。

3) 电阻计算

基准电压的分压电阻 $R_{b1}＝R_{b2}＝10kΩ$,故有比较器的反相输入电压 $V_-＝6V$。布防电路电阻 $R_{a2}＝R_{b2}＝10kΩ,R_{a1}＝1kΩ$,若忽略布防导线电阻,则根据分压公式求得比较器的同相输入电压为

$$V_+ = 12 × \frac{10}{10+1} = 10.9V \tag{5-3-1}$$

LED 限流电阻为: $R_3＝R_{a1}＝1kΩ$。

5.3.5 电路仿真与分析

在 Multisim 软件环境里进行整机电路的功能仿真。采用开关 J_1 来模拟布防导线的接通和断开。工作过程分析如下:

(1) 布防状态时,布防导线连通,开关 J_1 闭合,$V_+≈10.9>V_-≈6$,比较器 U_1 输出高电压 $V_o≈12V$,继电器 K_1 线圈中没有电流通过,体现声光报警功能的继电器工作电路处于断开状态,报警喇叭和告警灯两端电压为 0V,灯不亮,喇叭也不响。如图 5-3-6 所示。

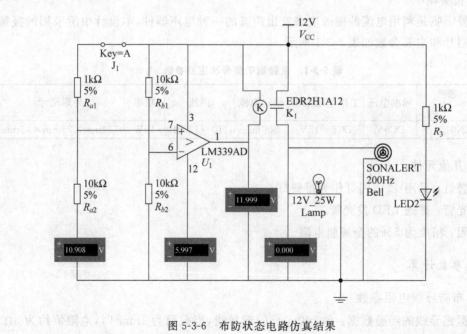

图 5-3-6 布防状态电路仿真结果

（2）当布防导线被剪断，即开关 J_1 打开时，V_+ 被迅速拉至 0 电位点，则 $V_+<V_-$，比较器 U_1 翻转，输出低电压 $V_o=0.124\mathrm{V}$，此时继电器 K_1 线圈中有电流通过，动触点与静触点吸合，启动工作电路，接通喇叭和报警灯的电源，点亮报警灯的同时，喇叭开始响，直至工作电路电源被切断方才停止。导线接通后，电路重新进入布防状态，如图 5-3-7 所示。

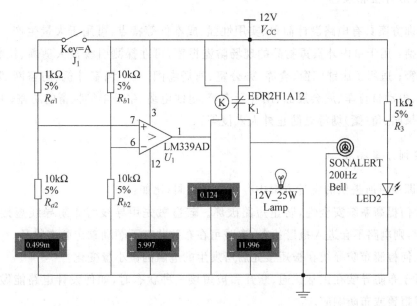

图 5-3-7　告警状态电路仿真结果

5.3.6　实训仪器设备及元器件

实训仪器设备：直流稳压电源，数字万用表。

根据上述元件选型结果以及所设计的整机电路图，完成本设计所需的元器件清单和成本估算值见表 5-3-2。

表 5-3-2　元器件清单及成本估算值

元器件类型	元器件规格	数量	价格（元）
报警喇叭	BOEN015	1	14.0
报警灯	LTE-2071 迷你型指示灯	1	17.0
继电器	EDR2H1A12	1	5.0
电阻	10kΩ	3	0.20（10 个）
	1kΩ	2	
铝导线	单心铝线	40m	16.0
比较器	LM339	2	1.20
发光二极管	BTV344052	1	0.10（2 个）
总计			53.50

5.3.7 实训拓展与思考

1. 应用价值拓展

本实训方案具有电路设计简单、实用性强、成本低等特点，可用于大量生产。具体实用领域包括：用于室内外贵重物品的现场防盗报警，可在探测引线被人剪断、拉断、扯断时鸣笛报警；适用于店铺门窗、仓库、办公室、商场卷闸门、空调室外机、防盗网、防盗线、货运汽车、电动自行车、展会展品、出外行李箱、电线电缆、牛马羊等牲畜的防盗；围墙、护栏、山林、果园、鱼（蟹）塘等处防止外人入侵等。

2. 实训方案拓展

本实训项目所提供的设计方案中存在安全漏洞，比如：

- 如何提高系统安全性，防止短路破坏。若盗贼先用导线将布防导线短接后再剪断，则电路不会进入报警状态，盗贼可在布防状态下顺利拿走防盗物品。
- 如何检测布防导线在被短接先后所发生的电阻的微小量变化？
- 对于布防导线在正常接通、断开和被短接三种状态时，如何设计电路能做出正确得报警或布防响应。
- 如何降低功耗和成本，通过评判择优完成系统的实现和调试。

3. 实训思考题

请参考本设计的设计思路和过程，自行设计实训方案，或者针对选择上述拓展部分所提到的安全漏洞，思考改进措施，提出改进的实训方案，完成实训过程并撰写实训报告。要求 2～3 人一组完成电路设计、元件选型、参数计算，功能仿真等工作，并撰写设计报告。

5.4 RC 正弦波振荡电路设计

5.4.1 实训目的及意义

- 熟悉和掌握 RC 电路选频网络连接形式和频率特性分析方法。
- 了解和掌握集成运放的线性应用，及其同相放大电路的分析方法。
- 熟悉 RC 正弦波振荡器的组成和振荡条件。
- 学会测量和调试振荡器，学会简单信号发生器电路的设计。
- 掌握简单电路的计算机辅助设计与仿真、实验调试等基本过程和方法。

5.4.2 实训任务及要求

1. 实训任务

设计一个基于分立元件的低频正弦波振荡电路,要求电路在稳定状态下的输出电压为等幅正弦波形。

2. 实训要求

(1) 提供集成运算放大器、电阻、电感、电容、电位器、二极管、导线等分立元件。并提供正负电压可调电源、示波器等测试仪器。

(2) 输出波形:正弦波。

(3) 频率范围:在 $100\mathrm{Hz}\sim1\mathrm{kHz}$ 范围内且连续可调。

(4) 根据具体任务、要求和所提供的实验条件,完成电路的总体方案设计和仿真调试;总结设计基本思路和系统特点,分析电路基本原理和工作过程。

3. 实训基础理论

电路理论中电阻电路的分析、RC 选频网络频率特性分析;模拟电子技术中的运算放大器电路分析;本书第 1 章 1.1、1.2、1.3、1.6 节中所讲授的电阻、电容、电感、集成运放等电路元件的电气特性和应用方法。

5.4.3 方案设计及原理分析

1. 设计方案论证

正弦波振荡器是在只有直流供电、没有外加输入信号的条件下产生正弦波信号的电路,通常由放大电路、选频网络、正反馈网络、稳幅环节组成。根据选频电路结构的不同,正弦波振荡器可分为 RC 正弦波振荡器、LC 正弦波振荡器和石英晶体振荡器。其中,RC 正弦波振荡器主要用于产生中低频正弦波,振荡频率一般小于 $1\mathrm{MHz}$,如在电子琴中产生音频信号等。LC 正弦波振荡器主要用于高频率振荡,如收音机的本机振荡。而石英晶体振荡器主要应用于对频率稳定度要求较高的场合,如产生时钟信号等。

一般正弦波振荡器要求在 $0.02\sim20\mathrm{kHz}$ 范围内且连续可调,本实训项目要求频率范围为 $100\mathrm{Hz}\sim1\mathrm{kHz}$ 之间的低频振荡器,所以采用 RC 正弦波振荡器来实现正弦波信号的简易输出。RC 正弦波振荡电路有桥式振荡电路、双 T 网络式和移相式振荡电路等类型,这里以桥式振荡为设计实例。

2. 整机电路设计

在所有低频振荡电路中,文氏振荡电路是结构最简单的一种,加上简单的稳幅措施,就可以输出稳定的正弦波。而且,幅值可以在较大范围内调节,具有非线性失真小,频率调节范围宽等优点。其工作状况几乎不受外部环境变化的影响,在低频振荡器中获得广泛应用。因此,根据实训要求,对应于所规划的电路单元模块,初步设计的整机电路图如图 5-4-1 所示。具体工作过程具体分析如下:

(1) RC 选频网络:$R_1 C_1$ 和 $R_2 C_2$ 组成串并联选频网络,形成正反馈网络。其谐振频率为

$$f_0 = \frac{1}{2\pi \sqrt{R_1 R_2 C_1 C_2}} \tag{5-4-1}$$

(2) 同相放大电路:R_3、R_4 和运算放大器 U_{1A} 组成同相放大电路,电阻 R_3、R_4 形成负反馈网络。则放大倍数为

$$A_V = 1 + \frac{R_3}{R_4} \tag{5-4-2}$$

(3) 桥式电路:$R_1 C_1$ 串联网络、$R_2 C_2$ 并联网络和 R_3、R_4 负反馈支路分别作为电桥的四臂构成一个桥路,故称为桥式振荡电路。

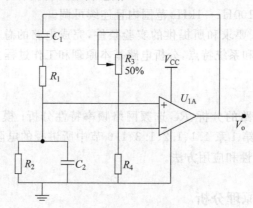

图 5-4-1　整机电路原理图

3. 原理分析

1) RC 串并联网络的选频特性

串联电路阻抗 $Z_1 = R_1 + (1/\mathrm{j}\omega C_1)$,并联部分阻抗 $Z_2 = R_2 // (1/\mathrm{j}\omega C_2) = \dfrac{R_2}{1 + \mathrm{j}\omega R_2 C_2}$。令 $R = R_1 = R_2$,$C = C_1 = C_2$。则回路的频率响应为

$$
\begin{aligned}
\dot{F}_V = \frac{\dot{V}_f}{\dot{V}_o} = \frac{Z_2}{Z_1 + Z_2} &= \frac{R/(1 + \mathrm{j}\omega RC)}{R + (1/\mathrm{j}\omega C) + [R/(1 + \mathrm{j}\omega RC)]} \\
&= \frac{R}{[R + (1 + \mathrm{j}\omega C)](1 + \mathrm{j}\omega RC) + R} \\
&= \frac{1}{3 + \mathrm{j}\left(\omega RC - \dfrac{1}{\omega RC}\right)}
\end{aligned} \tag{5-4-3}
$$

令 $\omega_0 = 1/RC$,求得

$$\dot{F}_V = \frac{1}{3 + \mathrm{j}\left(\dfrac{\omega}{\omega_0} - \dfrac{\omega_0}{\omega}\right)} \tag{5-4-4}$$

当 $\omega=\omega_0=1/RC$ 时，$F_{Vmax}=\dfrac{1}{3}$，可求得振荡频率 $f_0=1/2\pi RC$。

2）电路的起振和稳定条件

为满足电路振荡的幅度平衡条件：$|A_V F_V|=1$，则要求 $A_V\geqslant 3$。因此当电路达到稳定平衡状态时，有

$$F_V=\frac{1}{3}, \quad A_V=3, \quad f=f_0=1/2\pi RC \tag{5-4-5}$$

由此可得出当 $R_3>2R_4$ 时，可满足电路的自激振荡的振幅起振条件。在实际应用中 R_3 应略大于 $2R_4$，这样既可以满足起振条件，又不会引起波形严重失真。起振后，通过改变 R_3 或 R_4 的数值，维持 $A_V\approx 3$，则电路进入稳定的正弦振荡状态。

3）电阻对输出波形的影响

改变电阻 R_3 的阻值可以改变负反馈的深度，使电路产生稳定振荡、停振和波形振荡失真等几种不同的输出信号。当 R_3 较小时，$A_V<3$，电路停振；当 R_3 较大或开路时，则会出现波形失真或电路不稳定。

此外，改变选频网络的参数 C 或 R，即可调节振荡频率。一般采用改变电容 C 进行频率量程切换，而调节 R 进行量程内频率细调。

5.4.4 元件选型和参数计算

文氏电桥振荡电路能产生振荡的重要原因是正反馈的作用所导致的输出不饱和，为此，在负反馈侧接入限幅和自动增益控制电路。最简单的就是接入二极管，如图 5-4-2 所示为加入稳幅网络后所设计的桥式正弦振荡电路，R_5 的接入是为了削弱二极管非线性的影响，以改善波形失真。

1. 元件选型

1）电源电路

$V_{CC}=12V$，单电源供电模式。

2）运算放大器

选择较为常用的双列直插式 8 脚双运放 LM358 组成放大电路。其引脚和外形封装图如图 5-2-6 所示。

3）其他元件

电容：C_1、C_2 采用没有分布电感、稳定性较好的绿色钽电容。

二极管：D_1、D_2 采用温度稳定性较好的硅管，为保证输出波形正、负半周对称，要求两二极管特性匹配。

电阻：精度为 5% 的金属膜电阻。

2. 参数计算

1）稳幅网络参数

当输出电压 V_o 幅值很小时，D_1 和 D_2 接近开路，此时

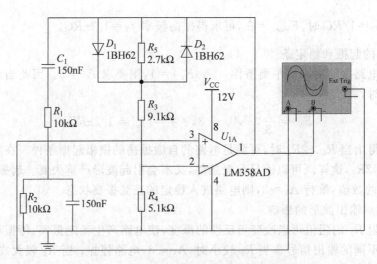

图 5-4-2　加入稳幅网络的桥式正弦振荡电路

$$A_V = 1 + \frac{R_3 + R_5}{R_4} = 1 + \frac{9.1 + 2.7}{5.1} \approx 3.3 \tag{5-4-6}$$

符合电路起振条件,逐渐开始正弦振荡。当输出电压 V_o 幅值较大时,D_1 或 D_2 导通,R_5 减小,A_V 下降。从而使得输出电压 V_o 的幅值趋于稳定。

2) 输出电压值(V_o)估算

设二极管导通电压 $V_D = 0.6\text{V}$,电路稳定振荡时,

$$A_V = 1 + \frac{R_3' + R_5}{R_4} = 1 + \frac{9.1 + 2.7}{5.1} \approx 3,$$

解得:$R_3' = 1.1\text{k}\Omega$,则电流

$$I = \frac{0.6}{1.1 \times 10^3} = \frac{V_{om}}{(1.1 + 5.1 + 9.1) \times 10^3},$$

故求得

$$V_{om} = \frac{(1.1 + 5.1 + 9.1) \times 10^3 \times 0.6}{1.1 \times 10^3} \approx 8.35\text{V} \tag{5-4-7}$$

3) 振荡频率

电路稳定振荡时的频率为

$$f = f_0 = \frac{1}{2\pi RC} = \frac{1}{2 \times 3.14 \times 10^4 \times 150 \times 10^{-9}} \approx 106\text{Hz} \tag{5-4-8}$$

则稳定振荡周期为

$$T = \frac{1}{f_0} = 2\pi RC = 9.42\text{ms} \tag{5-4-9}$$

5.4.5　电路仿真与分析

在 Multisim 软件环境里进行整机电路的功能仿真。为能方便验证电路不起振、稳幅振荡和不稳定振荡等几种状态,将电阻 R_3 用 20kΩ 电位器取代,如图 5-4-3 所示。

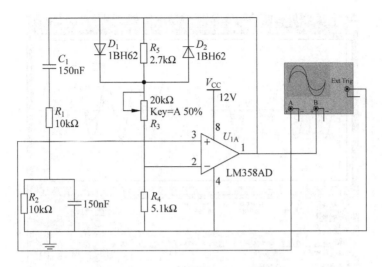

图 5-4-3　实际仿真所采用的桥式振荡电路

具体仿真过程分析如下：

（1）调节电位器到 45% 位置，此时 $R_3 = 20 \times 0.45 = 9\text{k}\Omega$，由第 5.4.3 节提到的原理分析和参数计算结果可知，电路满足起振条件，且能稳定输出周期约为 10ms、幅值约为 8V 的正弦振荡波形。如图 5-4-4 所示为电路起振阶段波形，图 5-4-5 所示为进入稳定状态后输出的等幅正弦振荡。图中深色曲线表示串并联选频网络输入到放大器同相输入端的波形，浅色曲线表示运算放大器输出的正弦振荡波形。

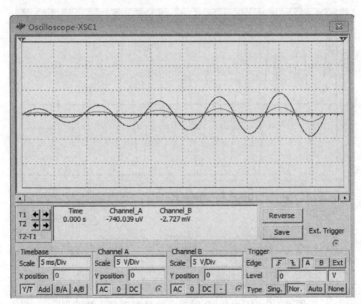

图 5-4-4　$R_3 = 9\text{k}\Omega$ 时的电路起振过程

（2）改变反馈深度，调节电位器的到 50% 位置，此时，电阻 $R_3 = 20 \times 0.5 = 10\text{k}\Omega$。从

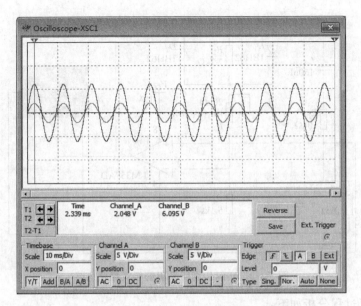

图 5-4-5 $R_3 = 9\text{k}\Omega$ 时输出的稳幅振荡正弦波形

电路仿真过程可以看出,此时电路起振速度变快,正弦振荡幅值迅速增大,并稳定在 62V 左右,输出波形如图 5-4-6 所示。仿真调试过程中可以看到,继续增大 R_3 阻值,电路迅速起振,且正弦振荡幅值迅速增大到千伏,甚至兆伏级,电路进入不稳定状态。因此,电路起振后要想稳幅输出,则应调整电阻 R_3 稳定在 9~10kΩ 之间。

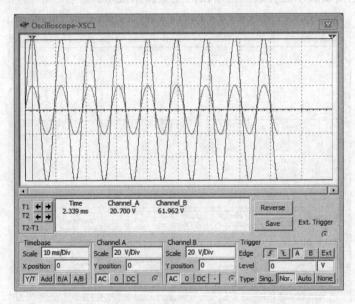

图 5-4-6 $R_3 = 10\text{k}\Omega$ 时输出的稳幅振荡正弦波形

(3) 保持 RC 串并联选频网络的电容参数: $C = 1\mu\text{F}$。如图 5-4-7 所示为电路的起振过程;图 5-4-8 所示为电路稳幅振荡过程;图 5-4-9 所示为在振荡过程中,调整滑动触头到 40%,即电阻 $R_3 = 20 \times 0.4 = 8\text{k}\Omega$ 时,随着反馈深度的降低,正弦振荡波形幅值开始减小,直至停振过程。计算可知,此时电路稳幅振荡的频率 f 和周期 T 分别为:

$$T = 2\pi RC = 2 \times 3.14 \times 10^4 \times 10^{-6} = 62.8\text{ms}, \quad f = \frac{1}{T} \approx 16\text{Hz} \quad (5\text{-}4\text{-}10)$$

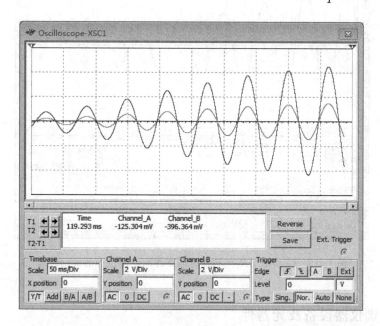

图 5-4-7 $C = 1\mu\text{F}$,$R_3 = 9\text{k}\Omega$ 时的起振过程

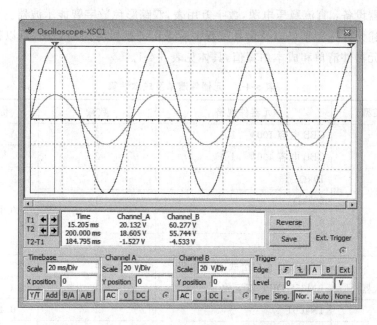

图 5-4-8 $C = 1\mu\text{F}$,$R_3 = 9\text{k}\Omega$ 时输出的稳幅振荡正弦波形

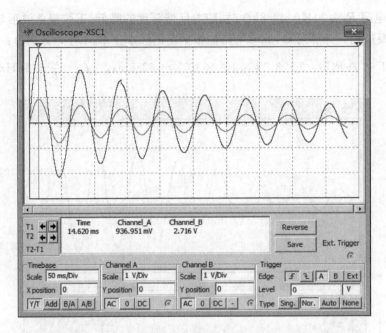

图 5-4-9 $C=1\mu F$，$R_3=8k\Omega$ 时电路逐渐停振过程的输出波形

5.4.6   实训仪器设备及元器件

实训仪器设备：直流稳压电源，数字万用表，双踪彩色数字智能示波器。

根据上述元件选型结果以及仿真过程中所采用的整机电路原理图，可以得到完成本设计所需的元器件清单和成本估算值，具体见表 5-4-1。

表 5-4-1   元器件清单及成本估算

元器件类型	元器件规格	数量	价格（元）
电容	CBB 电容 100V 104	2	0.40
	CBB 电容 400V 1μF	2	0.80
电阻	10kΩ	2	0.40（20 个）
	2.7kΩ	1	
	9.1kΩ	1	
	5.1kΩ	1	
电位器	20kΩ 203 蓝白卧式 可调电阻	1	0.30
运算放大器	LM358 DIP8 双运放	1	0.50（2 个）
二极管	1N4001	1	0.40（10 个）
总计			2.80

5.4.7 实训拓展与思考

1. 应用价值拓展

正弦波振荡器广泛用于各种电子设备中。由正弦波振荡器通过电路变换,能够产生多种波形,如三角波、锯齿波、矩形波(含方波)、正弦波等,此类电路被称为函数信号发生器。函数信号发生器在电路实验和设备检测中具有十分广泛的用途,例如在通信、广播、电视系统中,都需要射频(高频)发射,这里的射频波就是载波,把音频(低频)、视频信号或脉冲信号运载出去,就需要能够产生高频的振荡器。在工业、农业、生物医学等领域内,如高频感应加热、熔炼、淬火、超声诊断、核磁共振成像等,都需要功率或大或小、频率或高或低的振荡器。

2. 实训方案拓展

- 采用电阻、电感、电容和运算放大器设计分立元件的 *LC* 正弦波振荡器,并进行电路原理分析、参数估算和仿真分析。
- 采用电阻、电感、电容和运算放大器等分立元件,试设计方波、三角波、锯齿波等函数信号发生电路,并进行功能仿真。
- 如何使所设计的信号发生器频率可调。
- 比较采用分立元件、DDS 技术、集成芯片 ICL8038 等设计信号发生器的方法。进一步学习基于单片机或 FPGA 设计信号发生器的基本理论。

3. 实训思考题

请针对前面提到的拓展实训方案,设计其他型号的函数信号发生器,并进行仿真分析。要求 2~3 人一组完成电路设计、元件选型、参数计算、功能仿真等工作,并撰写设计报告。

5.5 电容电量实时显示电路设计

5.5.1 实训目的及意义

- 熟悉和掌握电容元件的特性、分类、检测及应用,能够根据电路具体功能确定电容元件的具体应用。
- 了解和掌握集成运放的非线性应用,进一步熟悉电压比较器的特性和应用。
- 进一步熟悉 LED 发光管电路的设计方法和具体应用。
- 通过电容电量实时显示电路设计,了解 *RC* 电路充放电的工作过程、原理和方法。
- 掌握简单电路的计算机辅助设计与仿真、实验板的手工设计与制作、实验调试等基本过程和方法。

5.5.2 实训任务及要求

1. 实训任务

设计一个 220μF 电容电量实时显示电路,电源电压为 12V,由 0~7 号 8 个发光二极管的亮灭状态表征输出电压的范围,分别代表电容电压段为 0~1.5V,1.5~3V,3~4.5V,4.5~6V,6~7.5V,7.5~9V,9~10.5V,10.5~12V。

2. 实训要求

(1) 当电容电压达到某一电压时,应点亮所有低于或等于该电压段的发光管。例如:电压为 6.7V,则 0~4 号共 5 个发光管点亮。

(2) 电容电压可以在 1~12V 间变化。

(3) 使用电压比较器 LM339、若干电阻、可变电阻和发光二极管完成设计。

3. 实训基础理论

电路理论中电阻电路的分析、分压原理;电路理论中一阶电路的过渡过程、RC 电路的充放电原理、零状态响应分析等;模拟电子技术中的运算放大器、比较器;本书第 1 章 1.2、1.4、1.6 节中所讲授的电容元件和集成运放等的电气特性和应用方法。

5.5.3 方案设计及原理分析

1. 设计方案论证

根据题目的具体设计要求,利用多个发光管的逐次点亮过程检测电容 C 在充放电过程中的电量变化情况。据此,可将整机电路设计划分为信号产生模块、信号处理模块和信号显示模块三部分,如图 5-5-1 所示。

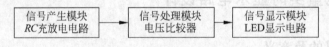

图 5-5-1 系统功能结构框图

1) 信号产生模块

信号产生模块主要表征了 RC 电路的充放电过程,RC 电路的充放电过程是直流激励下电路的动态变化过程,动态电路的过渡过程产生的外因是电路里有换路存在。根据电容器"通交阻直"的特性可知,想要持续地观察电容器两端的电压变化,可考虑将方波信号源作用于 RC 充放电电路。在仿真过程中可以看到 LED 的逐次亮灭过程,可使得仿真效果直观,且具有设计的趣味性。

图 5-5-2 为信号产生模块电路和输出波形。图 5-5-2(a)所示为 RC 充放电电路设计,

信号发生器输出方波。在高电平时,二极管 D_1 导通,信号发生器通过电阻 R_1 给电容充电;低电平时,二极管 D_1 截止,电容对两串联电阻 R_1 和 R_2 放电。电路中的二极管在这里是为了防止在电容放电过程中的电流逆流。右上角的双踪示波器用以显示信号发生器和电容电压的变化过程,其输出波形如图 5-5-2(b)所示。其中,颜色较深的线为信号发生器输出的方波信号,颜色较浅的线为电容两段电压的变化曲线。

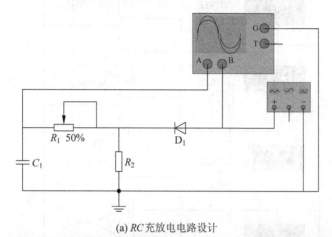

(a) RC 充放电电路设计

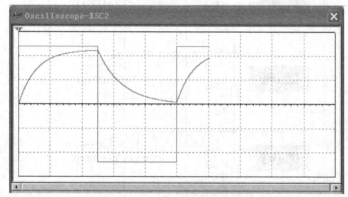

(b) 信号发生器输出方波和电容 C 充放电波形

图 5-5-2　信号产生模块电路设计

2) 信号处理模块

信号处理模块需要设置分压电路和比较电路,分压电路用以产生设计任务所要求的电容电量各个电压分段的参考值,即相邻段之间的分界值。因此,可选择相同阻值的电阻以串联分压的形式产生各个电压段的临界参考值,同时作为比较电路的电压输入值。

比较电路部分采用集成电压比较器完成。采用 5.3 节中图 5-3-2 所示的任意电平比较器,当集成电压比较器为单电源供电时,$V_{OL}=0V$。根据设计方案,将电容电量的变化在 $0\sim12V$ 的电压范围内分成了 8 段,因此,至少需要 7 个比较器实现各个电压分段的实时显示,如图 5-5-3 所示为分压电路各个结点电压值,并将此结点电压作为每个电压比较器的参考电压,并输入同相端。

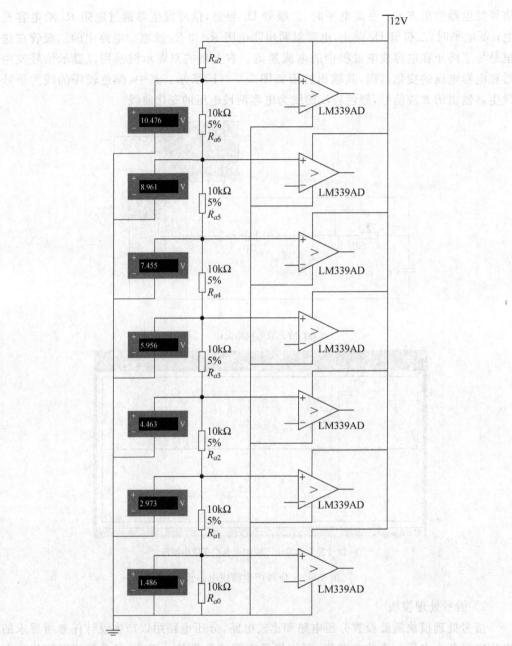

图 5-5-3　信号处理模块电路设计

3）信号显示模块

LED 发光二极管是一种可以将电能转化为光能的电子器件,具有二极管的特性,稳定性好,响应时间快(一般为 ns 级),是实验电路或实际功能电路中最常用的元器件之一。LED 发光二极管的压降一般为 1.5～2.0V,其工作电流一般取 10～20mA。在本实训项目的设计中,发光管主要工作在直流驱动状态,用做指示电路。因此,本部分主要采用 LED 发光二极管实现电容电量分段显示功能。设定档位参考电压从比较器的同相端输入,则电容电压从反相端输入。当 $V_->V_+$,也即电容电压超过输入参考电压时,电压比较器输出为低电平。若 8 个 LED 发光管接成共阳极的连接形式,由 8 个电压比较器的输出直接来驱动 LED 发光管电路,当比较器输出为低电平时,对应 LED 发光管被点亮,从而实现将电容电量变化的模拟量输出转化为 LED 灯的亮灭来表征的数字量的变化。由于每一级比较器的电路结构相似,因此选择第一级比较器电路进行模拟显示,如图 5-5-4 所示,当电容电压为 1.162V 时,也即在 0~1.5V 之间时,第一个 LED 发光管被点亮。

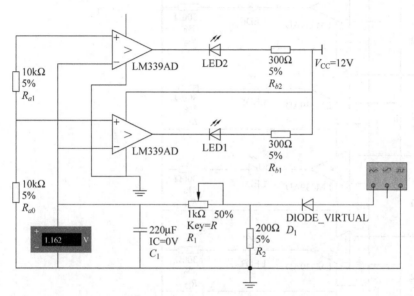

图 5-5-4　信号显示模块电路设计

2. 整机电路设计

根据实训任务要求,以及前述的方案和功能论证,对应于所划分的三个系统模块,所设计的整机电路原理图如图 5-5-5 所示。对图示的电路原理分析如下。

1) 电源电路

供电电源 $V_{CC}=12V$,给分压电路、比较器、发光管供电,电压比较器采用 0~12V 单电源供电模式。

2) 分压电路

采用 8 个相同阻值的电阻将 0~12V 的电压平均分成 8 段,分别对应设计要求里提出的电容电压的 8 个分段:0~1.5V,1.5~3V,3~4.5V,4.5~6V,6~7.5V,7.5~9V,9~10.5V,10.5~12V。电阻 $R_{a0}=R_{a1}=R_{a2}=R_{a3}=R_{a4}=R_{a5}=R_{a6}=R_{a7}$,计算可知,各个结点的电压值分别为:$u_{n1}=1.5V$,$u_{n2}=3.0V$,$u_{n3}=4.5V$,$u_{n4}=6.0V$,$u_{n5}=7.5V$,$u_{n6}=9.0V$,$u_{n7}=10.5V$。由图 5-5-3 所知,仿真电路中实际测量的结点电压值四舍五入后即为满足设计要求的结点电压值。各个结点的电压值分别作为各个电压比较器的输入基准电压。

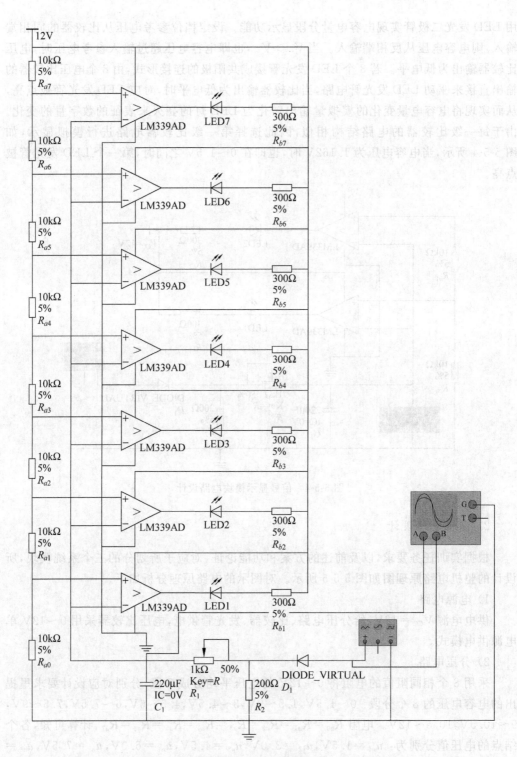

图 5-5-5 整机电路原理图

3）比较电路

根据设计要求,分压电路输出的参考基准电压接电压比较器的同相输入端,所测试的电容电压接电压比较器的反相输入端。当电容电压较低时(低于 1.5V 时),发光二极管 LED1 被点亮,随着充电过程中电容电压的升高,各 LED 发光二极管依次被点亮。

4）显示电路

LED 发光管接成共阳极的连接形式,当电容电压高于对应比较器的门限电压时,电压比较器输出低电平,相应的 LED 发光二极管被点亮,随着电容电压的升高,LED 发光管将会逐次被点亮。若采用方波激励,则会看到 LED 发光二极管逐次被点亮、逐次熄灭的交替变化过程,用来表征电容充放电过程中电压的变化。

5.5.4 元件选型和参数计算

1. 元件选型

1）电容元件

所设计的电路工作在 12V 直流电源电路中,为保证能较为清楚地观测到电容电量的变化过程,给电容充放电的方波信号源的变化频率不能太快,需要根据电容电压变化值与时间常数的关系来确定具体参数。因此可考虑容量较大的电解电容来完成电容的充放电过程。初步确定电解电容的参数为:$C_1 = 220 \mu F$。

2）电压比较器

根据实训要求,将电容电压范围划分为 8 段:$0 \sim 1.5V$,$1.5 \sim 3V$,$3 \sim 4.5V$,$4.5 \sim 6V$,$6 \sim 7.5V$,$7.5 \sim 9V$,$9 \sim 10.5V$,$10.5 \sim 12V$。因此,可选择两个四运放来完成电路设计。集成运放的非线性应用可以作电压比较器用,但是集成运放不能替代比较器,主要体现在集成电压比较器的翻转速度明显高于集成运放。根据设计要求,以及第 5.6 节所述的电压比较器相关内容,仍选用 LM339 来完成本设计。

3）发光二极管

采用 BTV 系列电压控制型普通单色塑封发光二极管,工作电压有 5V、9V、12V、18V、19V、24V 共 6 种规格。根据实际电路的工作电压,选择工作电压为 12V 的 BTV344052 型 LED 发光二极管,具体参数如表 5-5-1 所示。亦可考虑选用红黄绿三种颜色交替闪烁,以增加结果的直观显示效果。

表 5-5-1 BTV344052 电压控制型发光 LED 的主要参数

型号 \ 参数	工作电压(V)	耗散功率(W)	正向电流(mA)	反向电压(V)	波长(nm)	发光颜色
BTV344052	12	0.12	10	≥5	565	绿

4）其他元件

基准电阻:精度为 5% 的金属膜电阻。

二极管:1N4001 最为常用,额定正向工作电流为 1A,反向耐压为 50V。

2. 参数计算

1）电源

$V_{CC}=12V$；同时，选定信号发生器的方波幅值为 12V。

2）RC 电路的充放电时间计算

由一阶 RC 电路的过渡过程，充电电路电容电压变化公式

$$u_C(t)=12\left(1-e^{-\frac{t}{\tau}}\right) \tag{5-5-1}$$

可知放电电路的电压变化公式为

$$u_C(t)=12e^{-\frac{t}{\tau}} \tag{5-5-2}$$

其中，$\tau=RC$ 为电容电路的时间常数。

由式（5-5-1）可得充电时间与电容电压 u_C 的关系为

$$t=RC\ln\left(\frac{12}{12-u_C}\right) \tag{5-5-3}$$

由式（5-5-2）可得放电时间与电容电压 u_C 的关系为

$$t=RC\ln\left(\frac{12}{u_C}\right) \tag{5-5-4}$$

3）充放电电阻及时间计算

为便于调试，充电电路采用阻值为 1kΩ 的滑动变阻器，放电电路电阻初步选定为固定电阻，阻值为 $R_2=200\Omega$。由图 5-5-2(a)中的电路所示，充电电阻为 $R=R_1$，放电电阻为 $R=R_1+R_2$。改变滑动变阻器阻值 R_1 分别为 0.5kΩ、0.8kΩ 和 1kΩ 时，根据式（5-5-3）、式（5-5-4）所得到的充放电时间和电容电压关系的理论计算结果如表 5-5-2 所示。

表 5-5-2 改变充放电电阻时电容电压与充放电时间的对应关系

充放电电阻	电容电压	1.5V	3.0V	4.5V	6.0V	7.5V	9.0V	10.5V
0.5kΩ	充电	14.7ms	31.7ms	51.7ms	76.3ms	107.9ms	152.5ms	228.8ms
	放电	320.3ms	213.5ms	151.1ms	106.8ms	72.4ms	44.4ms	20.6ms
0.8kΩ	充电	23.5ms	50.7ms	51.7ms	82.7ms	172.6ms	244ms	366ms
	放电	457.5ms	305ms	251.8ms	152.8ms	103.4ms	63.4ms	29.4ms
1kΩ	充电	29.4ms	63.4ms	103.4ms	152.5ms	251.8ms	305ms	457.5ms
	放电	549ms	366ms	302.2ms	183ms	124.1ms	52.8ms	35.3ms

综合考虑人眼对 LED 灯亮灭的感知程度，及其仿真效果的直观性，选择滑动变阻器阻值为 $R_1=0.5k\Omega$，此时放电电阻 $R=R_1+R_2=0.7k\Omega$，进行下面的仿真实验。

4）信号发生器

当选择充放电电阻为 $R=0.5k\Omega$ 时，计算可得时间常数为 $\tau=RC=0.11s=110ms$，因此，需要根据电路电源的参数，选择信号发生器为方波信号源，幅值为 12V，与所要求的电源电压相同。为保证在信号发生器的每一个周期内，电容均可完成充电和放电过程各一次，并能达到稳定状态，则需设定信号发生器半周期 $\frac{T}{2}>3\tau\sim5\tau$，即 $\frac{T}{2}\approx500ms$。这

样,才能正确观测到电容电压在各个挡位的数值变化。因此选择信号发生器参数为 $V_p = 12V$,$f = 1Hz$。

5)其他电阻阻值计算

分压电阻:根据挡位要求,选择 8 个阻值相同的电阻实现档位分割点参考电压值的输出。即有:$R_{a0} = R_{a1} = R_{a2} = R_{a3} = R_{a4} = R_{a5} = R_{a6} = R_{a7} = 10\text{k}\Omega$。

限流电阻:电路输出完全对称,LED 发光管选择共阳极连接,限流电阻设为 300Ω。即有:$R_{b0} = R_{b1} = R_{b2} = R_{b3} = R_{b4} = R_{b5} = R_{b6} = R_{b7} = 300\Omega$。

5.5.5 电路仿真与分析

根据前面所计算的电路参数,在 Multisim 软件环境里进行整机电路的设计和功能仿真。启动仿真过程后,可以看到:在电容充电过程中随着电容电压的升高,7 个 LED 发光管按照 LED1～LED7 的顺序逐个点亮;在电容放电过程中(信号发生器输出低电平时),7 个 LED 发光管按照 LED7～LED1 的顺序逐个熄灭的过程。这里只选择其中几个典型的仿真结果,示意如下:

(1)信号发生器高电平时,电容充电过程中,当 $u_C > 1.5V$ 时,第一级比较器输出低电平,LED1 被点亮,随着电容电压升高,LED 由低到高逐次被点亮。

(2)信号发生器输出方波幅值为 12V 时,电容 C 继续充电,电容电压逐渐上升。充电时间 t_C、电容电压 u_C 和 LED 陆续点亮状态的仿真过程及参数如表 5-5-3 所示。

表 5-5-3　示波器的读数和 LED 逐次点亮过程

充电时间(ms)	11.52	23.03	42.23	61.42	95.97	134.36	188.1	318.62	452.98
电容电压（V）	1.117	2.122	3.581	4.807	6.540	7.924	9.205	10.619	11.057
LED 点亮过程	0	LED1	LED2	LED3	LED4	LED5	LED6	LED7	LED7

(3)设定信号发生器频率为 1Hz,周期为 1s,因此,500ms 后,输出方波幅值为 $-12V$,进入低电平阶段,电容 C 开始放电,电容电压逐渐下降。放电时间 t_C、电容电压 u_C 和 LED 陆续熄灭状态的仿真过程及参数如表 5-5-4 所示。

表 5-5-4　示波器的读数和 LED 逐次熄灭过程

充电时间(ms)	502.88	525.91	541.27	579.66	614.20	675.62	725.53	829.18	879.79
电容电压(V)	10.915	9.399	8.507	6.630	5.298	3.555	2.571	1.312	0.948
LED 熄灭过程	全亮	LED7	LED6	LED5	LED4	LED3	LED2	LED1	全灭

(4)1s 后,信号发生器进入下一个周期,输出 12V 高电平,电容重新进入充电阶段,LED 灯逐次被点亮;1.5s 后,方波输出 $-12V$ 低电平,电容再次进入放电阶段,LED 灯再次逐次熄灭。如此周而复始,实现电容充放电过程的实时监测和演示。图 5-5-6 所示为信号发生器输出 12V 高电平阶段的电容充电过程中,发光管逐次被点亮过程仿真过程。当电容电压增长到 $u_C = 7.869 > 7.5V$ 时,第 5 个发光管 LED5 被点亮。

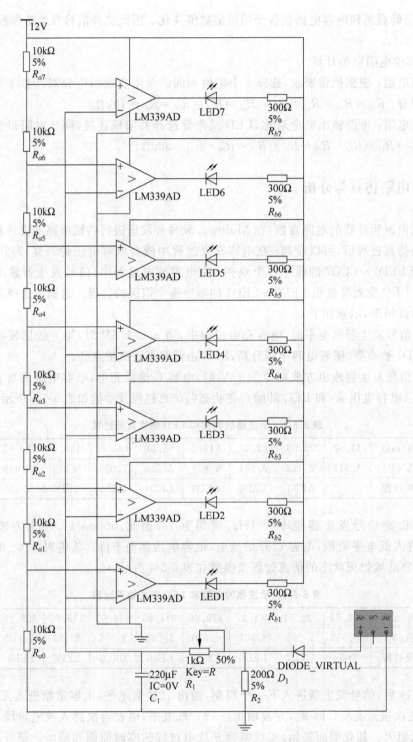

图 5-5-6　电容电压 $u_C = 7.869\text{V}$, 5 个灯被点亮

5.5.6 实训仪器设备及元器件

实训仪器设备：直流稳压电源，信号发生器，双踪彩色数字示波器，数字万用表。

根据上述元件选型结果以及所设计的整机电路图，完成本设计所需的元器件清单和成本估算值见表 5-5-5。

表 5-5-5 元器件清单及成本估算

元器件类型	元器件规格	数量	价格（元）
电解电容	直插式 220μF 50V	1	0.15
电阻	10kΩ	8	1.0(50 个)
	300Ω	7	
	200Ω	1	
电位器	3296W 1kΩ 多圈精密可调电阻	1	0.55
比较器	LM339	2	1.20
发光二极管	BTV344052	7	0.50(10 个)
二极管	1N4001	1	0.40(10 个)
总计			3.80

5.5.7 实训拓展与思考

1. 应用价值拓展

电路设计简单、实用性强、成本低，可用于大量生产，对于其电压显示功能，可以在许多电器上得到充分的利用，具体实用领域包括：

- 应用到电热水器中来显示其不同挡位来告知使用者它的工作情况。
- 在音响中它能够显示声音的信号强弱。
- 在电动自行车中，通过灯光的亮暗来说明电瓶的使用情况和车的速度。

2. 实训方案拓展

根据实训要求，本设计可以有多种设计和实现方案。比如：

- 当挡位基准电压输入比较器的反相端时，LED 的亮灭状态所表征的电容电量变化情况。
- 控制电容电量充放电速度，若想快充慢放，电路中的元件参数应该如何调整？
- 改变电容充电或放电电路的元件参数时，信号发生器的参数应该如何设置，才能保证电容充电或放电过程的完全实现。
- 如果没有信号发生器，整个电路的电源只有 12V 直流电源，则电容充放电过程需要如何实现？

3. 实训思考题

请参考本设计的设计思路和过程，自行设计实训方案，或者选择上述拓展部分所提到的实训方案，完成实训过程并撰写实训报告。要求 2～3 人一组完成电路设计、元件选型、参数计算、功能仿真等工作，并撰写设计报告。

5.6 光照强度测试显示电路设计

5.6.1 实训目的及意义

- 熟悉和掌握电阻元件的特性、分类、检测及应用，能够根据电路具体功能确定电阻元件的具体应用。
- 了解和掌握集成运放的非线性应用，熟悉电压比较器的特性和应用。
- 通过光敏电阻特性和参数测量，学习光敏电阻的基本工作原理，达到能够选用光敏电阻器件结合所学电路知识进行简单电路综合设计的目的。
- 掌握 LED 发光管的工作特性和电路设计。
- 掌握简单电路的计算机辅助设计与仿真、实验板的手工设计与制作、实验调试等基本过程和方法。

5.6.2 实训任务及要求

1. 实训任务

设计一个光照强度自动检测显示（报警）电路，可实现对外界三种或三种以上不同光照条件下光强的分挡指示和报警。可利用光敏电阻传感器作为光照检测元件，采用发光二极管进行光强显示，根据二极管的点亮情况对应于不同的光照强度，可采用蜂鸣器进行强度报警。

2. 实训要求

（1）自己设计至少三种以上不同光照条件，测定不同光照条件下光敏电阻的输出。

（2）光敏元件信号处理电路采用电压比较器实现，完成电路的方案论证和设计。

（3）设计光照强度自动检测显示系统的电路原理图，完成芯片选型、参数计算和电路仿真等工作。

（4）利用 Multisim 等电子电路 EDA 软件做出系统整机电路原理图，并进行功能验证。

3. 实训基础理论

电路理论中电阻电路的分析、分压原理；模拟电子技术中的运算放大器、比较器；传感器技术中的光电传感器原理及应用；本书第 1 章 1.5、1.6 节中所讲授的光电器件和集成运放等的电气特性和应用方法。

5.6.3 方案设计及原理分析

1. 设计方案论证

根据题目的具体设计要求，选择光敏电阻作为采集光照信号的传感器，将光照强度转化为电信号。根据具体的设计要求，通过电压比较器进行信号处理后驱动发光二极管以不同的点亮情况表示光照强度，光照过强时刻采用蜂鸣器进行声音报警。据此，可将整机电路设计分解为三个模块：光电转换模块、信号处理模块和显示报警模块。系统的功能结构框图如图 5-6-1 所示。

1）光电转换模块

利用光敏电阻传感器作为检测元件，它可以完成从光强到电阻值的信号转换，再把电阻值转换为电信号就可以作为系统的输入信号。光敏电阻器是利用半导体光电导效应制成的一种特殊电阻器，对光线十分敏感，它的电阻值能随着外界光照强弱（明暗）变化而变化。在无光照射时，呈高阻状态；当有光照射时，其电阻值迅速减小。所以选择光敏电阻采集光照信号，把光敏电阻串联在直流电路中即可把不同的电阻值转化为不同的电压值。于是，就把对光照信号的处理转化为对电压信号的处理。

光敏电阻没有极性，纯粹是一个电阻器件，使用时既可加直流电压，也可以加交流电压。无光照时，光敏电阻值（暗电阻）很大，电路中电流（暗电流）很小。当光敏电阻受到一定波长范围的光照时，它的阻值（亮电阻）急剧减少，电路中电流迅速增大。一般希望暗电阻越大越好，亮电阻越小越好，此时光敏电阻的灵敏度高。实际光敏电阻的暗电阻值一般在兆欧级，亮电阻在几千欧以下。

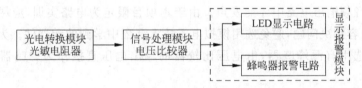

图 5-6-1 系统功能结构框图

光敏电阻作为光电式传感器的一种，它具有灵敏度高、光谱响应范围宽、体积小、重量轻、机械强度高、耐冲击、耐震动、抗过载能力强和寿命长等特点，广泛应用于各种控制电路（如自动照明灯控制电路、自动报警电路等）、家用电器（如电视机中的高度自动调节，照相机中的自动曝光控制等）及各种测量仪器中。

2）信号处理模块

信号处理模块需要设置分压电路和比较电路，将电阻信号转换为电压信号分档输出，用于显示和报警。采用集成电压比较器作为信号处理的核心元件。集成运放的非线性应用可以作电压比较器用,但是集成运放不能替代比较器。因此,考虑到显示效果,尽量选择翻转速度比较快的电压比较器来实现从光线强度的模拟量到电压比较器输出的数字量的转换,从而驱动发光管以不同亮暗状态来指示预定的强光、适宜、弱光和黑暗四种光照状态。

如前所述,电压比较器是运放工作在非线性区的典型应用。电压比较器根据应用可分为过零比较器和非过零比较器两种,这里主要采用非过零比较器,也称任意电平比较器。

3)显示报警模块

初步设定方案为用发光二极管的点亮状态分别对应强光、适宜、弱光和黑暗四种光照状态。至少要选用三个电压比较器,并对应输出端用三个发光二极管进行光照状态显示。三个发光管可以有多种显示方案来表示光照强度,对应于每一种显示方案,电压比较器的连接形式和分压电阻等的阻值均有不同。这里主要选择其中一种方案进行电路设计,规定如下:黑暗状态时,三个二极管全暗;光线较弱时,一个二极管点亮;光线适宜时,两个二极管点亮;当光线较强时(正午太阳光照下),三个二极管全部点亮,同时蜂鸣器开始发出光强报警。

LED发光二极管是一种可以将电能转化为光能的电子器件,具有二极管的特性,稳定性好,响应时间快(一般为 ns 级),是实验电路或实际功能电路中最常用的元器件之一。LED发光二极管的压降一般为 $1.5\sim2.0\text{V}$,其工作电流一般取 $10\sim20\text{mA}$ 为宜。在本实训项目的设计中,发光管主要工作在直流驱动状态,用做指示电路。需要串接限流电阻,具体阻值大小应根据不同的使用电压和 LED 所需工作电流来选择。

蜂鸣器是一种一体化结构的电子讯响器,采用直流电压供电,可分为有源蜂鸣器和无源蜂鸣器。有源蜂鸣器内部有震荡源,工作的理想信号是直流电,直接接上额定电源就可连续发声;而无源蜂鸣器没有内部震荡源,其工作条件为理想方波,和电磁扬声器一样,需要接在音频输出电路中才能发声。由于本项目限定为电路实训,应尽可能采用电路课程所学内容解决问题,避免选用模拟电子技术课程中学到的元器件。为简化电路设计,这里主要选用有源蜂鸣器,由电压比较器的输出电压直接作为蜂鸣器的直流驱动电源。

2. 整机电路设计

该系统可通过光敏电阻将光照强弱信号转化为电信号通过发光二极管显示以及蜂鸣器报警从而成为光照强度自动显示检测系统。光照强度不同光敏传感器的阻值不同,当光照强度很强时,光敏传感器的阻值很小;当光照强度弱时,光敏传感器的阻值很大;当光照强度适宜时,光敏传感器的阻值介于强光和弱光的阻值之间。因此可以通过光敏传感器将光信号变为电信号,并可以利用光照传感器受光照不同阻值不同产生的电信号不同从而显示不同的信号。根据前述的方案和功能论证,所设计的整机电路原理图如图5-6-2所示。

设计时需对整个系统进行全面综合考虑。以完成课题功能要求为前提,尽量使电路简单清晰。按照前面分析,对应于所划分的三个系统模块,对如图 5-6-2 所示的电路原理图分析如下。

1)电源电路

供电电源 $V_{CC}=5V$,给分压电路、比较器、发光管、蜂鸣器供电。

2)分压电路

包括光敏电阻分压和基准电阻分压。由于元件库里没有光敏电阻元件,所以这里用滑动变阻器 R_x 来代替光敏电阻在不同光照下的电阻值。为了便于分压比较,在三个电压比较器输入基准电压的分压电路中,可选其中一个分压电阻相等,如 $R_{a0}=R_{a1}=R_{a2}=R_{a3}$,通过分别选择另一分压电阻 R_1、R_2、R_3 的阻值确定每个比较器的输入基准电压。

3)比较电路

方案设定为光照越强,亮的发光管越多。所以将光敏电阻分压端接入比较器负比较端。比较器正比较端分别从三个基准电阻分压端引出。若光敏电阻比较端阻值大于基准电阻,则分压也大于基准电阻,比较器输出为负,反之亦然。光最强时,电阻最小,分压最少,比较器负输入端都小于正输入端,比较器输出都为正,三个发光管都亮。

4)显示电路

为了驱动发光管,应设置上拉电阻 R_b,为了保护发光管,应设置限流电阻 R_c。

5)报警电路

设置当光照过强时,使蜂鸣器响。其他状态,蜂鸣器都不响。

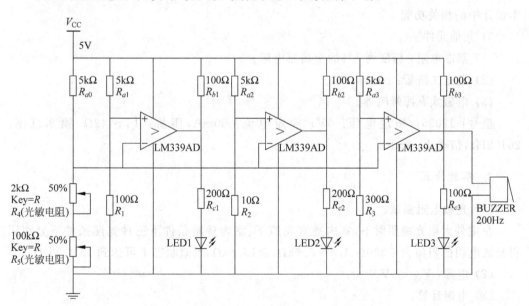

图 5-6-2 整机电路原理图

5.6.4 元件选型和参数计算

1. 元件选型

1) 光敏电阻

光敏电阻器都制成薄片结构,以便能够吸收更多的光能。一般希望暗电阻越大越好,亮电阻越小越好,此时光敏电阻的灵敏度高。实际光敏电阻的暗电阻值一般在兆欧量级,亮电阻值在几千欧以下。综合考虑各方面因素,本设计主要选择 Φ5 系列 GL5537-1 型的光敏电阻用于探测光照强度,实现光电转换。Φ5 系列光敏电阻主要参数如表 5-6-1 所示。

表 5-6-1 光敏电阻型号及参数

规格	型号	最大电压 (VDC)	最大功耗 (mW)	环境温度 (℃)	光谱峰值 (nm)	亮电阻 (10Lux) (kΩ)	暗电阻 (MΩ)	100 γ10	响应时间(ms) 上升	响应时间(ms) 下降	照度电阻特性
Φ5 系列	GL5537-1	150	100	−30～+70	540	20～30	2	0.6	20	30	4
	GL5537-2	150	100	−30～+70	540	30～50	3	0.7	20	30	4

2) 电压比较器

原定的设计方案中需要用到三个电压比较器,故采用四运放芯片相对经济实用。由于 LM324 是带有真差动输入的四运算放大器,LM339 是四个独立的电压比较器,而且 LM339 的翻转速度相对较快,性能更稳定。故选用 LM339 作为任意电平比较器来完成本设计中的相关功能。

3) 其他元件

(1) 基准电阻:精度为 1% 的金属膜电阻。

(2) 发光二极管:SM210363。

(3) 电磁式有源蜂鸣器。

型号:12095;额定电压:3V;额定电流:30mA,阻抗:16～42Ω,频率范围:2048kHz,信噪比:85dB。

2. 参数计算

(1) 光敏电阻测试。

在室外太阳光强照射下、室内适宜光照下、室内昏暗条件下三种光照条件下分别测得光敏电阻的阻值为≤320Ω、1.4～3.6kΩ、≥15.6kΩ,黑暗状态下可达到 1MΩ 以上。

(2) 电源:$V_{CC} = 5V$。

(3) 电阻计算。

分压电阻 R_a:为了使分压不至过大或过小影响精度,取与光敏电阻适宜照度相对接近,或者是与适宜照度同数量级的一个数值,同时为了便于比较,选择四个分压电阻相同,故有: $R_{a0} = R_{a1} = R_{a2} = R_{a3} = 5\text{k}\Omega$。

基准电阻:用来分档,对应于于光敏电阻三种状态下阻值。由前述方案论证可知: R_1 阻值的选择范围应界于黑暗和弱光状态之间(15.6kΩ~1MΩ),相对接近于弱光状态; R_2 阻值应界于适宜和弱光之间(3.6~15.6kΩ); R_3 阻值应界于强光和光照适宜之间(320Ω~1.4kΩ)。根据实际元器件阻值参数,初步确定电阻如下: $R_1 = 100\text{k}\Omega$, $R_2 = 10\text{k}\Omega$, $R_3 = 240\Omega$。

上拉电阻 R_b: R_b 提供驱动电流,不宜过大,取 $R_b = 100\Omega$。

限流电阻 R_c: R_c =(比较器输出电压-发光管压降)/发光管额定电流。经计算 R_c =(5-2)/5=600Ω,实际取 R_c =200Ω,留有一定余地,另外 R_{c3} 与 LED3 并联蜂鸣器,根据测得两端电压值,故取 $R_{c3} = 100\Omega$。

(4) 参考电压 V_{ref1}, V_{ref2}, V_{ref3} 的计算。

光照很强时, $R \le 320\Omega$。若取 $R = 320\Omega$,计算可得电压值

$$V_1 = \frac{R}{R + R_a} \times V_{\text{cc}} = \frac{0.32}{5 + 0.32} \times 5 = 0.30\text{V} \tag{5-6-1}$$

光照适宜时 $1.4\text{k}\Omega < R < 3.6\text{k}\Omega$,去下限电阻 $R = 1.4\text{k}\Omega$,可得下限电压为

$$V_2^{\triangle} = \frac{R}{R + R_a} \times V_{\text{cc}} = \frac{1.4}{5 + 1.4} \times 5 = 1.09\text{V} \tag{5-6-2}$$

取上限电阻 $R = 3.6\text{k}\Omega$,根据分压原理可得光照适宜时的上限电压为

$$V_2^{\triangledown} = \frac{R}{R + R_a} \times V_{\text{cc}} = \frac{3.6}{5 + 3.6} \times 5 = 2.093\text{V} \tag{5-6-3}$$

光照较弱时,电阻取值范围 $R \ge 15.6\text{k}\Omega$,取 $R = 15.6\text{k}\Omega$,根据分压原理可得

$$V_3 = \frac{R}{R + R_a} \times V_{\text{cc}} = \frac{15.6}{5 + 15.6} \times 5 = 3.79\text{V} \tag{5-6-4}$$

黑暗状态时,电阻 R 接近 1MΩ,此时输出电压 V_4 接近于 5V。

由系统功能及比较器工作原理可知,三个电压比较器的输入参考电压需满足

$$V_1 < V_{\text{ref3}} < V_2 < V_{\text{ref2}} < V_3 < V_{\text{ref1}} < V_4 \tag{5-6-5}$$

根据所选阻值计算可得

$$V_{\text{ref1}} = \frac{R_1}{R_1 + R_a} \times V_{\text{cc}} = \frac{100}{5 + 100} \times 5 = 4.76\text{V} \tag{5-6-6}$$

$$V_{\text{ref2}} = \frac{R_2}{R_2 + R_a} \times V_{\text{cc}} = \frac{10}{5 + 10} \times 5 = 3.33\text{V} \tag{5-6-7}$$

$$V_{\text{ref3}} = \frac{R_3}{R_3 + R_a} \times V_{\text{cc}} = \frac{1}{5 + 1} \times 5 = 0.83\text{V} \tag{5-6-8}$$

因为 3.79<4.76<5,故 V_{ref1} 满足要求。因为 2.093<3.33<3.79,故 V_{ref2} 也基本满足要求,可以将 R_2 用滑动变阻器取代,在 10kΩ 附近调整,找到 LED 发光管点亮和熄灭的临界值范围。因为 0.30<0.83<1.09,故 V_{ref3} 也基本满足要求,也可以将 R_3 用滑动变阻器取代,在 1kΩ 附近调整,找到 LED 发光管点亮和熄灭的临界值范围。

5.6.5　电路仿真与分析

在 Multisim 软件环境里进行整机电路的功能仿真。由于软件库里没有光敏电阻元件，故选用两个串联的滑动变阻器，分别用于粗调和细调，用来表征光敏电阻在不同光照条件下的阻值变化，以确定对应于不同光照强度下基准电压的分界点。

将强光、适宜、弱光和黑暗转换为四个电压值 V_1、V_2、V_3、V_4 作为比较器 V_- 端的输入电压；三个比较器 V_+ 输入端的三个参考电压分别为 V_{ref1}、V_{ref2}、V_{ref3}。仿真电路中光敏电阻的阻值用两个串联的滑动变阻器 R_4 和 R_5 实现，即有：$R = R_5 + R_4$。其中 R_5 阻值较大，起粗调作用，R_4 阻值较小，起细调作用。

工作过程分析如下：

（1）强光照射时，$V_1 < V_{ref3} < V_{ref2} < V_{ref1}$，三个比较器的输出电压分别为（5V，5V，5V），此时 LED1、LED2 和 LED3 均被点亮。将蜂鸣器并联到 R_{c3} 和 LED3 两端，当光照很强时，光敏电阻阻值才小于 R_3，蜂鸣器响。如图 5-6-3 所示。

（2）光照适宜时，$V_{ref3} < V_2 < V_{ref2} < V_{ref1}$，三个比较器的输出电压分别为（5V，5V，−5V），此时 LED1 和 LED2 均被点亮。如图 5-6-4 所示。

（3）光照较弱时，$V_{ref3} < V_{ref2} < V_3 < V_{ref1}$，三个比较器的输出电压分别为（5V，−5V，−5V），只有 LED1 被点亮。如图 5-6-5 所示。

（4）黑暗状态时，$V_{ref3} < V_{ref2} < V_{ref1} < V_4$，三个比较器的输出电压分别为（−5V，−5V，−5V），此时三个 LED 发光管都不亮。如图 5-6-6 所示。

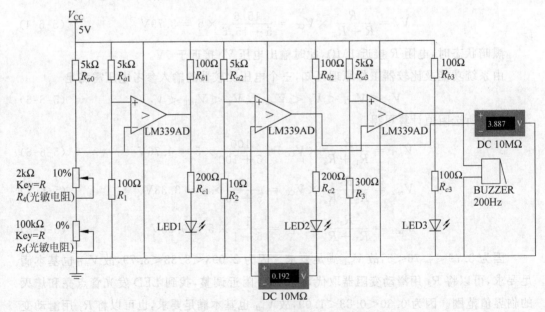

图 5-6-3　强光状态（三个灯亮，蜂鸣器响）

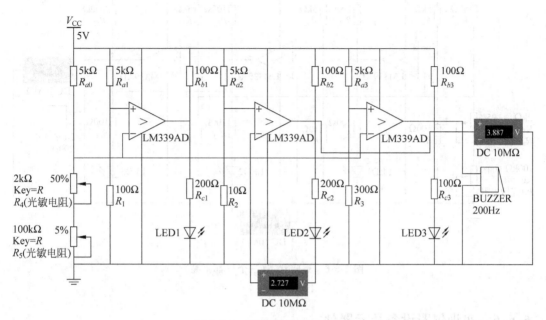

图 5-6-4　适宜状态(两个灯亮)

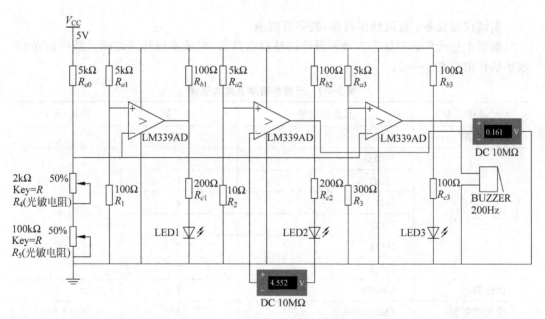

图 5-6-5　弱光状态(一个灯亮)

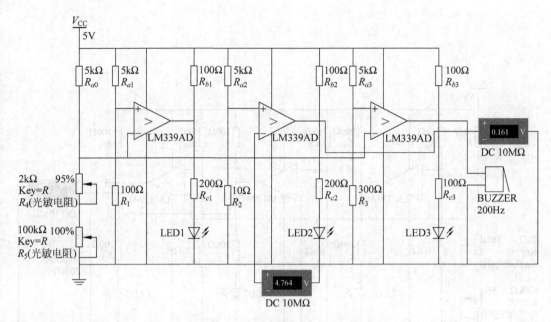

图 5-6-6　黑暗状态(三个灯都不亮)

5.6.6　实训仪器设备及元器件

实训仪器设备：直流稳压电源，数字万用表。

根据上述元件选型结果以及所设计的整机电路图，完成本设计所需的元器件清单和成本估算值见表 5-6-2。

表 5-6-2　元器件清单及成本估算

元器件类型	元器件规格	数　量	价格(元)
光敏电阻	5537-1	1	0.2
电阻	100kΩ	1	1.0(50 个)
	10kΩ	1	
	5kΩ	4	
	300Ω	1	
	200Ω	2	
	100Ω	4	
比较器	LM339	1	0.60
发光二极管	SM210363	3	0.50(10 个)
蜂鸣器	电磁式有源蜂鸣器：12095	1	0.60
总计			2.90

5.6.7 实训拓展与思考

1. 应用价值拓展

本实训方案具有电路设计简单、实用性强、成本低,可用于大量生产,可以设定不同的光敏阻值范围来适用于不同的领域。具体实用领域包括:

- 光控自动开关可用来自动控制路灯开关或其他需要根据光强来控制外电路工作的地方;
- 看电视时以人眼的视觉为标准来显示周围光照的强弱,达到提醒作用;
- 使用台灯学习时,通过显示不同等级的光照,提醒用户调节光强来眼睛;
- 该实训电路原理图同样适用于声控、温控等监测电路设计,用来对音量、温度等环境参数的监测、显示和控制。比如声光控制开关设计,白天呈关闭状态,夜晚或黑暗处且有声响情况下(如人的脚步声等)才开启。延时一段时间后又自动关闭。适合于做楼梯、走廊、公厕的照明开关。

2. 实训方案拓展

根据三个发光管的点亮情况,本设计可以有多种设计和实现方案。比如,方案修改为:光线暗时,三个灯同时亮;光线较弱时,两个灯亮;光线适宜时,一个灯亮,光线足够强时,三个等均不亮。此时的设计电路图和元件参数均将如何变化?

3. 实训思考题

请参考本设计的设计思路和过程,自行设计实训方案,或者选择上述拓展部分所提到的实训方案,完成实训过程并撰写实训报告。要求 2~3 人一组完成电路设计,元件选型、参数计算,功能仿真等工作,并撰写设计报告。

第6章

模拟电子电路实训

模拟电子技术是实践性较强的课程,实验课程中大多根据教学进度,进行单元电路的实验,但对于由若干个不同功能的单元电路构成的电子系统涉及较少。从单元电路到综合电子系统,要注意的问题主要有总体方案的选择、单元电路设计和元器件选择、单元电路之间的级联、综合电子电路实验、电子电路的调试、电子电路的抗干扰技术等。

本章模拟电子电路实训主要以模拟电路理论知识为基础,提升学生电子技术工程设计能力,实现以下教学目的:

(1) 通过设计实践,使学生掌握工程电路设计的一般方法和过程,培养学生的工程意识和观念,提高完成课题设计和解决实际问题的能力;

(2) 通过设计和调试实践,使学生能够掌握电子设计软件的使用方法,并能利用其完成硬件电路设计,在一定程度上调动学生学习的积极性和主动性;

(3) 通过对设计技术资料的规范性要求和管理,使学生提高对技术资料的规范意识,初步养成资料的整理归档习惯,对以后从事技术研究和管理工作有一定的指导意义;

(4) 通过将完成时间与成绩一定程度的挂钩,对学生形成一定的压力,而使得设计更加贴近于项目开发的实际要求,有利于培养学生研究与市场结合的思维习惯;

(5) 学生在设计过程中查阅资料、咨询教师、互相交流,有利于培养学生的自学能力和研究能力,为学生步入社会和进一步深造打下基础。

6.1 直流稳压电源的设计与实现

6.1.1 实训目的及意义

- 通过实验熟悉和掌握直流稳压电源的工作原理,能够结合所学知识进行综合设计。
- 通过示波器观察各测试点波形。
- 掌握直流稳压电源设计运算、器件选择、安装调试及性能指标的测试方法。
- 掌握简单电路的计算机辅助设计与仿真、实验板的手工设计与制作、实验调试等基本过程和方法。

6.1.2 实训任务及要求

1. 实训任务

设计一直流稳压电源与充电电源电路,输出电压有 3V、5V 两档,且正负极性可以转换。

2. 实训要求

(1) 输出电压:3V、5V 两挡,且正负极性可以转换。

（2）输出电流：额定电流为 150mA，最大电流为 500mA。

（3）额定电流输出时，$\Delta V_O/V_O$ 小于 $\pm 10\%$。

（4）能对 4 节 5 号或 7 号可充电电池"慢充"或"快充"。慢充的充电电流为 50～60mA，快充的充电电流为 110～130mA。

6.1.3　设计方案及原理分析

1. 设计方案

整机直流稳压电源与充电电源电路整体电路框图，如图 6-1-1 所示。

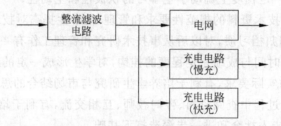

图 6-1-1　整体电路框图

整流滤波电路采用桥式整流电容滤波电路。稳压电路采用带有限流型保护电路的晶体管串联稳压电路。充电电路采用两个晶体管恒流源电路。整体电路的设计应由后级往前级进行，即先设计稳压电路，再设计充电电路，最后设计整流滤波电路。

2. 设计原理

1）稳压电路设计

稳压电路采用带有限流保护电路的晶体管串联稳压电路，其方框图如图 6-1-2 所示。

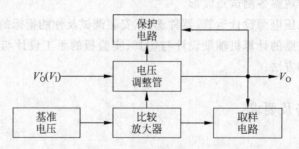

图 6-1-2　稳压电路原理框图

电路基本设计方法如下：

（1）由于稳压输出电流 $I_O > 100$mA，因此调整管采用复合管。

（2）提供基准电压的稳压管可以用发光二极管 LED 代替（工作电压约为 2V），兼做电源指示灯使用。

（3）由于 V_O 为 3V、5V 两挡固定值，且不要求可调，因此可将取样电路的取样电阻分为两个,用 1×2 波段开关进行转换。

(4) 输出端用 2×2 波段开关来转换 V_O 极性。

(5) 过载保护电路采用二极管限流保护电路,且二极管用发光二极管 LED 代替,兼做过流指示灯使用。

稳压电源原理如图 6-1-3 所示。

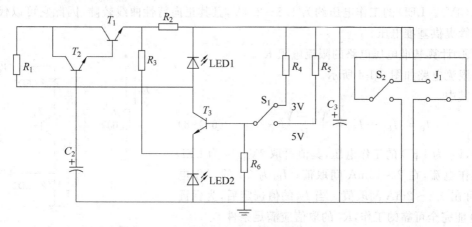

图 6-1-3　稳压电源原理图

(6) 元件参数计算。

① 确定输入电压 V_I(整流滤波电路输出电压 V'_O)。

当忽略检测电阻 R_2 上的电压时,有

$$V_I = V'_O = V_{Omax} + V_{ce1} = 5 + V_{ce1} \tag{6-1-1}$$

式中,调整管压降 V_{ce1} 一般在 $3 \sim 8$ V 间选取,以保证 T_1 能工作在放大区。当市电电网电压波动不大时,V_{ce1} 可选小一些,此时调整管和电源变压器的功耗也可以小一些。

② 确定晶体管。

估算出晶体管的 I_{cmax}、V_{cemax} 和 P_{cmax} 值,再根据晶体管的极限参数 I_{cm}、$V_{(br)ceo}$、P_{cm} 来选择晶体管。

$$I_{cmax} \approx I_O = 150 \text{mA} \tag{6-1-2}$$

$$V_{cemax} = V_I - V_{Omn} = V_I - 3 \tag{6-1-3}$$

$$P_{cmax} = I_{cmax} V_{cemax} \tag{6-1-4}$$

查晶体管手册,只要 I_{cm}、$V_{(br)ceo}$、P_{cm} 大于上述计算值的晶体管都可以作为调整管 T_1 所用。

T_2、T_3 由于电流电压都不大,功耗也小,因此不需要计算其值,一般可选用小功率管。

③ 确定基准电压电路的基准电压。

因为

$$V_O = \frac{1}{n}(V_z + V_{be3}) \tag{6-1-5}$$

所以

$$V_z = nV_O - V_{be3} \tag{6-1-6}$$

则

$$V_z < nV_O \tag{6-1-7}$$

式中，n 为取样电路的取样比(分压比)，且 $n \leqslant 1$，一般为 $0.6 \sim 0.8$ 之间，所以 V_z 应小于 $V_{Omin}(3V)$。LED 的工作电压约为 $1.8 \sim 2.4V$，且其正向特性曲线较陡，因此它可以代替稳压管提供基准电压。

④ 计算基准电压电路的限流电阻 R_3。

限流电路如图 6-1-4 所示。

其中

$$I_D = I_{R_3} + I_{E3} = \frac{V_O - V_z}{R_3} + I_{E3} \tag{6-1-8}$$

式中，V_z 为 LED 的工作电压，其值可取 $2V$；I_D 为 LED 的工作电流，在 $2 \sim 10mA$ 间取值；I_{E3} 为 T_3 的工作电流，可在 $0.5 \sim 2mA$ 间取值。当 I_{E3} 的值选定后，为保证 LED 能完全可靠的工作，R_3 的取值应满足条件

$$2mA < I_D < 10mA \tag{6-1-9}$$

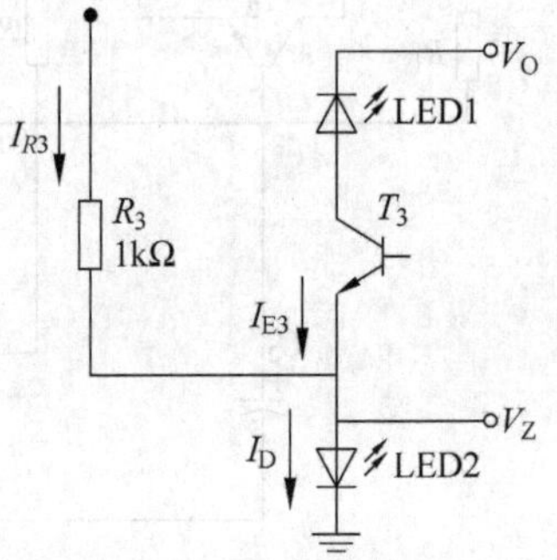

图 6-1-4　限流电路

当 $V_O = V_{Omin} = 3V$ 时，I_D 最小，即

$$I_D = \frac{V_{Omin} - V_z}{R_3} + I_{E3} = \frac{3 - V_z}{R_3} + I_{E3} > 2mA \tag{6-1-10}$$

得

$$R_3 < \frac{3 - V_z}{2 - I_{E3}} \tag{6-1-11}$$

当 $V_O = V_{Omax} = 5V$ 时，I_D 最大，即

$$I_D = \frac{V_{Omax} - V_z}{R_3} + I_{E3} = \frac{5 - V_z}{R_3} + I_{E3} < 10mA \tag{6-1-12}$$

得

$$R_3 > \frac{5 - V_z}{10 - I_{E3}} \tag{6-1-13}$$

因此有

$$\frac{5 - V_z}{10 - I_{E3}} < R_3 < \frac{3 - V_z}{2 - I_{E3}} \tag{6-1-14}$$

在取值范围内，R_3 因尽量取大一些，这样有利于 V_z 的稳定。另外，计算出电阻值还应取标称值。

⑤ 计算基准电压电路的功率。

可依据以下公式计算出相关功率的值。

$$P_{R_3} = \frac{(V_{Omax} - V_z)^2}{R_3} = \frac{(5 - V_z)^2}{R_3} \tag{6-1-15}$$

需要注意的是，计算出的电阻功率也应取标称值。

⑥ 计算取样电路。

选取取样电路工作电流 I_1（流过取样电阻的电流）。若 I_1 取得过大，则取样电路的功耗也大；若 I_1 取得过小，则取样比 n 会因 T_2 基极电流的变化而不稳定，同时也会造成 V_O 不稳定。在实际应用中，一般取 $I_1 = (0.05 \sim 0.1)I_O$，然后计算取样电阻。

当 $V_O = 3\text{V}$ 时，取样电路如图 6-1-5 所示。

由

$$I_1(R_4 + R_6) = 3\text{V} \qquad (6\text{-}1\text{-}16)$$

得取样电路总电阻

$$R = R_4 + R_6 = \frac{3}{I_1} \qquad (6\text{-}1\text{-}17)$$

$$\frac{V_Z + V_{BE3}}{R_6} = \frac{3\text{V}}{R} \qquad (6\text{-}1\text{-}18)$$

$$R_6 = \frac{R(V_Z + V_{BE3})}{3}$$

$$R_4 = R - R_6 \qquad (6\text{-}1\text{-}19)$$

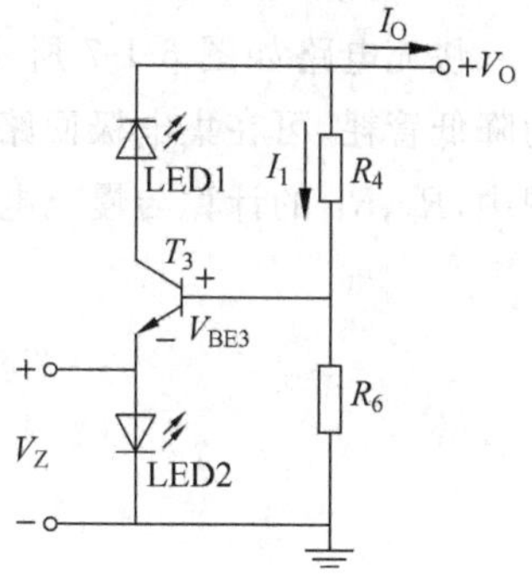

图 6-1-5　取样电路

此时，算出的电阻值应取标称值，然后利用公式 $V_O = \dfrac{R}{R_6}(V_Z + V_{BE3})$ 计算 V_O，并观察 V_O 是否接近设计指标。如 V_O 与设计指标相差太远，则应重新取值计算。最后，还应对所取电阻进行功率计算，并取标称值。

2）充电电路部分设计

充电电路一般采用晶体管恒流源电路。

（1）慢充电路。

慢充电路如图 6-1-6 所示，LED 给晶体管发射极提供 2V 的直流稳定电压，再利用 R_7 的电流负反馈作用使集电极电流 I_{O1} 保持恒定。

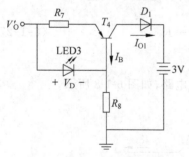

图 6-1-6　慢充电路原理图

充电电流由式（6-1-20）决定。

$$I_{O1} = I_{C4} \approx I_{R_7} = \frac{V_D - V_{BE}}{R_7} \qquad (6\text{-}1\text{-}20)$$

元件计算参数如下：晶体管 $I_{Cmax} = I_{O1}$，$V_{CEmax} = V'_O - 3$，$P_{Omax} = I_{Cmax}V_{CEmax}$，所选用的晶体管的参数 I_{CM}、$V_{(BR)CEO}$、P_{CM} 应大于上述计算值。二极管 V_D 可采用普通二极管，正向额定电流应大于 I_{O1}。电阻计算

$$R_7 = \frac{V_D - V_{BE}}{I_{O1}} \qquad (6\text{-}1\text{-}21)$$

$$P_{R_7} = I_{O1}^2 R_7 \qquad (6\text{-}1\text{-}22)$$

$$R_8 = \frac{V'_O - V_D}{I_D + I_B} \qquad (6\text{-}1\text{-}23)$$

$$P_{R_8} = I_{R_8}{}^2 R_8 \qquad (6-1-24)$$

式中，I_D 为 LED 的工作电流，在 5～10mA 间取值；I_B 为晶体管基极电流，$I_B = \dfrac{I_{O1}}{\beta}$（$\beta$ 取值在 50～100 之间）。

（2）快充电路。

快充电路如图 6-1-7 所示，由于快充时充电电流 I_{O2} 较大，因此晶体管管耗也变大。为降低管耗，可在集电极回路上增加一个降压电阻 R_{11}，此时 V_{CE} 减小，管耗也随之减小。图中，R_9、R_{10} 的计算与慢充电路相同。

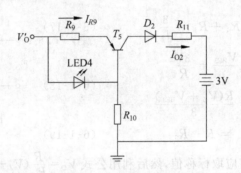

图 6-1-7 快充电路原理图

其中：

$$V_C = V_D + I_{O2}R_{11} + 3, \quad V_E = V'_O - I_{R_9}R_9 \qquad (6-1-25)$$

$$V_{CE} = V_C - V_E = -V'_O + 3 + V_D + I_{O2}(R_9 + R_{11}) \qquad (6-1-26)$$

降压电阻 R_{11} 的计算方法是：首先，根据选用晶体管的 P_{CM} 和充电电流 I_{O2} 确定 V_{CE}，即 $V_{CE} < \dfrac{P_{CM}}{I_{O2}}$，且 $V_{CE} > 1V$；其次，V_{CE} 选定后，再用下式计算电阻 R_{11} 的值。

$$R_{11} = \frac{V'_O - 3 - V_{CE} - 0.7}{I_{O2}} - R_9 \qquad (6-1-27)$$

3）整流滤波电路

整流滤波电路部分的设计采用桥式整流、电容滤波电路，如图 6-1-8 所示。

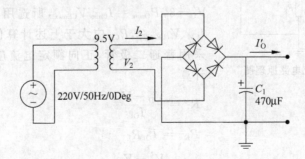

图 6-1-8 整流滤波电路

(1) 确定整流电路的输出电流 I_O'。

整流输出电路如图 6-1-9 所示。

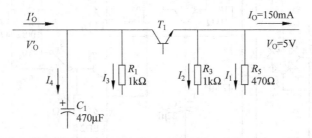

图 6-1-9　整流输出电路

当稳压电源和充电电路同时工作时：

$$I_O' = I_O + I_1 + I_2 + I_3 + I_4 \approx (1.1 \sim 1.2)I_O + (I_{O1} + I_{O2}) \qquad (6\text{-}1\text{-}28)$$

式中，I_{O1}、I_{O2} 为慢充和快充的充电电流。

(2) 取定电源变压器参数。

次级线圈电压：

$$V_2 = \frac{V_O'}{1.1 \sim 1.2} \qquad (6\text{-}1\text{-}29)$$

次级线圈电流：

$$I_2 = (1.0 \sim 1.1)I_O' \qquad (6\text{-}1\text{-}30)$$

功率：

$$P = V_2 I_2 \qquad (6\text{-}1\text{-}31)$$

(3) 确定整流二极管。

额定整流电流：

$$I_{DM} > 0.5 I_O' \qquad (6\text{-}1\text{-}32)$$

最高反向工作电压：

$$V_{RM} > \sqrt{2} V_2 \qquad (6\text{-}1\text{-}33)$$

(4) 确定滤波电容。

容量：

$$C_1 \geqslant (3 \sim 5)\frac{T}{2R_L} \qquad (6\text{-}1\text{-}34)$$

式中，$T = 20\text{ms}$（输入交流电流的周期），$R_L = \dfrac{V_O'}{I_O}$（整流滤波电路的负载）。耐压：$V \approx 1.5 V_O'$，C_1 的容量耐压均应取标称值。

4）整机电路

直流稳压电源与充电电源电路如图 6-1-10 所示。

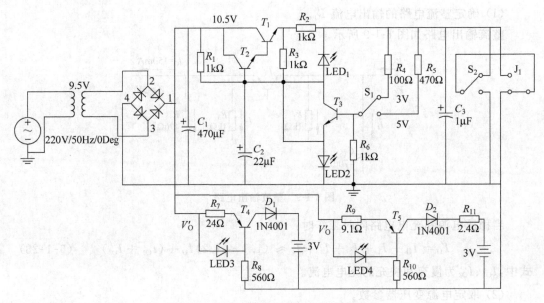

图 6-1-10　直流稳压电源与充电电源电路

6.1.4　电路仿真

　　直流稳压电源正常工作时，LED1 和 LED2 两个发光二极管亮，波动开关 S_1 可实现输出电压的转换。波动 S_2 和 J_1 可实现极性的转换。当 LED3 和 LED4 两个发光二极管亮时，表明充电电路工作正常。整机仿真如图 6-1-11 所示。

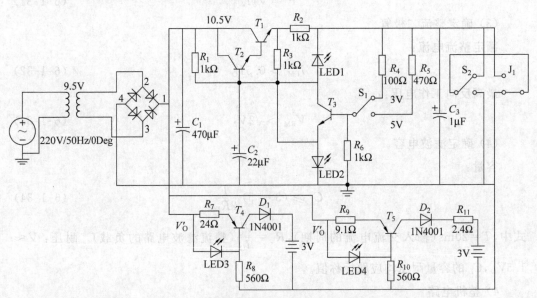

图 6-1-11　直流稳压电源与充电电源电路仿真

6.1.5 实训仪器设备及元器件

实训仪器设备：直流稳压电源，数字万用表。

根据上述元件选型结果以及所设计的整机电路图，完成本设计所需的元器件明细如表 6-1-1 所示。

表 **6-1-1** 元器件明细表

名　　称	代　　号	型号或参数	作　　用
电阻	R_1	1kΩ	取样
	R_2	1kΩ	限流
	R_3	1kΩ	
	R_4	100Ω	
	R_5	470Ω	
	R_6	1kΩ	
	R_7	24Ω	
	R_8	560Ω	
	R_9	9.1Ω	
	R_{10}	560Ω	
	R_{11}	24Ω	
三极管	T_1	3DD15A	放大
	$T_2 \sim T_5$	3GD6C	放大
电容	C_1	33μF	滤波电容（电解电容）
	C_2	10nF	滤波电容（电解电容）
	C_3	10μF	（电解电容）
二极管	$VD_1 \sim VD_4$	1N4001	整流
	VD_5、VD_6	1N4001	
LED	LED1	绿	
	LED2	绿	
	LED3	红	
	LED4	红	

6.1.6 实训拓展与思考

- 整流电路中的 4 个二极管，有一个反接或开路或短路，分别会出现什么问题？
- 不接滤波电容，或反接时，电路会出现什么问题？

6.2 二阶 *RC* 有源滤波器的设计

6.2.1 实训目的及意义

- 学习 *RC* 有源滤波器的设计方法。

- 由滤波器设计指标计算电路元件参数。
- 设计二阶 RC 有源滤波器(低通、高通、带通、带阻)。
- 掌握有源滤波器的测试方法。
- 测量有源滤波器的幅频特性。

6.2.2 实训任务及要求

1. 实训任务

设计二阶 RC 有源滤波器,使其完成低通、高通、带通、带阻功能。

2. 实训要求

(1) 分别设计二阶 RC 低通、高通、带通、带阻滤波器电路,计算电路元件参数,拟定测试方案和步骤。

(2) 对电路进行仿真,测量并调整静态工作点。

(3) 测量技术指标参数。

(4) 测量有源滤波器的幅频特性。

(5) 写出设计报告。

6.2.3 方案设计及原理分析

1. 设计原理

RC 有源滤波由 RC 网络、放大器、反馈网络三部分组成。在电路中 RC 网络起着滤波的作用,滤掉不需要的信号,这在波形的选取上起着至关重要的作用,通常主要由电阻和电容组成。放大电路运用同相比例运放,同相放大器具有输入阻抗非常高,输出阻抗很低的特点,广泛用于前置放大级。反馈网络能提高电路的稳定性。原理图如图 6-2-1 所示。

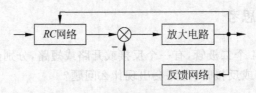

图 6-2-1　RC 有源滤波原理图

2. 方案设计

滤波器在通信测量和控制系统中得到了广泛的应用。一个理想的滤波器应在要求的通带内具有均匀而稳定的增益,而在通带以外则具有无穷大的衰减。然而实际的滤波器距此有一定的差异,为此人们采用各种函数来逼近理想滤波器的频率特性。

用运算放大器和 RC 网络组成的有源滤波器具有许多独特的优点。因为不用电感元件,所以免除了电感所固有的非线性特性、磁场屏蔽、损耗、体积和重量过大等缺点。由于运算放大器的增益和输入电阻高,输出电阻低,所以能提供一定的信号增益和缓冲作用,这种滤波器可用简单的级联来得到高阶滤波器,且调谐也很方便。

滤波器的设计任务是根据给定的技术指标选定电路形式和确定电路的元器件。滤波器等的技术指标有通带和阻带之分,通带指标有通带的边界频率(没有特殊的说明时一般为 -3dB 截止频率),通带传输系数。阻带指标为带外传输系数的衰减速度(即带沿的陡变)。

1) 滤波器类型的选择

一阶滤波器电路最简单,但带外传输系数衰减慢,一般在对带外衰减性要求不高的场合下选用。无限增益多环反馈型滤波器的特性对参数变化比较敏感,在这点上它不如压控电压源型二阶滤波器。当要求带通滤波器的通带较宽时,可用低通滤波器和高通滤波器合成,这比单纯用带通滤波器要好。

2) 级数选择

滤波器的级数主要根据对带外衰减特殊性的要求来确定。每一阶低通或高通电路可获得 -6dB 每倍频程(-20dB 每十倍频程)的衰减,每二阶低通或高通电路可获得 -12dB 每倍频程(-40dB 每十倍频程)的衰减。多级滤波器串接时传输函数总特性的阶数等于各级阶数之和。当要求的带外衰减特性为 $-m\text{dB}$ 每倍频程时,则取级数 n 应满足 n 大于等于 $m/6$(或 n 大于等于 $m/20$)。

3) 运放的要求

在无特殊要求的情况下,可选用通用型运算放大器。为了保证所需滤波特性,运放的开环增益在 80dB 以上。如果滤波器的输入信号较小,例如在 10mV 以下,则选低漂移运放。如果滤波器工作于超低频,以致使 RC 网络中电阻元件的值超过 $100\text{k}\Omega$,则应选低漂移高输入阻抗的运放。

4) 元器件的选择

一般设计滤波器时都要给定截止频率 $f_c(\omega_c)$ 带内增益 A_v,以及品质因数 Q(二阶低通或高通一般为 0.707)。在设计时经常出现待确定其值的元件数目多于限制元件取值的参数的数目,因此有许多个元件均可满足给定的要求,这就需要设计者自行选定某些元件值。一般从选定电容器入手,因为电容标称值的分档较少,电容难配,而电阻易配,可根据工作频率范围按照表 6-2-1 初选电容值。

表 6-2-1　滤波器工作频率与滤波电容取值的对应关系

f	$(1\sim10)\text{Hz}$	$(10\sim10^2)\text{Hz}$	$(10^2\sim10^3)\text{Hz}$	$(1\sim10)\text{kHz}$	$(10\sim10^3)\text{kHz}$	$(10^2\sim10^3)\text{kHz}$
c	$(20\sim10)\text{F}$	$(10\sim0.1)\mu\text{F}$	$(0.1\sim0.01)\mu\text{F}$	$(10^4\sim10^3)\text{pF}$	$(10^3\sim10^2)\text{pF}$	$(10^2\sim10)\text{pF}$

3. 电路设计

1）低通滤波器

（1）二阶低通滤波器。

低通滤波器是用来通过低频信号衰减或抑制高频信号。图 6-2-2 为典型的二阶有源低通滤波器。它由两级 RC 滤波环节与同相比例运算电路组成，其中第一级电容 C 接至输出端，引入适量的正反馈，以改善幅频特性。

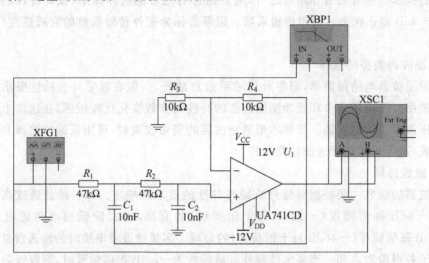

图 6-2-2　二阶有源低通滤波电路

（2）低通滤波电路性能参数。

二阶低通滤波器的通带增益为：

$$A_{\mu F} = 1 + \frac{R_{\mathrm{f}}}{R_1} \tag{6-2-1}$$

截止频率是二阶低通滤波器通带与阻带的界限频率。其计算式为

$$f_0 = \frac{1}{2\pi RC} \tag{6-2-2}$$

品质因数的大小影响低通滤波器在截止频率处幅频特性的形状。其计算式为

$$Q = \frac{1}{3 - A_{\mu F}} \tag{6-2-3}$$

2）高通滤波器

（1）二阶高通滤波器。

高通滤波器用来通过高频信号，衰减或抑制低频信号。将图 6-2-2 低通滤波电路中起滤波作用的电阻、电容互换，即可变成二阶有源高通滤波器，如图 6-2-3 所示。高通滤波器性能与低通滤波器相反，其频率响应和低通滤波器是"镜像"关系。

（2）高通滤波电路性能参数。

二阶高通滤波器的通带增益

$$A_{\mu F} = 1 + \frac{R_f}{R_1} \tag{6-2-4}$$

截止频率是二阶高通滤波器通带与阻带的界限频率。其计算式为

$$f_0 = \frac{1}{2\pi RC} \tag{6-2-5}$$

品质因数的大小影响高通滤波器在截止频率处幅频特性的形状。其计算式为

$$Q = \frac{1}{3 - A_{\mu F}} \tag{6-2-6}$$

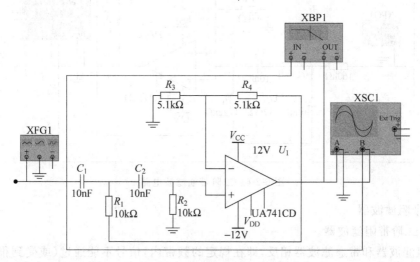

图 6-2-3　二阶高通滤波电路

3）带通滤波器

（1）二阶带通滤波器。

带通滤波器的作用是只允许在某一个通频带范围内的信号通过，而对比通频带下限频率低和比上限频率高的信号均加以衰减或抑制。典型的带通滤波器可以从二阶低通滤波器中将其中一级改成高通即可，如图 6-2-4 所示。电路的优点是改变 R_f 和 R_4 的比例就可改变频宽而不影响中心频率。

（2）带通滤波电路性能参数。

通带增益

$$A_{\mu F} = \frac{R_4 + R_f}{R_4 R_1 CB} \tag{6-2-7}$$

中心频率

$$f_0 = \frac{1}{2\pi} \sqrt{\frac{1}{R_2 C^2}\left(\frac{1}{R_1} + \frac{1}{R_3}\right)} \tag{6-2-8}$$

通带宽度

$$B = \frac{1}{C}\left(\frac{1}{R_1} + \frac{1}{R_2} + \frac{R_f}{R_3 R_4}\right) \tag{6-2-9}$$

品质因数

$$Q = \frac{\omega_0}{B} \qquad (6\text{-}2\text{-}10)$$

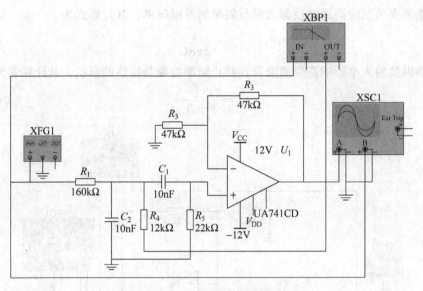

图 6-2-4　二阶带通滤波电路

4）带阻滤波器

（1）二阶带阻滤波器。

带阻滤波器和带通滤波器相反，即在规定的频带内，信号不能通过（或受到很大衰减或抑制），而在其余频率范围，信号则能顺利通过。典型的带通滤波器可以在双 T 网络后加一级同相比例运算电路构成。如图 6-2-5 所示。

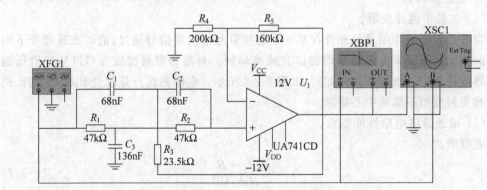

图 6-2-5　二阶带阻滤波电路

（2）带阻滤波电路性能参数。

通带增益

$$A_{\mu F} = 1 + \frac{R_f}{R_1} \qquad (6\text{-}2\text{-}11)$$

中心频率

$$f_0 = \frac{1}{2\pi RC} \tag{6-2-12}$$

带阻宽度

$$B = 2(2 - A_{\mu F})f_0 \tag{6-2-13}$$

品质因数

$$Q = \frac{1}{2(2 - A_{\mu F})} \tag{6-2-14}$$

6.2.4 电路仿真

二阶低通滤波电路仿真如图 6-2-6 所示。二阶高通滤波电路仿真如图 6-2-7 所示。

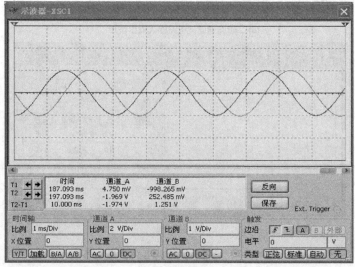

(a) 输入输出波形

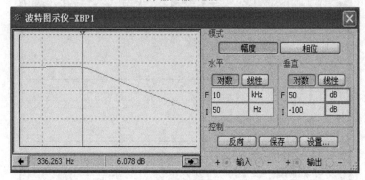

(b) 幅频响应

图 6-2-6 二阶低通滤波电路仿真结果

二阶带通滤波电路仿真如图 6-2-8 所示。

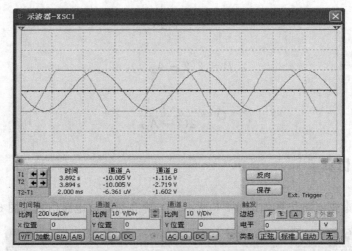

(a) 二阶高通滤波电路输入输出波形

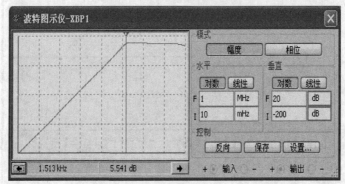

(b) 幅频响应

图 6-2-7　二阶高通滤波电路仿真结果

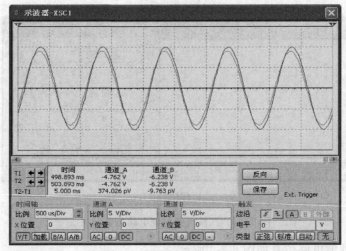

(a) 输入输出波形

图 6-2-8　二阶带通滤波电路仿真结果

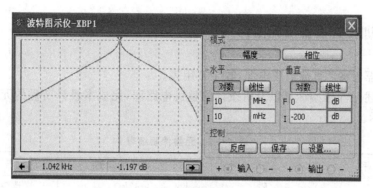

(b) 幅频响应

图 6-2-8(续)

二阶带阻滤波电路仿真如图 6-2-9 所示。

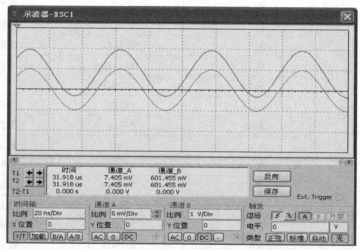

(a) 输入输出波形

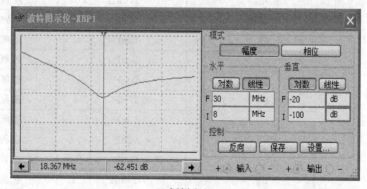

(b) 幅频响应

图 6-2-9 二阶带阻滤波电路仿真结果

6.2.5 实训仪器设备及元器件

实训仪器设备：直流稳压电源，数字万用表。

根据上述元件选型结果以及所设计的整机电路图，完成本设计所需的元器件明细如表 6-2-2 所示。

表 6-2-2 元器件明细表

名　称	代　号	型号或参数	作　用
电阻	R_1	47kΩ	选频
	R_2	47kΩ	选频
	R_3	10kΩ	反馈电阻
	R_4	10kΩ	反馈电阻
	R_5	10kΩ	选频
	R_6	10kΩ	选频
	R_7	5.1kΩ	反馈电阻
	R_8	5.1kΩ	反馈电阻
	R_9	160kΩ	反馈电阻
	R_{10}	47kΩ	反馈电阻
	R_{11}	47kΩ	反馈电阻
	R_{12}	12kΩ	选频
	R_{13}	22kΩ	选频
	R_{14}	47kΩ	选频
	R_{15}	47kΩ	选频
	R_{16}	23.5kΩ	选频
	R_{17}	200kΩ	反馈电阻
	R_{18}	160kΩ	反馈电阻
电容	C_1	10nF	选频电容
	C_2	10nF	选频电容
	C_3	10nF	选频电容
	C_4	10nF	选频电容
	C_5	10nF	选频电容
	C_6	10nF	选频电容
	C_7	68nF	选频电容
	C_8	68nF	选频电容
	C_9	136μF	选频电容
集成运放	$U_1 \sim U_4$	μA741	放大
4 路选择开关	S_1、S_2		

6.2.6 实训拓展与思考

1. 实训方案拓展

有源滤波器是运算放大器和阻容元件组成的一种选频网络,用于传输有用频段的信号,抑制或衰减无用频段的信号。滤波器的阶数越高,其性能就越逼近理想滤波器特性。高阶滤波器可以由若干个一阶或二阶滤波电路级联组成,因此,一阶、二阶滤波器的设计可作为滤波器设计的基础。

2. 实训思考题

(1) 从有源低通和高通滤波电路来看,其集成运放接成同相放大电路后的 A_{uF} 最大不能超过多少才能使电路稳定?

(2) 在幅频特性曲线的测试过程中,改变信号的频率时,信号的幅值是否也要做相应的改变? 为什么?

6.3 饮水机控制电路设计

6.3.1 实训目的及意义

• 熟悉和掌握集成运算放大器的原理和应用。
• 熟悉仪用放大器的工作原理。
• 掌握集成运放的非线性应用,熟悉电压比较器的特性和应用,达到能结合所学知识进行电路综合设计的目的。

6.3.2 实训任务及要求

1. 实训任务

设计一个模拟电路,要求模拟实现容器中水的加热过程,当容器中水温未达到沸点时,监视器报警灯红灯亮,提示水没烧开;当容器中水温达到沸点时,监视器报警灯绿灯亮,提示水已烧开。

设计一个模拟电路,要求模拟实现饮水机中水位的升高过程,当饮水机中的水位低于下限水位时,监视器报警灯单红灯亮;当饮水机中的水位处于下限以上,并且在上限以下时,监视器报警灯不亮;当饮水机中的水位到达上限及上限以上时,监视器报警灯双红灯亮。

2. 实训要求

(1) 根据任务完成电路的方案论证和设计。
(2) 设计饮水机水温检测电路原理图,完成参数计算和电路仿真等工作。
(3) 设计饮水机水位上、下限报警电路原理图,完成参数计算和电路仿真等工作。

（4）利用 Protel 软件做出电路原理图,利用 Multisim 等电子电路 EDA 仿真软件进行功能验证。

6.3.3 水温检测电路原理分析及设计

1. 原理分析

热敏电阻是一种新型半导体感温元件,而正温度系数热敏电阻具有正的电阻温度特性,当温度升高时,电阻值升高;当温度降低时,电阻值减小,热敏电阻的阻值和温度呈指数关系,非线性较大,在实际使用中要进行线性化处理,但比较复杂,一般只使用线性度较好的一段,在试验中可用滑动变阻器模拟热敏电阻工作的过程。

实验中需要将变化的温度信号模拟成变化的电阻,为提高灵敏度,采用桥式电路,将变化的电阻信号转化成变化的电压信号输出。因为温度变化很小,对阻值的影响较小,导致输出电压信号变化很小,设备很难对微小的信号做出灵敏的反应,因此需要将小信号放大后进行处理,在这里,可采用仪用放大器来处理变化的电压信号。

当温度升高,达到沸点时,相应的热敏电阻升高到一定的阻值,将引起仪用放大器输出电压的变化,此时需要选择出这个沸点电压,可选用一个单门限电压比较器,当放大器输出的电压值达到沸点时的电压时,电压比较器发生跳变引起输出点电位变化。通过该点电位的变化来接通报警器,所以采用三极管和发光二极管来模拟实现报警器报警过程。实验原理如图 6-3-1 所示。

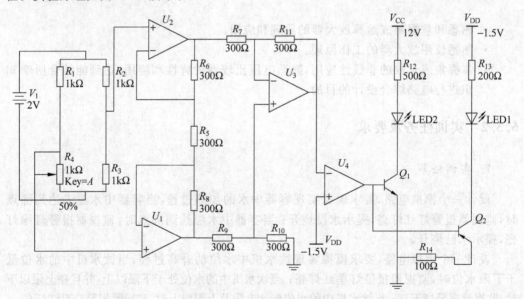

图 6-3-1 水温检测实验原理图

2. 电路功能

仪用放大器是由 U_1、U_2 按照同相输入接法组成第一级差分放大电路,运放 U_3 组成第二级差分放大电路。在第一级电路中,输入信号分别加到 U_1、U_2 的同相端,R_5、R_6、R_8

组成的反馈网络,引入了负反馈,两运放 U_1、U_2 的两输入端形成虚短和虚断。因此,当滑动变阻器由零开始变化,模拟水温升高的过程,电阻阻值与电桥输出电压 U_{o1} 的关系为

$$U_{o1} = V_1 \left(\frac{R_3}{R_2 + R_3} - \frac{R_4}{R_1 + R_4} \right) \tag{6-3-1}$$

U_{o1} 送入仪表放大器,经过放大,得到输出电压 U_{o2} 为

$$U_{o2} = -\frac{R_{11}}{R_7} \left(1 + \frac{2R_6}{R_5} \right) U_{o1} \tag{6-3-2}$$

3. 电路参数确定

输入到仪表放大器的信号为小信号,因此,选择输入到仪表放大器的信号差值为 1V 左右,要求电桥中电流不能过大,因此选用 1kΩ 的电阻和滑动变阻器作为电桥电阻;仪表放大器中的电阻需要选择小电阻,所以选择 300Ω 的电阻,并设置放大倍数等于 -3 倍;在水温升高的过程 R_4 增大,设置当 R_4 增大到 333.3Ω 时,即 $U_{o1} = 0.5V$ 时,模拟水温达到沸点,此时让电压比较器的输出电压发生跳变,即

$$U_P = U_N = U_{o2} = -3U_{o1} = -1.5V \tag{6-3-3}$$

所以设置 $V_{DD} = -1.5V$。当 U_{o3} 输出高电位时,保证三极管 Q_1 导通以及二极管 LED2 发光,因此选用 NPN 管,经过调适和计算确定 V_{CC} 和 R_{13} 的值;当 U_{o3} 输出低电位时,保证三极管 Q_2 导通以及二极管 LED1 发光,因此选用 PNP 管,经过调适和计算确定 V_{DD}、R_{14}、R_{15} 的值。

4. 电路仿真

在 R_4 增大的过程中,当 $U_{o2} < -1.5V$ 时,即水温未达到沸点,U_{o3} 输出高电位,此时 Q_1 三极管导通,红灯亮,仿真如图 6-3-2 所示。

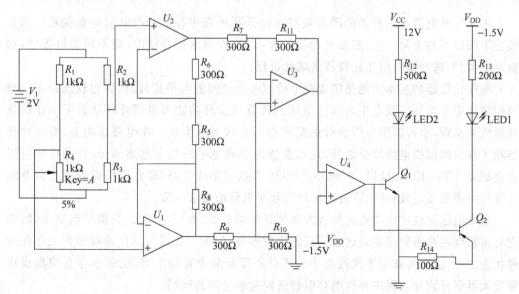

图 6-3-2　水温未达到沸点仿真

当 R_4 继续增大,使 $U_{o2} = -1.5V$ 时,即水温达到沸点,U_{o3} 发生跳变,输出低电位,此时 Q_2 三极管导通,绿灯亮,仿真如图 6-3-3 所示。

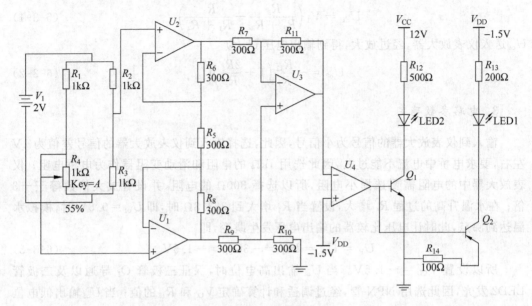

图 6-3-3 水温达到沸点仿真

6.3.4 水位检测电路原理分析及设计

1. 原理分析

水位监测电路是用开关的闭合模拟水位升高过程中各部分电路的导通关系。当水位在下限以下和上限以上,需要亮起红灯来报警,而当水位合适时,则不用亮灯报警,根据这个关系,选择窗口电压比较器实现此过程。

电压比较器的基本功能是实现两个模拟电压之间的电平比较,根据比较结果相应输出相应高电平电压或低电平电压。电压比较器的这种功能可以用开环状态下工作的集成运放来实现,也可以用专门设计的集成电压比较器来实现。在电路结构上,专用比较器除了现行的模拟电路部分之外,还包含输出逻辑电平的数字电路部分,它的输出可以直接驱动 TTL、ECL、HTL、NMOS、PMOS 等数字集成电路,即专用集成电压比较器输入级与一般集成运放相同,而输出级却与数字电路的要求一致。

集成电压比较器比集成运算放大器的开环增益低、失调电压大、共模抑制比小,因而它的灵敏度往往不如用集成运放构成的比较器高,但由于集成电压比较器通常工作在两种状态之一(输出为高电平或低电平),因此不需要频率补偿电容,也就不存在像集成运算放大器那样因加入频率补偿电容引起转换速率受限的问题。

本实验采用专用集成电压比较器 LM339。LM339 的内部采用射级接地、集电极开路的三极管集电极输出方式。当水位在下限以下时,电路出于不导通状态,即 S_2 断开与 U_1、U_2 的连接,此时使二极管 LED2 亮,实现报警;当水位为正常水位,S_2 与 U_2 接通,此时两个二极管都不发光;当水位达到上限水位时 S_2 与 U_1 接通,此时两个二极管都发出红光报警。实验原理图如图 6-3-4 所示。

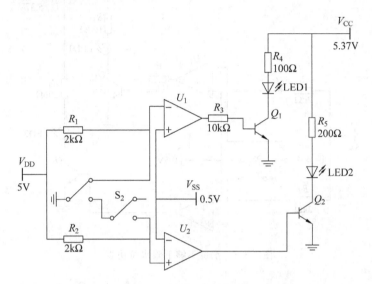

图 6-3-4　水位检测实验原理

2. 电路功能

U_1 的反相端与 U_2 的同相端接同一高电位,U_2 的反相端与 U_1 的同相端接同一低电位,设置一个开关 S_2 使其接地。当水位不够下限水位时,开关 S_2 断开,U_1 反相端电位高于同向端电位,输出为负,相反地,U_2 同向端电位高于反相端电位,输出为正,此时二极管 LED2 导通报警发光,而 LED1 因三极管未导通而截止不发光;当水位上升到下限以上或上限以下时,S_2 与 U_2 接通,U_2 同向端电位为零,小于反相端电位,输出为负,三极管 Q_2 不导通,LED2 截止,因而不发光,LED1 仍然处于截止状态,不发光;当水位继续上升达到上限水位时,S_2 与 U_1 接通,U_1 反相端电位为零,小于同向端电位,输出为正,三极管 Q_1 导通,LED1 发光报警,而 Q_2 也处于导通状态,LED2 也发光报警。

3. 电路参数确定

V_{DD} 高于 V_{SS},V_{SS} 高于地电位,因此根据这个关系确定参数使 V_{SS} 略高于地电位,所以选择 $V_{SS}=0.5\text{V}$,$V_{DD}=5\text{V}$。根据二极管的发光要求可选择 V_{CC} 为 6V 左右。

4. 电路仿真

水位不够下限水位时仿真如图 6-3-5 所示。

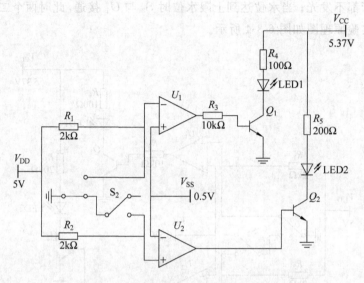

图 6-3-5　水位不够下限水位仿真

水位上升达到上限水位时仿真如图 6-3-6 所示。

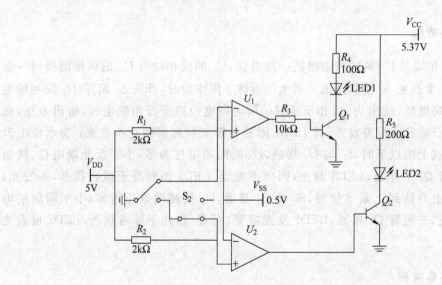

图 6-3-6　水位上升达到上限水位仿真

6.3.5 实训仪器设备及元器件

根据上述元件选型结果以及所设计的整机电路图,完成实训所需设备明细表,如表 6-3-1 所示。

表 6-3-1 设备明细表

设 备 名 称	型 号	数 量
模拟电路实验箱	TE-TPE-A5 Ⅱ	1
万用表		1

6.3.6 实训拓展与思考

本实训能模拟实现饮水机工作过程,当容器中水温未达到沸点时,监视器报警灯红灯亮,提示水没烧开;当容器中水温达到沸点时,监视器报警灯绿灯亮,提示水已烧开。同时设计了模拟实现饮水机中水位的升高过程,当饮水机中的水位低于下限水位时,监视器报警灯单红灯亮;当饮水机中的水位在下限以上,并且在上限以下时,监视器报警灯不亮;当饮水机中的水位到达上限及上限以上时,监视器报警灯双红灯亮。所设计的电路具有很好的实际应用价值。

在实际应用中可进一步考虑,如果使用者是低年龄人群,应采取相应的措施防止烫伤事故的发生。

6.4 声光控制开关的设计

6.4.1 实训目的及意义

- 使学生进一步掌握模拟电子技术的理论知识,培养学生工程设计能力和综合分析能力。
- 通过电路方案的分析和比较,初步掌握简单实用电路的分析方法和工程设计方法,提高电子电路的设计和实验能力。
- 熟悉并学会选用电子元器件,为以后从事生产和科研工作打下一定的基础。
- 了解与课题有关的电子电路以及元器件的工程技术规范,正确地绘制电路图。

6.4.2 实训任务及要求

1. 实训任务

通过开关对光线强弱的感应和开关对声音强度的感应设计一声光控制开关,以控制照明灯的亮灭。

2. 实训要求

(1) 能够实现有光线时灭,无光线有声时亮。

(2) 在灯亮一段时间(1~3min)后自动熄灭。

(3) 在照明灯点亮期间又有新的声源出现,照明灯重新开启。

(4) 电源为 220V 市电,控制对象为 30W 灯泡。

(5) 总设计画出电路原理框图。

(6) 利用仿真软件进行电路仿真。

6.4.3 方案设计及原理分析

1. 系统原理

控制系统由电源电路、控制电路和延迟开关部分组成。

电源电路由整流电路、降压电路、滤波电路、稳压电路共 4 部分组成。整流电路将交流电压变成脉动的直流电压,在通过降压电路变为所需要的电压值。由于此时脉动的直流电压还有较大的纹波,必须通过滤波电路加以滤除,从而得到平滑的直流电压。但这样的电压还随电网电压波动(一般有 ±10% 左右的波动)、随负载和温度的变化而变化。因而在整流、滤波电路之后,还需要接稳压电路。稳压电路的作用是当电网电压波动、负载和温度变化时,维持输出直流电压稳定。

电源电路的组成如图 6-4-1 所示。控制电路的组成如图 6-4-2 所示。

图 6-4-1 电源电路组成图

图 6-4-2 控制电路组成图

2. 电路工作原理

1) 电源电路

由 $D_1 \sim D_6$、R_1、C_1 构成,如图 6-4-3 所示,$D_1 \sim D_4$ 为整流电路,R_1 为限流电阻、电容 C_2 滤去交流分量并储存一定的电能,为延时提供电压,稳压管 D_6 起限压作用。

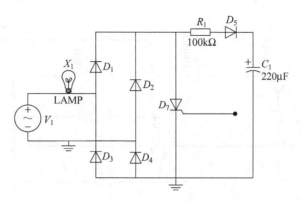

图 6-4-3 电源电路

2）声光控制电路

电路通过光信号和声音信号的控制，分别使电路中的三极管 T_1、T_2、T_3 处于截止、放大或者饱和状态，从而控制特殊点的电位达到声光控的目的。声光控制电路如图 6-4-4 所示。

光控由光敏电阻模拟，声控由压电陶瓷片模拟，电路中光敏电阻用 R_{G1} 和 R_{G2} 串联代替，压电陶瓷片由函数信号发生器代替。

有光时，在光线的作用下光敏电阻很小，此时即 R_{G2} 被短路只剩下较小的电阻 R_{G1}。此时 T_2 基极电位变低而处于截止状态，即使函数信号发生器发出信号（模拟有声音信号情况）也不能通过 T_2 向后放大。同时 PNP 型管 T_3 也截止，电容 C_4 两端电压很小，可控硅 VS 处于截止状态，灯不亮。

无光时，R_{G1} 和 R_{G2} 串联保持高电阻，其上端电位升高，T_2 进入放大区，可以接收并放大声音信号（信号发生器发出信号模拟）。

在无光无声音信号时，T_3 处于截止状态，灯不亮。

无光有声音信号时，信号发生器发出信号，首先通过 T_1 放大，然后经 R_5 与 C_3 出，使 T_2 的基极电位升高，T_2、T_3 随之导通，正电源就通过 T_3、D_7 向电容 C_4 充电，使 C_4 两端电压升高，升至可控硅 VS 的触发电平时，VS 就由关断态进入导通态，灯亮。

R_{10}、C_4、C_1 完成延时关断功能。延迟关断过程为：灯亮时，由 $D_1 \sim D_4$、VS 组成的开关主回路有较大的电流通过，VS 导通后，VS 两端电压下降，$T_1 \sim T_3$ 均为截止状态，此时 C_4 储存的电荷将通过 R_{10} 释放。使 C_4 两端电压逐渐下降，VS 在交流电过零时即关断，电灯 X_1 随之熄灭。

6.4.4 电路仿真与分析

1. 电源电路仿真

$D_1 \sim D_4$ 为整流电路，整流前后波形如图 6-4-5 所示。

电路稳压波形如图 6-4-6 所示。稳压电路最终电压 24V 为后面的声光控电路提供合适的静态工作点，也是延时关断部分进行充放电必不可少的。

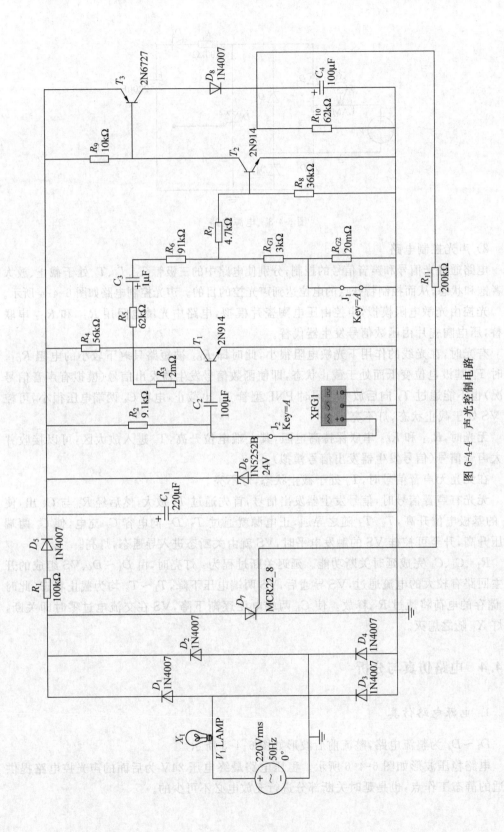

图 6-4-4 声光控制电路

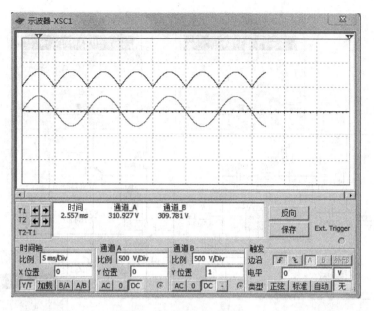

图 6-4-5 整流电路波形

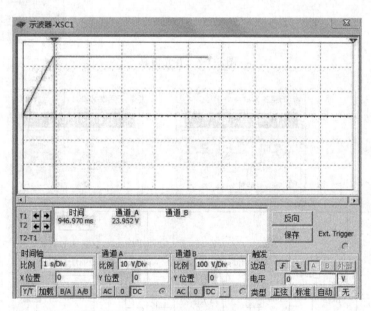

图 6-4-6 稳压波形

2. 声光控部分电路仿真

有光仿真如图 6-4-7 所示。

无光照无声仿真如图 6-4-8 所示。

无光照有声音信号时仿真如图 6-4-9 所示。

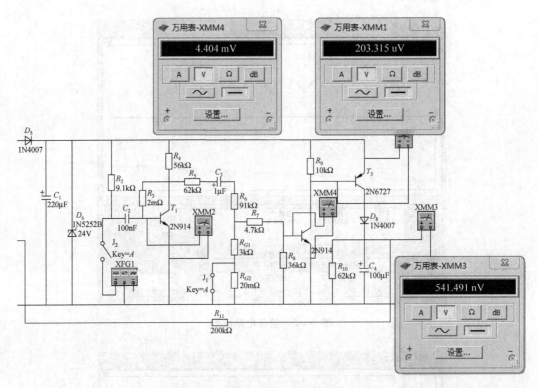

图 6-4-7　有光仿真

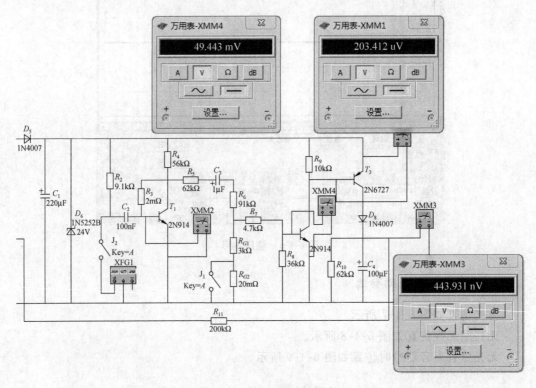

图 6-4-8　无光照无声仿真

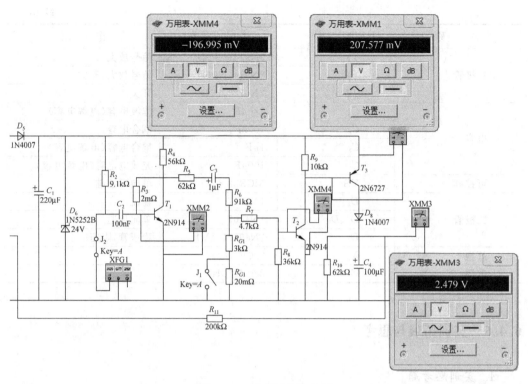

图 6-4-9　无光照有声仿真

6.4.5　实训仪器设备及元器件

实训仪器设备:直流稳压电源,数字万用表。

根据上述元件选型结果以及所设计的整机电路图,完成本设计所需的元器件明细如表 6-4-1 所示。

表 6-4-1　元器件明细表

名　称	代　号	型号或参数	作　用
电阻	R_1	100kΩ	限流
	R_2	9.1kΩ	基极偏置
	R_3	2MΩ	基极偏置
	R_4	56kΩ	集电极偏置
	R_5	62kΩ	耦合电阻
	R_6	91kΩ	耦合电阻
	R_7	4.7kΩ	基极偏置
	R_8	36kΩ	基极偏置
	R_9	10kΩ	集电极偏置
	R_{10}	62kΩ	放电延时
	R_{G1}	3kΩ	两电阻模拟光敏电阻受光
	R_{G2}	20MΩ	时阻值变化

名　　称	代　　号	型号或参数	作　　用
三极管	T_1	2N914(NPN)	信号放大
	T_2	2N914(NPN)	信号放大、开关
	T_3	2N6727(PNP)	开关
电容	C_1	220μF	滤波电容(电解电容)
	C_2	100nF	耦合电容
	C_3	1μF	耦合电容(电解电容)
	C_4	100μF	充放电电容(电解电容)
可控硅	VS	MCR22-8	单向可控硅
二极管	$D_1 \sim D_4$	1N4007	整流
	D_5、D_7	1N4007	单向导通
	D_6	1N4967(24V)	稳压管,限压
灯泡	X_2	220V,30W	
电源	V_1	220V,50Hz	

6.4.6　实训拓展与思考

1. 实训思考题

(1) 整流电路中的四个二极管,有一个接反或开路或短路,分别会出现什么问题?

(2) 不接滤波电容,或接反时,电路会出现什么问题?

2. 实训方案拓展

声光控制开关电路是用于公共过道、楼梯照明控制的实用技术,是一个物理原理在日常生活中应用的典型例子。该电路是集声控、光控电路为一体的智能开关电路。该系统的工作原理简单易懂,可进一步拓展为照明电路,使之不仅适用于白炽灯,同样适用于节能灯和日光灯,能够实现全自动控制灯泡点亮和熄灭功能,真正做到人来灯亮,人走灯灭的节能效果。

6.5　语音放大电路设计

6.5.1　实训目的及意义

- 熟悉和掌握放大电路的静态工作点的计算方法。
- 熟悉多级放大电路的耦合方式及增益的计算方法。
- 加深对三极管电路放大特性的理解。
- 熟悉功率放大电路的原理的工作过程。

- 通过设计安装和调试掌握多级放大器的一般设计方法。

6.5.2 实训任务及要求

1. 实训任务

应用多级放大器完成语音放大,实现双向通话的功能。

2. 实训要求

（1）前置放大级技术指标

① 电压放大倍数：$A_V = 100$；

② 最大输出电压 $V_o = 1V$；

③ 频率响应：30Hz～30kHz；

④ 输入电阻：$r_i > 15k\Omega$；

⑤ 失真度：$\gamma < 10\%$；

⑥ 负载电阻：$R_L = 2k\Omega$；

⑦ 电源电压：$V_{CC} = 12V$。

（2）功率放大器（输出级）技术指标

① 最大输出功率：$P_{om} \geqslant 0.25W$；

② 负载电阻：$R_L = 8\Omega$；

③ 失真度：$\gamma \leqslant 5\%$；

④ 效率：$\eta \geqslant 50\%$；

⑤ 输入阻抗：$R_i \geqslant 100k\Omega$。

（3）进行元器件及参数选择；画出电路原理图（或仿真电路图）；进行电路调试。

6.5.3 原理分析及方案设计

1. 工作原理

放大器由于具有对微弱信号进行放大的功能,所以得到了广泛的应用,但因单级放大器的增益不高,实用的放大器一般均由多级放大器构成。多级放大器的组成如图 6-5-1 所示。

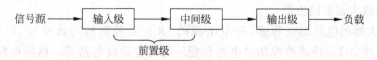

图 6-5-1 多级放大器组成图

双向语音放大工作原理如图 6-5-2 所示,放大器是核心部分。它的作用是把话筒送来的微弱信号放大到足以使扬声器发出声音。Y_1、Y_2 为扬声器,K 为双刀双掷开关,利用开关 K 的切换作用,可以改变 Y_1、Y_2 与放大电路连接的位置,使 Y_1、Y_2 交替作为话筒和扬声器使用。Y_2 通过 K 接到放大器的输入端成为话筒,Y_1 则接到输出端为扬声器。此时有人对着 Y_2 讲话时,Y_2 把声音信号转换成电信号加到放大器的输入端,经放大器放大后可带动扬声器 Y_1 发出声音,从而可在 Y_1 处听到 Y_2 处的讲话。当 K 拨到另一位置时,则可以在 Y_1 处讲话,Y_2 处收听。通过 K 的开关控制,能够实现双向有线通话。

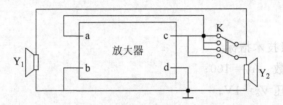

图 6-5-2　双向语音放大工作原理图

语音放大器的电路由输入级、中间级、输出级构成。前置级由两级放大器组成,放大器第一级输入端与传感器相连(作为话筒时的 Y_1 和 Y_2),故也称为输入级,放大器的第二级将前一级输出的电压信号进行放大再传给输出级,这一级也称做中间级。输出级由 OTL 功率放大器组成,把前置级的电压信号进行功率放大,带动扬声器。

2. 方案设计

1) 前置放大级电路方案

(1) 根据总的电压放大倍数,确定放大电路的级数,实际电路中,为使放大电路的性能稳定,引入一定深度的负反馈,所以,放大倍数应留有一定余量。

(2) 根据输入、输出阻抗及频率响应等方面的要求,确定晶体管的组态(共射、共基、共集)及静态偏置电路。

本电路电压增益为 100 倍,考虑到电路的输入电阻不很高($r_i > 15\text{k}\Omega$),输出阻抗也不太低,负载取的电流不大,因此前置级电路采用共射极电路。由于单级放大器的电压增益为 35dB 左右,两级放大器的增益为 65dB 左右,考虑到引入一定深度的负反馈(一般为 $1+AF=10$ 左右),而电路的增益要求为 100 倍,所以前置级用两级共射极电路组成。静态偏置采用典型的工作点稳定电路。

(3) 根据三种耦合方式(阻容耦合、变压器耦合、直接耦合)的不同特点,选用适当的耦合方式。

实训设计中电路级间耦合采用阻容耦合方式,前置放大原理如图 6-5-3 所示。

2) 功率放大器电路方案

功率放大器的电路形式很多,有双电源的 OCL 互补对称功放电路、单电源供电的 OTL 功放电路、BTL 桥式推挽功放电路和变压器耦合功放电路等。这些电路各有特点,可根据要求和具备的实验条件综合考虑,做出选择。

本方案的输出功率较小,可采用单电源供电的 OTL 功放电路,OTL 功率放大器由

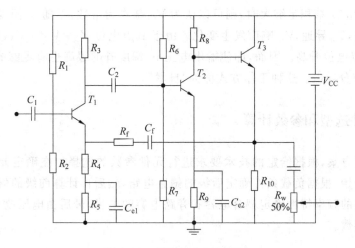

图 6-5-3　前置放大级原理图

推动级、输出级组成。推动级采用普通的共射极放大电路，输出级由互补电路输出，工作在甲乙类状态下，得到较大的输出功率。

图 6-5-4 是一个 OTL 功放电路，T_4 是前置放大级，只要适当调节 R_P，就可以使 $I_{R_{11}}$、V_{B5} 和 V_{B6} 达到所需数值，给 T_5、T_6 提供一个合适的偏置，从而使 A 点电位 $V_A = V_{CC}/2$。

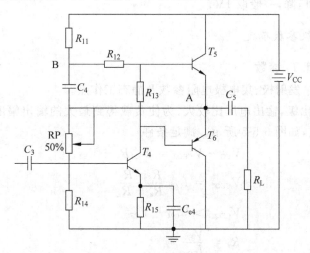

图 6-5-4　功放输出级原理图

当 $v_i = V_{im}\sin\omega t$ 时，在信号的负半周，经 T_4 反相放大后加到 T_5、T_6 基极，使 T_6 截止、T_5 导通，这时有电流通过 R_L，同时电容 C_5 被充电，形成输出电压 V_o 的正半周波形，在信号的正半周，经 T_4 放大反相后加到 T_5、T_6 基极，使 T_5 导通、T_6 截止，则已充电的电容 C_5 起着电源的作用，并通过 R_L 和 T_5 放电，形成输出电压 v_o 的负半周波形。当 v_i 周而复始变化时，T_5、T_6 交替工作，负载 R_L 上就可以得到完整的正弦波。

为使输出电压达到最大峰值 $V_{CC}/2$，采用自举电路的 OTL 功放电路。

当 $v_i = 0$ 时，$V_A = V_{CC}/2$，$V_B = V_{CC} - i_{R_{11}} R_{11}$，电容 C_4 端电压 $V_{C_4} = V_B - V_A = V_{CC}/2 -$

$i_{R_{11}}R_{11}$。当 $R_{11}C_4$ 乘积足够大时,则可以认为 V_{C4} 基本为常数,不随 v_i 而变化。这样,当 v_i 为负半周时,T_5 导通,V_A 响应发生变化。由于 B 点电位 $V_B = V_{C_4} + V_A$,B 点电位也将自动随着 A 点电位升高。因而,即使输出电压 v_o 幅度升的很高也有足够的电流流过 T_5 基极,使 T_5 充分导电。这种工作方式称为"自举"。

6.5.4 元件选型和参数计算

依据确定方案,根据给定的技术要求进行元件参数的选择。在确定元件参数时,可以先从后级开始,根据负载条件确定后级的偏置电路,然后再计算前级的偏置电路,进一步由放大电路的频率特性确定耦合电容和旁路电容的电量,最后由电压放大倍数确定负反馈网络的参数。

1. 确定电源电压

为保证输出电压幅度达到指标要求,电源电压 V_{CC} 应满足如下要求

$$V_{CC} > 2V_{OM} + V_E + V_{CES} \tag{6-5-1}$$

V_{om} 为最大输出幅度,$V_{om} = \sqrt{2}V_o = 1.4V$,$V_E$ 为三极管发射极电压,一般取 $1\sim3V$,V_{CES} 为晶体管饱和压降,一般取 1V。

2. 前置放大级参数确定

1)确定三极管 T_2 参数

(1)三极管 T_2 发射极、集电极电阻参数及静态工作点。

因为 T_2 是输出级,输出电压比较大,为使负载得到最大的输出幅度,静态工作点应设在负载线的中点,如图 6-5-5 所示。满足条件

$$V_{CC} - V_{CEQ2} = I_{CQ2}R_8 + V_{E2} \tag{6-5-2}$$

$$V_{CEQ2} = I_{CQ2}\frac{R_8 \cdot R_L}{R_8 + R_L} \tag{6-5-3}$$

$$V_{CEQ2} > V_{OM} + V_{CES} \tag{6-5-4}$$

$$R_9 = \frac{V_{E2}}{I_{CQ2}} \tag{6-5-5}$$

指标中,$R_L = 2k\Omega$,取 $V_{E2} = 3V$,$V_{CES} = 1V$;确定 $R_8 = 3.5k\Omega$,$R_9 = 1.5k\Omega$,取标称值,$R_8 = 3.3k\Omega$,$R_9 = 1.5k\Omega$,则静态值 $I_{CQ} = 2mA$,$V_{CEQ2} = 2.4V$。

(2)三极管 T_2 参数。

晶体管的选取主要依据晶体管的三个极限参数:$V_{(BR)CEO} >$ 三极管 c-e 间最大电压 V_{CEmax};I_{CM} 大于三极管工作时的最大电流 I_{Cmax};P_{CM} 大于三极管工作时的最大功耗 P_{Cmax}。

由图 6-5-5 可知,I_{C2} 的最大值为 $I_{C2max} = 2I_{CQ2}$,V_{CE} 最大值为 $V_{CE2max} = V_{CC}$,根据甲类电路的特点,T_2 的最大功耗为 $P_{Cmax} = V_{CEQ2} \cdot I_{CQ2}$,因此 T_2 的参数应满足:$V_{(BR)CEO} > 12V$;

$I_{CM} > 2I_{CQ2} = 4\text{mA}$；$P_{CM} > V_{CEQ2} \times I_{CQ2} = 4.8\text{mW}$。

选用 3DG 系列小功率三极管可以满足要求，$\beta_2 = 80$。

（3）三极管 T_2 基极电阻参数。

在工作点稳定的电路中，基极电压 V_{B2} 越稳定，则电路的稳定性越好。因此，在设计电路时应尽量使流过基极电阻的电流大些，以满足 $I_R \gg I_B$ 的条件，保证 V_{B2} 不受 I_B 变化的影响。但是 I_R 并不是越大越好，因为 I_R 大，则 R_6、R_7 的值必然要小，这时将产生两个问题：增加电源的消耗；第二级的输入电阻降低，而第二级的输入电阻是第一级的负载，所以 I_R 太大时，将使第一级的放大倍数降低。为了使 V_{B2}

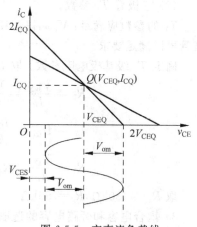

图 6-5-5 交直流负载线

稳定，同时第二级的输入电阻又不致太小，一般计算时，按下式选取 I_R 的值：$I_R = (5\sim 10)I_{BQ}$（硅管）；$I_R = (10\sim15)I_{BQ}$（锗管）。

本电路选用硅管，取 $I_R = 5I_{BQ}$，则

$$R_7 = \frac{V_{BQ2}}{I_R} = \frac{V_{E2} + V_{BE2}}{I_R} = \frac{3 + 0.6}{5I_{BQ2}} = 28.8\text{k}\Omega \qquad (6\text{-}5\text{-}6)$$

$$I_{BQ2} = \frac{I_{CQ2}}{\beta_2} = \frac{2\text{mA}}{80} = 0.025\text{mA} \qquad (6\text{-}5\text{-}7)$$

$$R_6 = \frac{V_{CC}}{I_R} - R_7 = 67.8\text{k}\Omega \qquad (6\text{-}5\text{-}8)$$

取标称值，有 $R_7 = 30\text{k}\Omega, R_9 = 68\text{k}\Omega$。

2）确定三极管 T_1 的参数

（1）三极管 T_1 发射极、集电极电阻参数及静态工作点。

因为 T_1 级是放大器的输入级，其输入信号比较小，放大后的输出电压也不大，所以对于第一级失真度和输出幅度的要求比较容易实现，主要考虑如何减小噪声，因输入级的噪声将随信号一起被逐级放大，对整机噪声指标影响极大。三极管的噪声大小与工作点的选取有很大关系，减小静态电流对降低噪声是有利的，但对提高放大倍数不利，所以静态电流不能太小。在工程计算中，一般对小信号的输入级都不详细计算，而是凭经验直接选取：$I_{CQ1} = 0.1\sim 1\text{mA}$（硅管），$I_{CQ1} = 0.1\sim 2\text{mA}$（锗管）。

如果输入信号较大或输出幅度较大时，不能用此方法，而应该具体计算，计算方法与计算第二级的方法相同。取 $V_{E1} = 3\text{V}, V_{CEQ1} = 3\text{V}$；$I_{CQ1} = 0.5\text{mA}$，有

$$R_3 = \frac{V_{CC} - (V_{E1} + V_{CEQ1})}{I_{CQ1}} = \frac{12 - 6}{0.5\text{mA}} = 12\text{k}\Omega \qquad (6\text{-}5\text{-}9)$$

$$R_4 + R_5 = \frac{V_{E1}}{I_{CQ1}} = \frac{3}{0.5\text{mA}} = 6\text{k}\Omega \qquad (6\text{-}5\text{-}10)$$

取标称值，$R_3 = 12\text{k}\Omega, R_4 = 56\Omega, R_5 = 5.6\text{k}\Omega$。

（2）三极管 T_1 参数。

T_1 的参数应满足：$V_{(BR)CEO} > 12V$，$I_{CM} > 0.5mA$；$P_{CM} > 1.5mW$；选用 3DG 系列三极管可以满足要求。

确定 T_1 级基极电阻参数：取 $I_R = 10I_{BQ1}$，$V_{E1} = 3V$，则

$$R_2 = \frac{V_{BQ1}}{I_R} = \frac{V_{E1} + V_{BE1}}{I_R} = \frac{3 + 0.6}{10I_{BQ1}} = 57.6k\Omega \qquad (6-5-11)$$

$$I_R = I_{BQ1} = \frac{I_{CQ1}}{\beta_2} = \frac{0.5mA}{80} = 0.00625mA \qquad (6-5-12)$$

$$R_1 = \frac{V_{CC}}{I_R} - R_2 = 134.4k\Omega \qquad (6-5-13)$$

取 $R_1 = 130k\Omega$，$R_2 = 56k\Omega$。

3）耦合电容和旁路电容的选取

各级耦合电容及旁路电容应根据放大器的下限频率 f_l 决定。这些电容的容量越大，放大器的低频响应越好。但容量越大电容漏电也越大，这将造成电路工作不稳定，因此要适当的选择电容的容量，以保证收到满意的效果。工程计算中，常选取：耦合电容：$2 \sim 10\mu F$；发射极旁路电容：$150 \sim 200\mu F$。

选取耦合电容 $10\mu F$，发射极旁路电容 $100\mu F$，电容的耐压值只要大于可能出现在电容两端的最大电压即可。

4）反馈网络的计算

$$R_f = \frac{1}{F_V} = \frac{R_f + R_4}{R_4} \qquad (6-5-14)$$

$R_f = 100R_4 - R_4 = 5.5k\Omega$，取 $R_f = 5.6k\Omega$，$C_f = 10\mu F$。

根据上述的计算结果，得到电路图如图 6-5-6 所示。

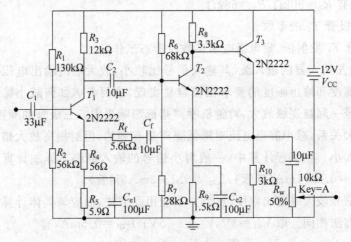

图 6-5-6 前置放大级电路图

3. 功放级参数确定

1）确定电源电压

为了保证电路安全可靠地工作，通常使电路的最大输出功率 P_{om} 比额定输出功率 P_o

要大些，一般取 $P_{om}=(1.5\sim2)P_o$。

所以最大输出电压应根据 P_{om} 来计算，为

$$V_{om} = \sqrt{2P_{om}R_L} = \sqrt{2\times0.5\times8} = 2.8\text{V} \tag{6-5-15}$$

电源电压必须大于 V_{om}，因为输出电压为最大值时，输出管已经接近饱和，考虑到管子的饱和压降，以及发射极电阻的降压作用，我们用下式表示电源电压和输出电压最大值的关系

$$V_{om} = \eta V_{CC}/2 \tag{6-5-16}$$

即

$$V_{CC} = 2\frac{1}{\eta}V_{om} = 2\frac{1}{\eta}\sqrt{2P_{om}R_L} \tag{6-5-17}$$

其中 η 称为电源利用效率，一般取：$\eta=0.6\sim0.8$。

要根据管子的材料、发射极电阻值和扬声器阻抗来选定 η 值。如果上述因素使输出电压降低很多时，η 可选低些；反之可选高些。

此设计中 $P_{om}=0.25\text{W}$，$R_L=8\Omega$，效率 $\eta\geqslant50\%$，所以，

$$V_{CC} = 2\frac{1}{\eta}V_{om} = 2\frac{1}{\eta}\sqrt{2P_{om}R_L} = 2\frac{1}{0.5}\sqrt{2\times0.25\times8} = 8\text{V}$$

由此可确定 12V 的电源可满足放大电路和 OTL 功率放大电路的要求。

2）确定输出级功放管参数

选择合适的功率管，并使 $\beta_5=\beta_6$，参数尽量对称，大功率管还应考虑其工作环境的温度以及散热片的问题，为了满足电路性能要求，并便于设计计算，本课题功率管选择硅管，其极限参数应满足

$$V_{(BR)CEO} > V_{CEmax} \tag{6-5-18}$$

$$I_{CM} > I_{Cmax} \tag{6-5-19}$$

$$P_{CM} > P_{Cmax} \tag{6-5-20}$$

$$V_{(BR)CEO} > V_{CEmax} = 2\times V_{CC}/2 = 12\text{V} \tag{6-5-21}$$

$$I_{CM} > I_{Cmax} = \frac{V_{om}}{R_L} = \frac{\frac{V_{CC}}{2}-V_{CES}}{R_L} = \frac{6-1}{8} = 625\text{mA} \tag{6-5-22}$$

$$P_{CM} > P_{Cmax} = 0.2P_{om} = 0.2\times0.25\text{W} = 50\text{mW} \tag{6-5-23}$$

因此选用一般大功率三极管可以满足要求。

3）计算推动级电路

确定 T_4 的工作电流：为保证信号不失真，T_4 工作在甲类放大状态，静态工作点应设在负载线的中点，要求

$$I_{CQ4} \geqslant 3I_{B6max} \approx 3\frac{I_{C6max}}{\beta_6} \tag{6-5-24}$$

一般取 $I_{CQ4}=2\sim10\text{mA}$，此设计中取值 $I_{CQ4}=10\text{mA}$。

静态时,OTL 电路的 A 点电位 $V_A = \dfrac{1}{2}V_{CC} = 6V$,所以,$V_{CE4}$ 取 2～3V。

$$V_{C4} = 6 - V_{BE6} = 5.5V \tag{6-5-25}$$

$$V_{C4} = V_{CE4} + I_{CQ4}R_{15} \tag{6-5-26}$$

确定 $R_{15} = 250\Omega$。

$$I_{R_P} = (5 \sim 10)I_{BQ4} = (5 \sim 10)\dfrac{I_{CQ4}}{\beta_4} \tag{6-5-27}$$

$$V_{B4} = V_{E4} + V_{BE4} = I_{CQ4}R_{15} + V_{BE4} = 3.1V \tag{6-5-28}$$

$$R_{14} = \dfrac{V_{B4}}{I_{R_P}} = \dfrac{3.1}{0.625\text{mA}} = 4.96\text{k}\Omega \tag{6-5-29}$$

$$R_P = \dfrac{V_A - V_{B4}}{I_{R_P}} = \dfrac{6 - 3.1}{5\dfrac{I_{CQ4}}{\beta_4}} = \dfrac{6 - 3.1}{0.625\text{mA}} = 4.64\text{k}\Omega \tag{6-5-30}$$

β_4 取 80,选取电阻标称值 R_{15} 为 270Ω、R_{14} 为 5.1kΩ、R_P 为 10kΩ 电位器。

4)确定输出级静态工作点及电阻参数

静态时,OTL 电路的 A 点电位 $V_A = \dfrac{1}{2}V_{CC} = 6V$,则 $V_{BQ5} = 6.5V$,$V_{BQ6} = 5.5V$。则

$$R_{13} = \dfrac{V_{BQ5} - V_{BQ6}}{I_{CQ4}} = \dfrac{6.5 - 5.5}{10\text{mA}} = 100\Omega \tag{6-5-31}$$

$$R_{11} + R_{12} = \dfrac{V_{CC} - V_{BQ5}}{I_{CQ4}} = \dfrac{12 - 6.5}{10\text{mA}} = 550\Omega \tag{6-5-32}$$

$$R_{11} < R_{12} \tag{6-5-33}$$

确定电阻为标称值 R_{11} 为 120Ω,R_{12} 为 430Ω。

根据上述计算结果,可以得到功放输出级电路图如图 6-5-7 所示。

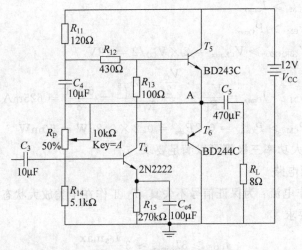

图 6-5-7 功放输出级电路图

4．调试方法

（1）调解 R_P 使 A 点电位为 $V_{CC}/2$。

（2）改变 R_{13} 的阻值使 I_{CQ4}、$I_{CQ5} = (5 \sim 10) \text{mA}$，实际中 R_{13} 取 100Ω。

以上两步要反复调解，直到达到要求为止。

经上述调试后，放大器就能正常工作。按图 6-5-2 所示 K 拨在图中位置，对着 Y_2 讲话时，Y_1 处应能听到清晰、洪亮的声音。当 K 拨到另一位置时，对着 Y_1 讲话时，Y_2 处应能听到清晰、洪亮的声音。

最后需要说明的是，如接好线路后，扬声器中有广播电台的声音，则应在放大器的输入端与地之间接一电容，其容量为 0.01μF，也可由试验确定。

6.5.5　实训仪器设备及元器件

实训仪器设备：直流稳压电源，数字万用表。

根据上述元件选型结果以及所设计的整机电路图，完成本设计所需的元器件明细表如表 6-5-1 所示。

表 6-5-1　元器件明细表

名　称	代　号	型号或参数	作　用
电阻	R_1	130kΩ	基极偏置
	R_2	56kΩ	基极偏置
	R_3	12kΩ	集电极偏置
	R_4	56kΩ	反馈电阻
	R_5	5.9kΩ	反馈电阻
	R_6	68kΩ	基极偏置
	R_7	28kΩ	基极偏置
	R_8	3.3kΩ	集电极偏置
	R_9	1.5kΩ	发射极电阻
	R_{10}	3kΩ	发射极电阻
	R_{11}	120kΩ	
	R_{12}	430Ω	
	R_{13}	100Ω	
	R_{14}	5.1kΩ	
	R_{15}	270Ω	
	R_P	10kΩ	电位器
	R_w	10kΩ	电位器
	R_f	5.6kΩ	反馈电阻
三极管	$T_1 \sim T_4$	2N2222	信号放大
	T_5	BD243C (NPN)	功率放大
	T_6	BD243C (PNP)	

名　　称	代　　号	型号或参数	作　　用
电容	C_1	$33\mu F$	耦合电容
	C_2	$10\mu F$	耦合电容
	C_3	$10\mu F$	耦合电容
	C_4	$10\mu F$	耦合电容
	C_5	$470\mu F$	耦合电容
	C_{e_1}	$100\mu F$	旁路电容
	C_{e_2}	$100\mu F$	旁路电容
	C_{e_3}	$10\mu F$	旁路电容
	C_{e_4}	$100\mu F$	旁路电容
	C_f	$10\mu F$	

6.5.6　实训拓展与思考

1. 实训方案拓展

在学生宿舍楼、医院病房或多室住宅中,为了管理、联系方便或快速传递信息,安装对讲系统是最有效的方法之一。根据双向语音放大电路可进一步设计出对讲机,使加以任何一方可用扬声器向对方讲话,或收听对方的讲话。

2. 实训思考题

(1) 多级放大电路中,若电路间不接耦合电容对电路的动静态有什么影响?

(2) R_f、C_f 在电路中的作用是什么? 对电路性能有何改善?

第 7 章

数字电子技术实训

　　数字电子技术实训电路主要分为组合逻辑电路和时序逻辑电路两类,研究电路中输入和输出状态之间的逻辑关系,主要以逻辑代数为分析方法。数字电子技术电路具有速度快、精度高、抗干扰能力强、体积小等优点,在自动控制、仪器仪表、数字通信等领域应用非常广泛。

　　在数字电子技术实训训练前一定要掌握数字电子技术分析方法和设计方法,然后才能进入实训过程。数字电子技术实训包括仿真、测试、实验等基本环节。给定功能和技术要求:明确设计任务要求,具有一定功能的单元电路结构作为一个整体,进行划分功能模块单元,确定符合要求的设计方案或采用多方案设计实验。

　　数字电子技术实训设计主要步骤包括设计方案、确定参数、验证方案。确定设计方案就是根据初步选择方案设计总的原理电路框图,电路框图反映各功能模块的功能即可。确定电路结构和确定元件参数是具体设计单元电路,数字电子技术电路往往是和模拟电子电路相辅相成完成设计,数字电子技术电路设计主要步骤有列写真值表、写出表达式、选择器件、设计电路等,每一步都有确定的方法可遵循,需要掌握方法,灵活应用。

　　验证方案是重要的实训内容,主要分为电路验证和软件验证,详细介绍如下。

- 电路验证:实训中根据输入信号情况,分析输出信号状态,根据输出信号状态得到电路功能,满足设计要求的电路完成后,进行实训实验:采购器件、测试元件、连接单元电路、连接总电路、测试电路。逻辑电路测试主要分为静态测试和动态测试。静态测试是指给组合逻辑电路输入高、低电平,测出输出高、低电平,来验证逻辑关系是否正确。动态测试是采用数字信号发生器生成一定频率的脉冲信号,将脉冲信号接入逻辑电路,用示波器或逻辑分析仪观察输出信号,通过输入与输出波形的比较分析逻辑功能。

- 软件验证:在用元器件按理图连接之前,用仿真的方法测试时序逻辑电路也是常用方法。市场上有很多电路仿真软件,有些是针对特定任务的,有些专用于教学或演示目的。比较流行的通用数字电路仿真软件是 Quartus Ⅱ,Altera 公司针对 MAX3000/7000、FELX6K/10K、APEX20K 等主要产品的开发工具 Quartus Ⅱ是较成功的 PLD/FPGA 开发平台,全球 PLD/FPGA 产品占有率较高,其技术决定了 PLD/FPGA 技术的发展方向。Quartus Ⅱ 是综合性 PLD 开发软件,支持原理图、VHDL(VHSIC Hardware Deserition Language)、Verilog HDL 以及 AHDL(Altera Hardware Description Language)等多种设计输入形式,容易学习应用。此类软件容易学习和掌握,本章应用 Quartus Ⅱ软件对部分电路进行了功能仿真,关于编程输入方法和仿真步骤没有详细描述,关于此部分知识参考书籍较多,在此不赘述,请参考相关书籍。

7.1 简易水位检测逻辑控制

7.1.1 实训目的及意义

- 了解模拟电路和数字电路的简单组合应用,了解组合逻辑电路的控制思想和简单组合逻辑电路设计方法。
- 掌握测试器件和调试电路的基本原则和方法。
- 掌握应用小规模集成电路设计控制电路的基本方法,熟悉电路接口的实现。

7.1.2 实训任务及要求

1. 实训任务

设计水位检测控制电路,水位在不同高度有提示,同时实现水注满容器有报警信号,且停止注水;当容器中水位很低,接近容器底部时,发光二极管提示,人工启动注水。

2. 实训要求

(1) 采用简单地探测水位电路实现水位的检测,自制水位探测装置。

(2) 水位检测可以分为四个阶段提示水位情况,用组合逻辑电路、发光二极管实现不同的水位高度提示。

(3) 当水位超限时,组合逻辑电路发出高电平信号,启动声报警和停止电机,从而停止注水。

3. 实训基础理论

设计中涉及数字电子技术理论基础知识,包括组合逻辑电路设计和分析方法。三极管的开关作用和继电器、接触器等模拟电子技术的有关知识。

7.1.3 方案设计及原理分析

根据题目要求设计电路分为三个可独立模块设计,分别为:检测与逻辑电路、声报警电路、电动机控制电路三部分。

1. 检测与逻辑电路设计

组合逻辑电路和水位探测部分相连,实现水位的检测。本例采用简易的铜箍绑在绝缘棒上实现水位检测部分。棒上有五个铜箍,两个铜箍之间充满水,铜箍之间导通;铜箍之间无水,铜箍之间断开。组合逻辑电路将铜箍导通和断开的高低电平信号送入与非门和发光二极管实现设计要求。与非门采用 CMOS 系列 74HC00 二输入四与非门，表 7-1-1 是与非门 74HC00 输入输出特性电压值参数表。

设计检测与逻辑电路，当水箱无水（水位接近底部）时，A～D 与 U 端断开，G_1～G_4 的输入端为低电平，发光二极管微亮，水注满 G_4 输出低电平，G_5 输出高电平，参看设计电路图如图 7-1-1 所示，T_1、T_2 导通，电机停转，并发出报警声响，参看设计电路图如图 7-1-2 和图 7-1-3 所示。

表 7-1-1　74HC00 输入输出特性电压值参数表

	电源电压范围(V)	电源电压额定值(V)	输入低电平电压(V)	输入高电平电压(V)	高电平噪声容限(V)	低电平噪声容限(V)	输出低电平 $V_{0L(max)}$(V)	输出高电平 $V_{0H(min)}$(V)
74HC00	2～6	7	0～1.5	3.5～5	1.4	1.4	0.1	4.9

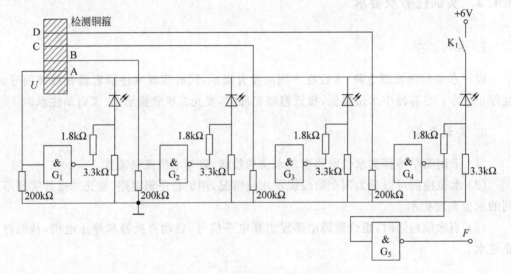

图 7-1-1　检测与逻辑电路设计电路图

2. 声报警电路设计

当水位超限时，检测与逻辑电路输出端 F 输出为高电平，使晶体管 T_1 导通，电铃 DL 发出铃声报警，设计电路图如图 7-1-2 所示。

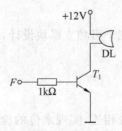

图 7-1-2　报警电路

3．电动机控制电路设计

当水位超限时,检测与逻辑电路输出端 F 输出为高电平,晶体管 T_2 导通,继电器 KA 通电,其常闭触点 KA 断开,电动机停止转动,注水停止,设计电路图如图 7-1-3 所示。

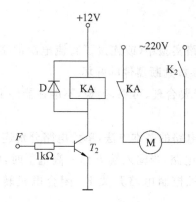

图 7-1-3　电动机控制电路

4．总电路图连接

将检测与逻辑电路、声报警电路、电动机控制电路三个图中 F 点相连,就组成了完整的设计电路图。

7.1.4　实训仪器设备及元器件

实训设备:万用表、直流稳压电源、数字电路实验箱或实验电路板。

根据设计原理图和元器件参数以及实验环境基本要求,实训参考使用的元件清单与成本估算见表 7-1-2。

表 7-1-2　元器件清单及成本估算

元 件 类 型	元 件 规 格	数　量	价格(元)
与非门	74HC00	2	0.50
二极管	IN4148 开关管	1	1.00
三极管	3DG6	2	2.00
发光二极管	302RHD	4	0.20
小功率电机	单相异步电动机	1	1.00
继电器	WJ118	1	1.20
电铃(蜂鸣器)	蜂鸣片-4	1	0.50
拨动开关	SK-12D07	2	2.00
电阻	3W 金属膜	14	1.40
总计			8.85

7.1.5　实训拓展与思考

1．实训内容与步骤

(1) 用万用表和数字电路实验箱(或连接了直流电源的实验电路板)测试器件,掌握不同器件的测试方法,通过参数判断器件的好坏。

(2) 连接单元电路,布线要合理、可靠、美观,不准在器件上跨接导线,做到横平竖直,便于电路出现故障时查错。

(3) 掌握用万用表调试电路的基本方法,单元电路分别连接好,接通电源测试单元电路反应状态是否正确。报警电路,当输入端 F 给一高电平时,电铃是否响,如响符合设计要求,否则电路有错。电动机控制电路开关 K_2 闭合电机转动,当 $F=1$ 时,电机停止转动。

(4) 连接总电路图,测试电路逻辑是否正常,首先是容器不加水,闭合开关 K_1 和 K_2 观察发光二极管是否微亮,加水过程中观察四二极管逐个亮起来,当水位达到水位 D 时,声报警,同时停止注水。

2．实训思考题

(1) 逻辑门中不用的输入端在此电路中如何处理? 为什么?

(2) 说明实验中 74HC00 电源是如何连接的?

(3) 请选择任意一种超限报警应用电路,用学过的报警电路和逻辑门来完成。

(4) 试设计其他类型报警电路在不同电路需求中应用。

3．注意事项

(1) 注意实验前要检查所有导线,以防因断线影响实验正常进行。

(2) 注意数字集成电路电源端抗干扰的处理。

(3) 注意各接地端的连接要正确。

4．实训报告要求

(1) 分步进行分析,对实训电路的逻辑关系、主要器件的功能等进行分析总结,给出分析与综合的步骤结果。

(2) 对实验中出现的现象,进行必要的分析与讨论。

(3) 回答思考题,并对思考题的问题写出设计过程、画出设计方案原理图。

7.2 计数器数码显示电路

7.2.1 实训目的及意义

- 掌握数字电路中计数器、译码器、显示器的基本概念和工作原理。
- 掌握计数器 74LS161 各管脚功能和输入、输出间的时序关系。
- 熟悉计数器的使用方法,通过对 74LS161 计数器的训练学习达到对各类计数器的融会贯通。熟悉计数器的一般应用,从而掌握设计更加复杂的计数器数字系统电路的方法。

7.2.2 实训任务及要求

1. 实训任务

计数器数码显示是数字系统中的基本单元电路,主要广泛应用在控制电路中,用于计数脉冲个数和显示十进制数码。

2. 实训要求

计数器是重要的时序逻辑电路,它不仅可以对脉冲计数,还可以用于定时、产生节拍脉冲、分频、产生时序信号等。本题目涉及一位计数器和一位数码显示电路,要求自行设计脉冲发生器和数码显示电路。

3. 实训基础理论

设计中涉及数字电子技术理论知识包括:时序逻辑电路设计和分析,其中要熟悉触发器功能结构和掌握应用技巧,掌握集成芯片的灵活应用和扩展应用。

7.2.3 方案设计及原理分析

实训要求设计一位计数器数码显示电路,它主要有脉冲发生器、计数器、显示译码器、数码管组成。

1. 单脉冲发生器设计

单脉冲发生器是产生数字系统逻辑高低电平输入的装置,机械开关可以实现高低电平输入,但由于触点在接通和断开时产生弹性震颤,即"抖动"现象,会产生错误的逻辑输入。在数字系统中,通常采用硬件和软件方法克服此现象,本例用锁存器构成"去抖"方案如图 7-2-1 所示。

2. 计数器设计

本例采用 74LS161 四位二进制计数器设计十进制计数器。计数器引脚图如图 7-2-2 所示，功能表如表 7-2-1 所示，时序图如图 7-2-3 所示。

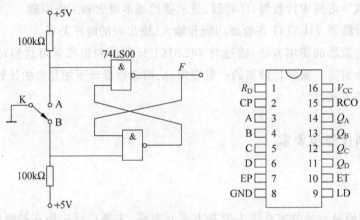

图 7-2-1　锁存器构成的去抖动电路　　图 7-2-2　74LS161 引脚图

表 7-2-1　74LS161 的功能表

| 输　　入 | | | | | | 输　　出 | |
清零 R_D	置数 LD	使能 EP　ET	时钟 CP	置数数据输入 D　C　B　A	Q_D　Q_C　Q_B　Q_A	进位 RCO
L	*	*　*	*	*　*　*　*	L　L　L　L	L
H	L	*　*	上升沿	上升沿置数	置数数据	♯
H	H	L　*	*	*　*　*　*	保持	♯
H	H	*　L	*	*　*　*　*	保持	L
H	H	H　H	上升沿	*　*　*　*	计数	♯

注：* 表示任意电平，♯ 表示当计数器输出状态为 HHHH，且 EP、ET 为高电平时 RCO 为高电平，否则 RCO 为低电平。

应用集成芯片 74LS161 设计十进制计数器，可以采用清零法和置数法两种方法。清零法要用清零端实现，同时配合脉冲异步清零的原理输出状态要出现"1010"清零；置数法用到置数端，出现输出状态"1001"时，下一个脉冲把置数数据输入端数据"0000"置到输出端。置数法十进制计数器逻辑图、状态图如图 7-2-4 所示。

3. 显示译码器与共阴极数码管连接

七段显示译码器的功能是将"8421"二-十进制代码译成对应于数码管的七段信号，驱动数码管相应的十进制数码。数码管有共阳极和共阴极两种，译码器对应有驱动共阴极

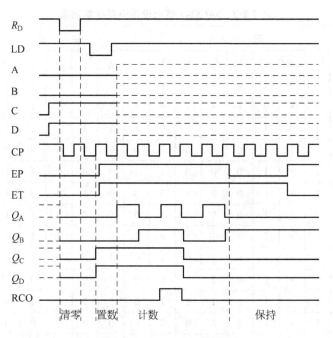

图 7-2-3　74LS161 时序图

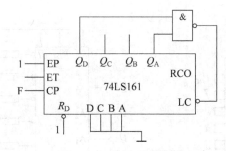

(a) 十进制计数器逻辑图

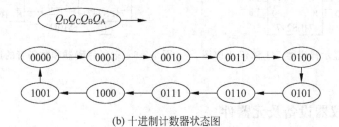

(b) 十进制计数器状态图

图 7-2-4　置数法接成十进制计数器

和驱动共阳极两种显示译码器。以 74LS247 译码器驱动共阳极数码管 BS204 为例，74LS247 译码器功能表如表 7-2-2 所示。74LS247 译码器引脚图如图 7-2-5 所示，七段显示译码器和共阳极数码管连接图如图 7-2-6 所示。

表 7-2-2　74LS247 型七段译码器的功能表

功能十进制数	输入							输出							显示
	$\overline{LT}$	$\overline{RBI}$	$\overline{BI}$	A_3	A_2	A_1	A_0	$\bar{a}$	$\bar{b}$	$\bar{c}$	$\bar{d}$	$\bar{e}$	$\bar{f}$	$\bar{g}$	
试灯	0	*	1	*	*	*	*	0	0	0	0	0	0	0	8
灭灯	*	*	0	*	*	*	*	1	1	1	1	1	1	1	全灭
灭零	1	0	1	0	0	0	0	1	1	1	1	1	1	1	灭零
0	1	1	1	0	0	0	0	0	0	0	0	0	0	1	0
1	1	*	1	0	0	0	1	1	0	0	1	1	1	1	1
2	1	*	1	0	0	1	0	0	0	1	0	0	1	0	2
3	1	*	1	0	0	1	1	0	0	0	0	1	1	0	3
4	1	*	1	0	1	0	0	1	0	0	1	1	0	0	4
5	1	*	1	0	1	0	1	0	1	0	0	1	0	0	5
6	1	*	1	0	1	1	0	1	1	0	0	0	0	0	6
7	1	*	1	0	1	1	1	0	0	0	1	1	1	1	7
8	1	*	1	1	0	0	0	0	0	0	0	0	0	0	8
9	1	*	1	1	0	0	1	0	0	0	0	1	0	0	9

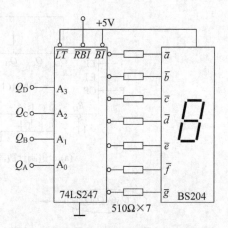

图 7-2-5　显示译码器 74LS247 引脚图　　图 7-2-6　七段译码器和数码管的连接图

7.2.4　实训仪器设备及元器件

实训设备：万用表、逻辑试电笔、示波器、直流稳压电源、数字电路实验箱或实验电路板。

根据设计原理图和元器件参数以及实验环境基本要求，实训参考使用的元件清单与成本估算见表 7-2-3。

表 7-2-3　元器件清单及成本估算

元件类型	元件规格	数　量	价格(元)
二进制计数器	74LS161	1	0.5
显示译码器	74LS247	1	3.2
共阳极数码管	LEDBS204	1	1.00
与非门	74LS00	1	0.25
开关	单刀双掷开关	1	1.00
总计			5.95

7.2.5　实训拓展与思考

1. 实训内容和步骤

（1）按照前面给出的引脚图和器件功能表确定 74LS161、74LS247、74LS00 的引脚排列，了解各引脚的功能。测试举例：74LS161 功能需要试验异步置"0"功能、预置数功能、计数和进位功能、保持功能，测试功能正常，测试下一个器件。

（2）连接单元电路测试。按每个单元实验电路图在实验板上或实验箱上安装好实验电路，检查电路连接，确认无误后再接电源，测试每个单元电路是否工作正常。

（3）连接总电路图，测试功能是否正常。将每一个测试好的单元电路彼此正确连接，测试是否满足逻辑功能要求。

2. 实训思考题

（1）此电路如果采用共阴极数码管，译码器应该选择什么型号？

（2）请设计用 74LS161 反馈清零法实现十进制，试用其他型号计数器实现任意进制计数器的设计。

3. 注意事项

（1）注意逻辑门电路的多余输入端的处理。

（2）注意数字集成电路抗干扰的处理。

（3）注意电路间数字端口高低位的连接正确，各电路接地的连接要正确。

4. 实训报告要求

（1）写出电路的主要单元电路的设计过程，画出完整的电路原理图，说明电路的工作原理和电路的工作过程。

（2）正确填写实验设计表格，测试完成实验数据。

（3）写出实验过程中遇到的问题及解决方法，写出体会与建议。

（4）回答思考题。

7.3 步进电机脉冲分配器

7.3.1 实训目的及意义

- 了解步进电机的工作原理,熟练掌握应用组合逻辑电路和时序逻辑电路设计简单脉冲分配器的方法。
- 熟练掌握时序逻辑电路设计方法,掌握功率放大电路的应用。

7.3.2 实训任务及要求

1. 实训任务

步进电机是一种数字化的自动控制执行元件,步进电机每输入一个脉冲就转动一个角度,故又叫做脉冲电机,广泛应用于精密旋转和线性控制中。常用的磁阻步进电机有三相、五相绕组等多种,按照顺序给绕组信号,转子就会转动,通过送入绕组的脉冲顺序不同控制电机正转和反转,通过控制脉冲的频率控制步进电机的转速。

2. 实训要求

根据题目要求论证各种实现方案,挑选学生知识范围内方案实现,或自学控制理论相关知识实现。完成实训要求基本功能,实现步进电机的一种顺序控制,完成环形分配器和功率放大的基本电路,电机能够实现正、反转控制。

3. 实训基础理论

本设计用到数字电子技术理论知识有组合逻辑电路设计、时序逻辑电路的设计方法,用到模拟电子技术知识有功率放大电路的设计等。前面实训中计数显示电路也可应用在此电路中,实现设计电路的应用扩展和本设计题目设计扩展。

7.3.3 方案设计及原理分析

1. 设计方案一

控制步进电机的电路结构有多种,本设计驱动步进电机电路主要由环形分配器和功率放大器两部分组成。设计一种三相六拍工作方式的环形分配器和三极管功率放大的小型步进电机驱动电源控制电路,并且能控制电机的正转和反转,同时实现步数计数显示。

1)环形分配器的设计
三相六拍的分配器中,A、B、C表示步进电机的三相绕组和控制信号,六拍正转顺序为：$C \to AC \to A \to AB \to B \to BC \to C \to \cdots\cdots$ 顺序轮流通电即正转；六拍反转顺序为：$C \to BC \to B \to AB \to A \to AC \to C \to \cdots\cdots$ 如此顺序循环通电为反转。

（1）环形分配器输入、输出描述和器件选择。在时序逻辑电路中有典型电路,选用器件是组合逻辑和时序逻辑电路结合,时序电路实现环形分配电路选用 JK 触发器。输出给电机信号为 A、B、C,环形分配器输入信号为 A、B、C,控制正、反转端 E 和清零端 R_D,E 为 1 时,电机正转；E 为 0 时,电机反转。

（2）根据前一步的描述写出分配器状态表。A、B、C 为三个 JK 触发器的输出信号 Q_1、Q_2、$\overline{Q_3}$,首先 R_D 清零端清零,$Q_1Q_2Q_3=000$,此时 $ABC=001$,同时准备好各触发器输入端状态,脉冲沿到来触发器输出状态为 100,$ABC=101$ $\cdots\cdots$ 根据状态表设计环形分配器。六拍环形分配器状态表如表 7-3-1 所示。

表 7-3-1　六拍环形分配器状态表

E	R_D	A	B	C	J_1	K_1	J_2	K_2	J_3	K_3
1	0	0	0	1	1	0	0	1	0	1
1	1	1	0	1	1	0	0	1	1	0
1	1	1	0	0	1	0	1	0	1	0
1	1	1	1	0	0	1	1	0	1	0
1	1	0	1	0	0	1	1	0	0	1
1	1	0	1	1	0	1	0	1	0	1
1	1	0	0	1	1	0	0	1	0	1
0	0	0	0	1	0	1	1	0	0	1
0	1	0	1	1	0	1	1	0	1	0
0	1	0	1	0	1	0	1	0	1	0
0	1	1	1	0	1	0	0	1	1	0
0	1	1	0	0	1	0	0	1	0	1
0	1	1	0	1	0	1	0	1	0	1
0	1	0	0	1	0	1	1	0	0	1

（3）根据状态表写出触发器的驱动方程,根据方程画出六拍环形分配器原理图。

$$\begin{cases} K_1 = \overline{\overline{Q_2 \cdot E} \cdot \overline{Q_3 \cdot \overline{E}}} \\ J_1 = \overline{K_1} \end{cases} \tag{7-3-1}$$

$$\begin{cases} K_2 = \overline{\overline{Q_3 \cdot E} \cdot \overline{Q_1 \cdot \overline{E}}} \\ J_2 = \overline{K_2} \end{cases} \tag{7-3-2}$$

$$\begin{cases} K_3 = \overline{\overline{Q_1 \cdot E} \cdot \overline{Q_2 \cdot \overline{E}}} \\ J_3 = \overline{K_3} \end{cases} \tag{7-3-3}$$

六拍环形分配器原理图设计如图 7-3-1 所示,图中六个输入端信号来自触发器相应输出端信号,构成环形分配器,首先是清零,然后 E 给高电平或低电平选择正转或反转,给定脉冲信号则电机正转或反转,六拍输出状态产生电机正转或反转信号。

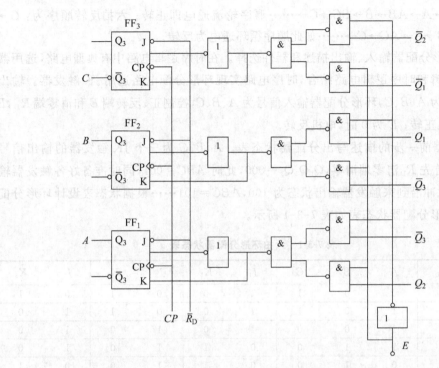

图 7-3-1 六拍环形分配器

原理图中用到 JK 触发器 74LS112、与非门 74HC00（前面实训中有介绍，此处略），74LS112 芯片引脚图如图 7-3-2 所示。

2）电机驱动电源功率放大电路设计

小型步进电机的驱动电源功率放大电路多采用 BJT 开关管和 RL 暂态电路（其中 $R=r+R_C$）实现电机线圈中电流快速切换。其中电阻 R_C 阻值较大，使 RL 暂态电路时间常数 τ 尽可能小，$\tau = L/(r+R_C)$，电流切换的上升和下降快，其中电机的 A 相线圈功率放大电路连接图如图 7-3-3 所示。

图 7-3-2 74LS112 引脚图

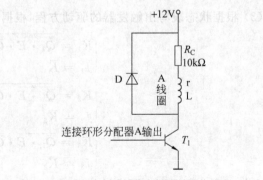

图 7-3-3 功率放大电路

3）步数的计数和显示设计

由于脉冲是每输入一个脉冲走一步，步数计数和显示可以通过对环形分配器输入脉冲的计数来完成。计数显示电路原理框图如图 7-3-4 所示，设计电路可以参考前面计数器数码显示实训电路。

环形分配器脉冲 → 步数计数器 → 译码器 → 步数显示

图 7-3-4　计数显示电路原理框图

2. 设计方案二

学生专业课学习或自学单片机课程之后，采用单片机输出的脉冲信号控制步进电机工作，控制更加灵活。步进电机工作需要两个过程，一是环形分配器，给步进电机输出所需要的"相"信号，可由单片机输出信号来实现；二是驱动电路作用是放大信号，满足步进电机功率的要求，可选择专用驱动芯片来实现。目前，步进电机有专用驱动芯片，如 UNL2003，FT5754 等，控制电路框图如图 7-3-5 所示。

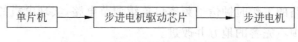

单片机 → 步进电机驱动芯片 → 步进电机

图 7-3-5　单片机控制步进电机电路

单片机实现控制原理一两相驱动为例，单片机输出端输出有序信号即可，如两相驱动正转驱动信号：1100→0110→0011→1001→1100；反转信号：1100→1001→0011→0110→1100。在单片机上产生这个序列信号是非常容易实现的，很多单片机书中有相关控制介绍，可参考自行设计编程实现，在此不赘述。

7.3.4　实训仪器设备及元器件

实训设备：实验室小型步进电机、万用表、逻辑试电笔、示波器、直流稳压电源，数字电路实验箱或实验电路板。

根据设计原理图和元器件参数以及实验环境基本要求，实训参考使用的元件清单与成本估算见表 7-3-2。

表 7-3-2　元器件清单及成本估算

元件类型	元件规格	数　量	价格（元）
JK 触发器	74LS112	2	2.00
与非门	74LS00	3	0.75
非门	74LS04	2	2.00
开关二极管	IN4148	3	3.00
三极管	9013	3	9.00
电阻	3W 金属膜	3	0.30
总计			17.05

7.3.5 实训拓展与思考

1. 实训内容和步骤

(1) 设计并连接功率放大器电路,按照引脚图连接电路,按照器件功能表调试电路。根据选用的步进电机的电压、电流参数设计,功率放大电路要考虑电路的续流能力,选用小型电机。测试电路的通电情况良好,为下一步做好准备工作。

(2) 连接六拍环形分配器单元电路并测试,也可以自行设计一个三拍电路连线测试,连接功率放大电路,观测三拍和六拍电路电机的转动速度异同。

(3) 计数显示电路连接并测试,连接电路,将环形分配器中脉冲同时接到步数计数器上,测试输出脉冲个数或通过逻辑电路设计显示电机旋转圈数。

2. 实训思考题

(1) 此电路还可以实现预置步数电机停转,或预置圈数停转,请设计此部分电路。

(2) 请设计电路的工作时钟信号频率可连续调节电路,实现电机的调速。

(3) 找出电路中不完善的地方并改进。

3. 注意事项

(1) 注意电机和功率放大电路的匹配,不同电机选择功放器件不同。

(2) 注意功放电路中考虑续流支路的存在,二极管极性要接对。

4. 实训报告要求

(1) 说明步进电机的工作原理,阐述步进电机的分类及其工作方式种类。

(2) 设计步进电机控制器不同前面拍节的环形分配器,重点描述设计过程,根据设计电路实现对电机的控制。

(3) 写出实验过程中遇到的问题及解决方法,写出体会与建议。

(4) 选择回答思考题,至少两题。

7.4 中草药配伍匹配器

7.4.1 实训目的及意义

- 学习 MSI 组合逻辑电路的设计方法,掌握 MSI 设计中扩展应用的设计方法和设计原则,达到对 MSI 电路芯片应用技巧的熟练掌握。
- 掌握数字电路仿真的基本方法和手段,培养将所学知识融会贯通地应用到实际工作中的能力。

7.4.2 实训任务及要求

1. 实训任务

中草药在配置过程中,有些中草药两种草药一起使用药性互补,有的草药两种一起用产生毒性。如果给草药编码后输入配伍匹配器中,配伍得当显示通过信号,配伍不得当显示报警信号提示配伍错误,实现此种判断应用数字逻辑电路实现。

2. 实训要求

现设计一种由 A、B、C、D 四种草药组成的配伍匹配器,彼此适合配伍图如图 7-4-1 所示,其中箭头表示此两种中药配伍合适,两种草药之间没有箭头的为配伍不合适。

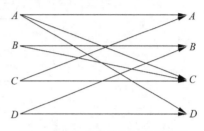

图 7-4-1 中草药配伍匹配示意图

3. 实训基础理论

本设计应用数字电子技术课程中的中规模集成电路、小规模集成电路设计方法,实现设计电路的应用扩展和本设计题目设计扩展,前面实训中报警显示电路也可与应用在此电路中。

7.4.3 方案设计及原理分析

课题设计思路：W、X、Y、Z 为输入信号,F 为配伍结果,W、X 信号 00、01、10、11 四种状态组合表示四种主药 A、B、C、D,Y、Z 信号 00、01、10、11 四种状态组合表示待配伍药 A、B、C、D,F 值为 1 配伍不合适,为 0 配伍合适。表 7-4-1 即为 W、X、Y、Z、F 之间的逻辑关系真值表。

表 7-4-1 中草药配伍匹配真值表

W	X	Y	Z	F	W	X	Y	Z	F
0	0	0	0	0	1	0	0	0	0
0	0	0	1	1	1	0	0	1	1
0	0	1	0	0	1	0	1	0	0
0	0	1	1	0	1	0	1	1	1
0	1	0	0	1	1	1	0	0	1
0	1	0	1	0	1	1	0	1	0
0	1	1	0	1	1	1	1	0	1
0	1	1	1	1	1	1	1	1	0

根据真值表可写出逻辑表达式

$$F = \overline{W}X\overline{Y}Z + \overline{W}X Y\overline{Z} + \overline{W}XYZ + W\overline{X}\overline{Y}Z + W\overline{X}YZ + WX\overline{Y}\overline{Z} + WXY\overline{Z} \quad (7\text{-}4\text{-}1)$$

1. 设计方案一

用 MSI 芯片八选一数据选择器 74HC151 实现,W、X、Y 为输入选择端,Z 为信号输入端,F 为芯片输出端。74HC151 芯片功能框图见图 7-4-2,芯片功能表见表 7-4-2。

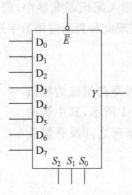

图 7-4-2　八选一 74HC151 功能框图

表 7-4-2　八选一数据选择器 74HC151 的功能表

输　　入				输　　出
使能	选　　择			Y
$\overline{E}$	S_2	S_1	S_0	
H	*	*	*	L
L	L	L	L	D_0
L	L	L	H	D_1
L	L	H	L	D_2
L	L	H	H	D_3
L	H	L	L	D_4
L	H	L	H	D_5
L	H	H	L	D_6
L	H	H	H	D_7

根据式(7-4-1)中 W、X、Y 分别定义为 74HC151 的 S_2、S_1、S_0 选择端,表达式中 Z 定义为选择器输入信号,F 为 74HC151 的 Y 输出端,有

$$F = m_0 Z + m_2 \overline{Z} + m_3 Z + m_4 Z + m_5 Z + m_6 \overline{Z} + m_7 \overline{Z} \quad (7\text{-}4\text{-}2)$$

由上式可知 74HC151 中:D_1 为 0,D_0、D_3、D_4、D_5 为 Z 信号,D_2、D_6、D_7 为 $\overline{Z}$ 信号,设计出上式逻辑图如图 7-4-3 所示。

2. 设计方案二

为了训练 MSI 芯片扩展应用能力,现在用两个四选一数据选择器 74HC153 实现上述逻辑表达式。74HC153 芯片功能框图(内含两个四选一选择器)如图 7-4-4 所示,功能表如表 7-4-3 所示。

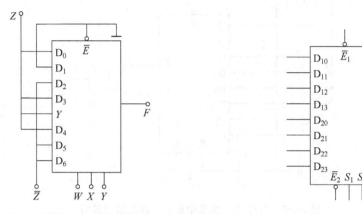

图 7-4-3　八选一 74HC151 实现中药配伍匹配器逻辑图　　图 7-4-4　四选一 74HC153 芯片功能框图

表 7-4-3　四选一数据选择器 74HC153 的功能表

输　　入			输　　出
使能	选　　择		Y_1
$\overline{E}_1$	S_1	S_0	
H	*	*	L
L	L	L	D_{10}
L	L	H	D_{11}
L	H	L	D_{12}
L	H	H	D_{13}

逻辑电路设计:逻辑表达式中 W 为 74HC153 使能信号,W 为 0,选通第一个选择器,W 为 1,选通第二个选择器;X、Y 为输入选择端,分别接 S_1、S_0;Z 为信号输入端,为 0 或者为 1;F 为芯片输出端 Y_1、Y_2 的逻辑或信号,F 为 0,配伍合适,F 为 1,配伍不合适。式(7-4-1)中前三项与式为第一片 74HC153 的逻辑式,后四项为第二片 74HC153 的逻辑式,$D_{12} = D_{22} = D_{23} = \overline{Z}$,$D_{10} = D_{13} = D_{20} = D_{21} = Z$,其他输入端为低电平。四选一74HC153 实现中药配伍匹配器逻辑图如图 7-4-5 所示。

3. 电路仿真

用 Quartus Ⅱ 综合开发软件仿真四选一选择器实现中药配伍匹配器,图 7-4-6 为仿真原理图输入方式截图,此图编译后进行了功能仿真,仿真截图如图 7-4-7 所示。从仿真图中看出当设定输入变量后,仿真出的输出变量符合题目逻辑要求,仿真图与功能表一一对应,验证了设计原理的正确性。

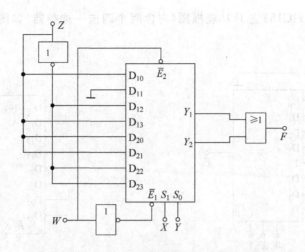

图 7-4-5　74HC153 实现中药配伍匹配器逻辑图

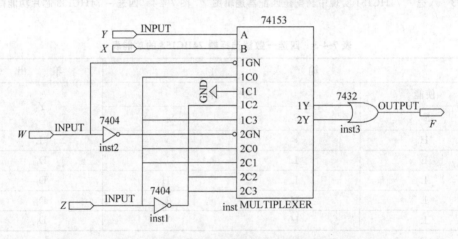

图 7-4-6　中药配伍匹配器仿真原理图输入截图

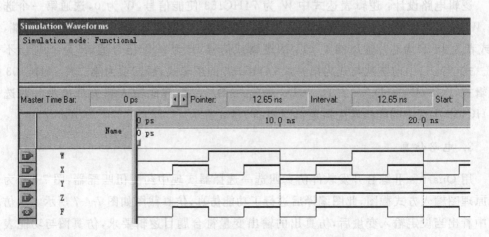

图 7-4-7　中药配伍匹配器功能仿真截图

7.4.4 实训仪器设备及元器件

实训设备：万用表、逻辑试电笔、示波器、直流稳压电源、数字电路实验箱或实验电路板。

根据设计原理图和元器件参数以及实验环境基本要求，实训参考使用的元件清单与成本估算见表 7-4-4。

表 7-4-4　元器件清单及成本估算

元 件 类 型	元 件 规 格	数 量	价格（元）
四选一数据选择器	74HC153	1	1.50
八选一数据选择器	74HC151	1	1.50
非门	74LS04	1	1.00
或门	74LS32	1	1.00
总计			5.00

7.4.5 实训拓展与思考

1. 实训内容和步骤

（1）用八选一数据选择器 74HC151 芯片实现中药配伍匹配器，数据选择器选择端连接数字实验箱电平高低电平输出端为 W、X、Y、Z 为输入信号端，也连接数字实验箱电平高低电平输出端，F 为芯片输出端连接数字实验箱逻辑指示端，根据匹配器功能表记录数据。

（2）用两个四选一数据选择器 74HC153 实现八选一数据选择器，W 为使能信号，W 为高电平和低电平时分别使两个 74HC153 使能，X、Y 为输入选择端，Z 为信号输入端，F 为两个数据选择器输出端的逻辑或，根据匹配器功能表记录数据。

2. 实训思考题

（1）MSI 和 SSI 组合逻辑电路设计有何异同？
（2）请设计电路输出端的显示和报警电路。
（3）请用八选一数据选择器设计十六选一数据选择器，用此十六选一数据选择器完成本实训设计。

3. 注意事项

（1）注意任何逻辑器件输出端不得接入高低电平输出端，以免损坏器件。
（2）注意在连接电路前一定要测试芯片和导线完好，以免影响实验进程。

4. 实训报告要求

(1) 说明 MSI 芯片的设计方法和扩展应用技巧。

(2) 自行设计表格完成实验得到的数据结果。

(3) 对实验过程中出现的现象进行必要的分析和讨论。

(4) 选择回答思考题。

7.5 数字抢答器

7.5.1 实训目的及意义

- 熟悉数字电路芯片优先编码器的逻辑功能和应用方法。
- 熟悉集成触发器芯片逻辑功能、触发特点及功能测试方法。
- 熟练掌握触发器、优先编码器组成应用电路解决实际问题方法。
- 掌握数字抢答器的设计思想和多种实现方法。

7.5.2 实训任务及要求

1. 实训任务

设计抢答器电路,要求抢答者每人一个按键,抢答开始后有抢答,显示抢答者序号,抢答完毕后,抢答器复位。抢答器电路具体任务:抢答组数为八组,定义序号为 0、1、2、3、4、5、6、7,抢答者按下按钮,按下按钮最快的人其序号有显示,抢答慢者无显示。

2. 实训要求

要求应用所学数字电子技术知识设计多种抢答器设计方案,主要实现的基本功能是抢答实现电路、输入电路、输出显示电路、复位电路。显示电路自行设计,可以是一种显示或是两种显示方式,复位电路可以有多种设计方法,具体实现时选一种方式实现即可。电路实现尽量应用前面实训中应用良好的电路,实现器件的多用途使用。

3. 实训基础理论

本设计应用数字电子技术理论知识中组合逻辑电路设计、时序逻辑电路的设计方法,设计过程中要尽量应用中规模数字集成芯片。前面实训中计数显示电路也可应用在此电路中,多采用中规模集成芯片的扩展应用。

7.5.3　方案设计及原理分析

1. 设计方案一

应用优先编码器设计抢答器,设计要求实现八组抢答、数码显示抢答组号、抢答成功后有报警声音提示,下面设计这三部分电路。

(1) 优先编码器抢答器的设计:采用优先编码器 74LS148 来设计抢答器主体抢答部分的电路,由于抢答者时间上的差异,一旦有一个抢答信号出现,编码器就编码成功,同时封锁其他抢答者不能输入信号进行编码,报警声音提示有抢答成功者;清除编码后,重新启动开始按钮,可以再次抢答。

数字电路集成芯片 74LS148 是设计的主要器件,其引脚图如图 7-5-1 所示,优先编码器 74LS148 功能表如表 7-5-1 所示。

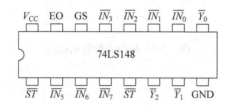

图 7-5-1　优先编码器 74LS148 引脚排列图

表 7-5-1　优先编码器 74LS148 功能表

输　　入									输　　出				
$\overline{ST}$	$\overline{IN_0}$	$\overline{IN_1}$	$\overline{IN_2}$	$\overline{IN_3}$	$\overline{IN_4}$	$\overline{IN_5}$	$\overline{IN_6}$	$\overline{IN_7}$	$\overline{Y_2}$	$\overline{Y_1}$	$\overline{Y_0}$	GS	EO
H	*	*	*	*	*	*	*	*	H	H	H	H	H
L	H	H	H	H	H	H	H	H	H	H	H	H	L
L	*	*	*	*	*	*	*	L	L	L	L	L	H
L	*	*	*	*	*	*	L	H	L	L	H	L	H
L	*	*	*	*	*	L	H	H	L	H	L	L	H
L	*	*	*	*	L	H	H	H	L	H	H	L	H
L	*	*	*	L	H	H	H	H	H	L	L	L	H
L	*	*	L	H	H	H	H	H	H	L	H	L	H
L	*	L	H	H	H	H	H	H	H	H	L	L	H
L	L	H	H	H	H	H	H	H	H	H	H	L	H

优先编码器和按钮组成数字抢答电路,电路实现抢答后锁存信号送显示,抢答部分电路图如图 7-5-2 所示。

(2) RS 触发器组成锁存电路,产生清零和抢答开始信号,锁存电路中开关 S 为开始和清除显示功能,触发器输出端 Q_0 连接显示译码器灭零端,控制显示译码器灭零和显示,同时它也是优先编码器的使能端 $\overline{ST}$ 的控制信号。触发器输出端 Q_3、Q_2、Q_1 信号连接显示译码器数码输入端低三位(其最高位接地),电路如图 7-5-3 所示。

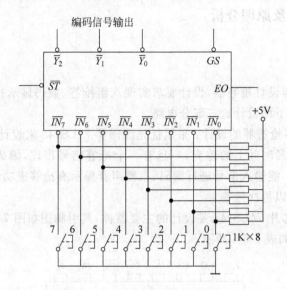

图 7-5-2 编码器抢答电路图

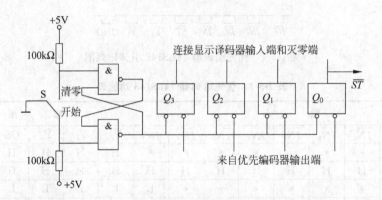

图 7-5-3 锁存电路

(3) 显示译码电路如图所示,显示译码器采用 74LS48 驱动共阴极数码管,电路原理图如图 7-5-4 所示。

(4) 报警电路由 555 定时器和三极管构成报警电路,其中 555 构成多谐振荡器产生矩形波经三极管推动级输出,使扬声器报警。555 定时器 4 脚是复位端,当报警铃声响时按下开关,使芯片 4 脚为低电平输出端复位,三极管截止扬声器停止报警,当开始抢答按钮按下时,需打开报警清除端,抢答开始,有抢答者抢答按钮按下,报警开始,闭合报警清除端停止报警。报警电路图如图 7-5-5 所示,根据抢答频率自行定义电阻 R_1、R_2 和电容 C 值。

(5) 抢答器电路框图如图 7-5-6 所示,按照框图连接上面的几个电路图即为一个抢答器,每个图之间的连接关系已在图中标注说明或用同符号标在图中。

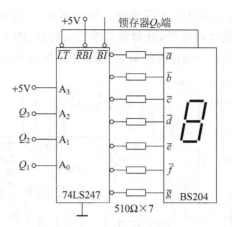

图 7-5-4　译码器显示电路

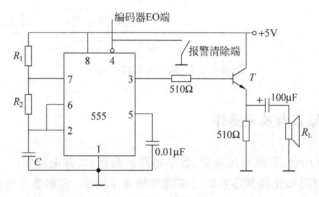

图 7-5-5　报警点路

图 7-5-6　数字抢答器原理框图

2. 设计方案二

采用 D 触发器设计简单的抢答器电路,发光二极管显示相应的抢答结果,某位抢答成功其对应发光二极管亮,其他二极管不亮,通过复位按钮清除发光二极管。现以 4 位抢答器为例设计,原理图如图 7-5-7 所示。

当无人抢答时,四个 D 触发器 74LS175 输入端全为低电平,74LS175 的 CP 端有连续脉冲输入,四输出端 Q_1、Q_2、Q_3、Q_4 全为低电平,发光二极管都不亮,此时四个 D 触发器的 $\bar{Q}$ 端都为高电平,经四输入与非门、非门、二输入与非门,CP 信号输入到触发器中,触发器处于等待状态;当有人按下 K 键,D 触发器中有一低电平,在脉冲的上升沿作用

下 $\bar{Q}$ 端有一低电平,对应 Q 端为高电平发光二极管亮灯,则经四输入与非门、非门、二输入与非门,CP 信号输入端为高电平,此时如有第二人按键,因无脉冲信号,D 触发器不能翻转,维持第一人按键显示。一轮抢答结束后,按下按钮 S 抢答显示清除,进行下一轮抢答。

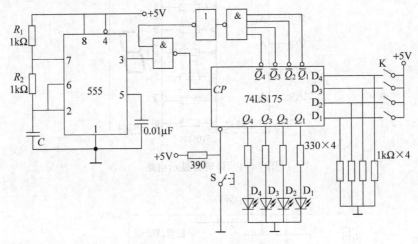

图 7-5-7 四人抢答器电路

7.5.4 实训仪器设备及元器件

实训设备:万用表、直流稳压电源,数字电路实验箱、实验电路板。

根据设计原理图和元器件参数以及实验环境基本要求,实训参考使用的元件清单与成本估算见表 7-5-2。

表 7-5-2 元器件清单及成本估算

元 件 类 型	元 件 规 格	数 量	价格(元)
优先编码器	74LS148(74HC148)	1	1.00
与非门	74LS00	1	0.75
非门	74LS04	1	2.00
与非门	74LS20	1	1.00
显示译码器	74LS48	1	2.50
共阴极数码管	一位数码管共阴极	1	3.00
发光二极管	302RHD	4	0.20
555 定时器	LM555	1	2.00
三极管	3DG06	1	1.00
电阻	3W 金属膜	20	2.00
蜂鸣器	蜂鸣片-4	1	0.50
按钮	常开按钮 4mm×4mm×1.5mm	9	4.50
单刀开关	单刀单掷	1	1.00
电容	电解电容和胆电容	2	3.00
总计			24.45

7.5.5 实训拓展与思考

1. 实训内容和步骤

(1) 首先按设计方法一分别将各个图连接,并每一个电路图测试合格后最后连接总图,自行设计表格完成总体电路图和分电路图的测试,记录详细的数据。

(2) 连接设计方法二中电路图,连接此图也要按单元电路先连接测试,再连成总图,自行设计表格,记录显示数据,各端电压数据等。

(3) 比较上面两种方案中的优缺点,组成一个多功能数字抢答器,可以同时设计在一个抢答器箱中,通过选通环节实现两种抢答方式的转换。

2. 实训思考题

(1) 此设计方法一中,报警时间没有控制,如设定报警时间,请连接在电路中。

(2) 设计方法二中脉冲频率有多谐振荡器构成,请设计不同的频率,感受抢答器的灵敏度。

(3) 实验中找出电路还有哪些不完善的地方? 如何改进?

3. 注意事项

(1) 注意连接电路前要测试导线和器件的好坏,以免给测试带来不必要麻烦。

(2) 注意在使用与非门时不用的输入端口一定要可靠地接高电平,输出端口一定不要接高电平。

4. 实训报告要求

(1) 详细阐述设计方法一、二中的工作原理和步骤,对文中没有介绍的芯片要查出管脚图和功能表,记录在报告中。

(2) 查资料或自行设计不同按钮、按键数目的抢答器画出原理图即可。

(3) 选择回答思考题,至少两题。

7.6 冷藏柜温度控制器

7.6.1 实训目的及意义

- 熟悉 555 定时器和运算放大器的功能及其应用,熟悉整流、滤波和稳压电路的数字电路中的应用。
- 掌握数字电路和模拟电路综合设计思路,熟悉冷藏柜温度控制电路工作原理,掌握基本温度控制概念。

7.6.2 实训任务及要求

1. 实训任务

各类超市食品店、药店、家中都有冷藏柜,经常由于温度不恒温导致食物、药品等损坏,设计一种能够控温的装置,使它能在非正常情况下能够强制制冷,在正常情况下间歇制冷。

2. 实训要求

设计冷藏柜温度控制器,主要的控制方法是实现压缩机的间歇制冷,可以用数字电路设计占空比可调的脉冲信号,通过脉冲信号的高低电平实现压缩机的运转,同时要求能够实现强制制冷,通过温度传感器电路实现测温,在温度过高、压缩机没有工作的情况下实现强制压缩机工作。

3. 实训基础理论

本设计应用数字电子技术理论知识组合逻辑电路设计、时序逻辑电路的设计,数字电路中规模集成芯片 555 定时器的应用。模拟电子技术中集成运算放大电路应用基本知识,运算放大器在饱和区和线性区的应用,前面实训中有关温度测试电路也可应用在此设计中。

7.6.3 方案设计及原理分析

根据题目要求设计此电路分为 3 个可独立模块设计:占空比可调脉冲发生器电路、温度测控电路、压缩机控制电路。

1. 占空比可调脉冲发生器电路设计

用 LM555 定时器构成多谐振荡器,输出端的高低电平信号驱动继电器吸合、断开,使继电器常开触点闭合从而控制压缩机电源的启动,LM555 定时器引脚图如图 7-6-1 所示,LM555 定时器引脚功能表见表 7-6-1。

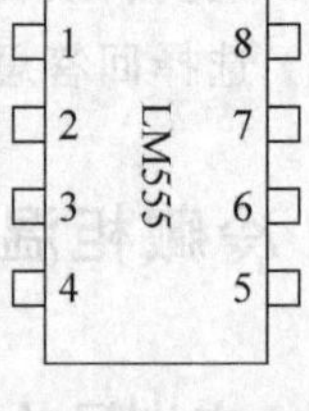

图7-6-1 LM555 定时器引脚图

表 7-6-1 LM555 定时器引脚功能表

引脚 1	引脚 2	引脚 6	引脚 3	引脚 4	引脚 5	引脚 7	引脚 8
接地端	触发端	触发端	输出端	复位端	电压控制端	放电端	电源端

如图 7-6-2 所示是占空比可调的多谐振荡器,图中两个二极管将电容 C 的充电、放电电路分开,电位器 R_2 可同时调节电阻 R_A、R_B 的电阻阻值,使得电容充电、放电时间均可通过调节电位器来改变,使输出高低电平的占空比不同。图中 K 是继电器线圈,它的常开触点 K 接在压缩机控制电路中。管脚 3 输出高电平继电器线圈没有电流通过,压缩机不工作;当管脚 3 输出低电平时,线圈通电压缩机工作。图 7-6-2 中电阻参考阻值为: $R_1 = R_3 = 10\text{k}\Omega$, $R_2 = 4.7\text{k}\Omega$。

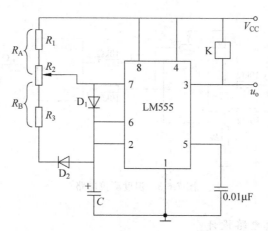

图 7-6-2 占空比可调的多谐振荡器

电容充电时间

$$t_{\text{PH}} = R_A C \ln 2 \approx 0.7 R_A C \tag{7-6-1}$$

电容放电时间

$$t_{\text{PL}} = R_B C \ln 2 \approx 0.7 R_B C \tag{7-6-2}$$

占空比

$$D = \frac{t_{\text{PH}}}{t_{\text{PL}} + t_{\text{PH}}} \approx \frac{R_A}{R_A + R_B} \tag{7-6-3}$$

2. 温度测控电路的设计

冷藏柜温度一般可在 0～10℃,所以选用铂电阻或其他热电阻传感器来测温都可,通过放大和比较电路实现冷藏柜温度过高且压缩机没有工作时启动压缩机工作。检测电路如图 7-6-3 所示。

温度测控电路检测元件 R_t 可以用铂电阻或其他热电阻传感器,R^* 根据热电阻传感器在 0℃时的电阻值来选择,R_f 千欧量级电阻根据选放大倍数来选择。图中 KC 是继电器线圈,它的常开触点 KC 接在启动压缩机控制电路中。

3. 压缩机控制主电路设计

启动和停止压缩机由两部分决定,一是多谐振荡器电路中继电器 K 线圈通电,则启动压缩机,否则停车;二是传感器电路温度超限时,继电器 KC 线圈通电,启动压缩机。压缩机控制电路中并联继电器 K 和继电器 KC 的常开触点即可实现功能,图中 XS 是插座,原理图如图 7-6-4 所示。

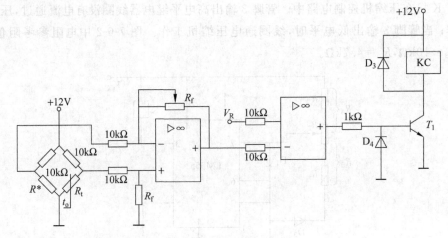

图 7-6-3　温度测控电路

4. 温度控制器总电路设计

前面设计了占空比可调脉冲发生器、温度测控电路、压缩机控制主电路,将三个电路连接,可以组成一个温度控制器,在插座中插入电机,给相应模块配上电源,就可以进行实验了,温度控制器主回路框图如图 7-6-5 所示,温度控制器控制回路框图如图 7-6-6 所示。

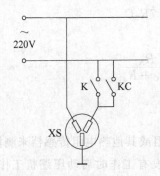

图 7-6-4　压缩机控制原理图

图 7-6-5　温度控制器主回路框图

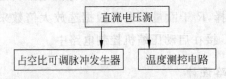

图 7-6-6　温度控制器控制回路框图

7.6.4 实训仪器设备及元器件

实训设备：万用表、直流稳压电源、实验电路板、示波器。

根据设计原理图和元器件参数以及实验环境基本要求，实训参考使用的元件清单与成本估算见表 7-6-2。

表 7-6-2 元器件清单及成本估算

元件类型	元件规格	数 量	价格（元）
555 定时器	LM555	1	2.00
运算放大器	NE5532DR	2	3.00
铂电阻	MFT	1	10.00
小功率电机	单相异步电动机	1	1.00
继电器	WJ118	2	2.40
三极管	3DG6	1	1.00
二极管	IN4148 开关管	4	4.00
单相三端插座	AC30-16A	1	6.00
电阻	金属氧化膜电阻	14	1.40
总计			30.80

7.6.5 实训拓展与思考

1. 实训内容和步骤

（1）按各图组装单元电路，测试电路工作是否正常。占空比可调电路中调节可调电阻，改变充放电时间，观察输出高低电平时间变化，通过确定可调电阻阻值从而确定电机通电、断电时间。温度测控电路要定标温度超限参考电压值，确定测温电阻在零度时电桥中 R^* 的值。

（2）根据温度控制器原理框图连接所有单元电路，控制回路接好直流电源，主回路接好电机插座的继电器常开触点。接通电源开始工作，观察工作情况，记录电机工作时间和间歇时间。对电路进行调节确定可调电阻阻值等。

（3）将本温度控制器应用于冷藏柜要事先改装线路，将冷藏柜压缩机电源直接与插座 XS 相连即可。

2. 实训思考题

（1）此温度控制电路还可以应用在什么设备中，详细说明应用情况。

（2）此电路中还可以增加启动开关、指示灯、报警铃等元件，使电路更加好看、好用，请把这些元件接入电路中。

（3）此设计中占空比可调电路、温度检测电路有多种方式，改变方法设计这些电路。

（4）依据上述设计方法,设计一火灾报警电路。两个温度传感器安装在室内同一处, 一个安装在塑料壳内,另一个安装在金属板上。一旦发生火情,安装在金属板上的温度传感器因金属板导热快而温度升高较快,而另一个温度上升较慢,由于产生差值电压,当这差值电压增高到一定数值时,发光二极管发亮,蜂鸣器发响,同时报警。请按如图7-6-7所示方框图设计电路。

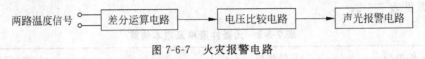

图7-6-7　火灾报警电路

3. 注意事项

（1）主回路电流较大,可加入熔断器实现短路保护,同时注意主回路电压是220V,连接和断开导线时一定要注意切断电源。

（2）元器件在接入电路中时一定要检测,单元电路要测试成功后再连接总原理图进行测试。

4. 实训报告要求

（1）针对占空比可调电路工作原理,根据三要素法计算电压充、放电时间常数、初始值、稳态值,并画出充、放电等效电路。

（2）分步进行分析,对实训电路的逻辑关系、主要器件的功能等进行分析总结。

（3）对实验中出现的问题,进行必要地分析与讨论,写出改进方法。

（4）对上述思考题中设计问题挑选1～2题写出设计过程、画出方案总原理图。

7.7　简易数字钟表的设计

7.7.1　实训目的及意义

- 熟悉数字钟表的设计、调试方法,熟悉集成电路的引脚安排,各芯片的逻辑功能及使用方法。
- 进一步熟悉计数器的设计原理和应用。
- 熟练掌握计数、译码、显示电路的一般设计方法。

7.7.2　实训任务及要求

1. 实训任务

数字钟表是大家非常熟悉的器件,功能强的数字钟表还可以实现定时、语音报时等。本项目通过设计简易的数字钟表训练学生对振荡器、分频器、计数器、译码器、显示器等的综合应用能力,实现各类计数器电路、振荡器、分频器、显示电路、校时电路等设计。

2. 实训要求

课题需要设计时间以 24 小时为一个周期,60 秒、60 分钟进位,显示时、分、秒,有校时功能,使其校正到标准时间,为了保证计时的稳定及准确须由晶体振荡器提供表针时间基准信号。

3. 实训基础理论

本设计应用模拟电子技术中振荡电路基本理论和基本概念,应用数字电子技术中小规模集成电路应用设计、中规模时序逻辑电路的设计,前面实训中计数显示电路也可应用在此电路中,实现设计电路的应用扩展,进一步实现本设计题目设计扩展。

7.7.3 方案设计及原理分析

1. 设计方案一

应用计数器 74LS161 来实现六十、二十四进制计数器电路,应用 CD4060 构成分频器产生 1Hz 信号,作为标准秒脉冲信号,通过显示译码器和数码管显示时间的小时、分钟。数字钟表原理图框图如图 7-7-1 所示,下面分单元设计电路。

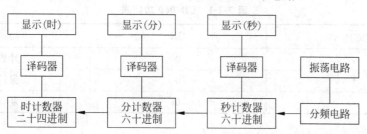

图 7-7-1　数字钟表原理图

1) 振荡及分频电路的设计

由石英晶体振荡器产生脉冲信号,由此信号分频产生 1Hz 脉冲信号,即周期为 1 秒的信号脉冲,此脉冲即为标准秒计数脉冲。

振荡电路常取石英晶振 Z,振荡频率为 32768Hz,经 15 级二分频可得 1 秒周期脉冲信号。振荡电路如图 7-7-2 所示,图中电容 C_1 为微调电容,一般取值 5~25pF,C_2 为温度校正电容,一般取值 20~50pF,R_f 为反馈电阻,一般取值 10~100MΩ。

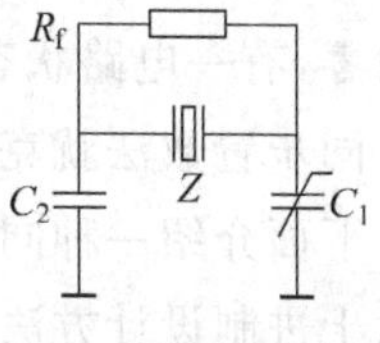

图 7-7-2　振荡电路

分频电路由十四位串行计数器/分频器 CD4060 和一级 D 触发器构成的二分频器构成,由于振荡电路产生 32768Hz 脉冲信号,需要 15 级分频为 1Hz 信号,而 CD4060 只能实现 14 级分频,所以在 CD4060 之后再加一级分频,CD4013 芯片是 D 触发器芯片,连接成信号跟随器构成最后一级分频器电路。如图 7-7-3 所示是 CD4060 的引脚排列图,秒脉冲产生电路如图 7-7-4 所示。

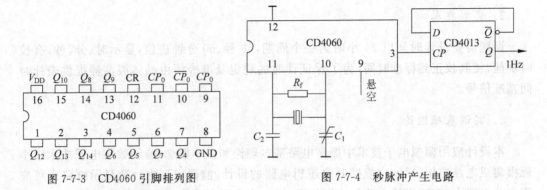

图 7-7-3　CD4060 引脚排列图　　　　　图 7-7-4　秒脉冲产生电路

CD4060 主要性能参数为:

- 直流电压源电压(V_{DD}):($-0.5\sim+20$)V
- 输入电压范围:$-0.5\sim(V_{DD}+0.5)$V
- 直流输入电流:±10mA
- 工作温度范围:($-55\sim+125$)℃
- 贮藏温度:($-65\sim+150$)℃
- 焊接温度:$+265$℃

表 7-7-1　CD4060 功能表

$\overline{CP}$	CR	功能
↓	0	计数
↑	0	保持
*	0	复位

2) 六十进制计数器的设计

　　计数器种类繁多,按计数器进位规律分类有二进制、十进制、N 进制计数器三种,常用集成电路计数器为二进制计数器 74LS161,74LS161 引脚排列图、功能表、时序图前面实训电路中有介绍,在此不再赘述。二进制计数器 74LS161 构成 N 进制计数器方法有两种,一种是异步清零法,另一种是同步置数法。异步清零法使用芯片的异步清零端强制清零,有一电路状态在瞬间消失,很容易产生显示译码器的误操作,因此很少情况下采用。同步置数法就克服了异步清零法的弊端,没有闪烁状态情况出现。

　　下面介绍一种同步置数法六十进制计数器的电路,关于二十四进制计数器请同学模仿六十进制设计方法自行设计实现,六十进制计数器电路如图 7-7-5 所示。

3) 显示译码电路电路设计

　　显示译码器采用 74LS48 驱动共阴极数码管电路,显示译码器采用 74LS47 驱动共阳极数码管电路,此两种电路在前面的实训中都有介绍,在此不再赘述。

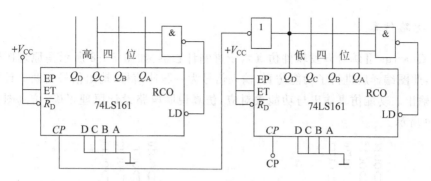

图 7-7-5　六十进制计数器

4）校时电路的设计

校时电路在钟表出现错误报时或出现计时误差时，可以使用校时电路校准。校时电路在钟表正常使用时不起作用，需要校时的时候将 1 秒脉冲通入"时"、"分"、"秒"电路，这里通过开关键来实现如图 7-7-6 所示，K 键在正常位置与门一个输入端接地，1 秒周期脉冲不能输出，K 键在校准位置与门被打开，1 秒周期脉冲可以输出。校准后 K 键扳回到正常位置，图中电阻阻值全部为 47kΩ。

2．设计方案二

一种单片机实现数字钟表的设计，是首先编制定时 1 秒程序备用，"时"、"分"、"秒"通过调用 1 秒程序实现计时同时送出 I/O 端口显示，可以是二进制输出，译码后送显示，也可以通过查表程序编制直接送出显示代码，送入数码管显示。另一种用单片机实现数字钟表的方法是采用专用时钟芯片，省去了编制计数程序的环节，直接送显即可。自学和学习单片机课程后通过查资料可以自行设计，如图 7-7-7 所示是单片机实现数字钟表基本原理框图。

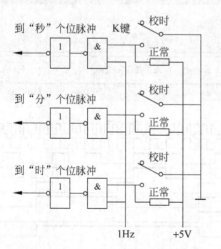

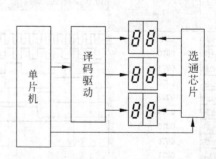

图 7-7-6　"时"、"分"、"秒"校时电路　　　图 7-7-7　单片机实现简易数字钟原理框图

3. 电路仿真

用 Quartus Ⅱ综合开发软件仿真六十进制计数器,如图 7-7-8 所示是原理图输入方式截图,此图编译后进行了功能仿真,输入信号为一脉冲信号,输出信号为两个计数器的二进制输出。功能仿真输出与功能表对应,仿真说明电路设计原理正确,仿真图截图如图 7-7-9 所示。

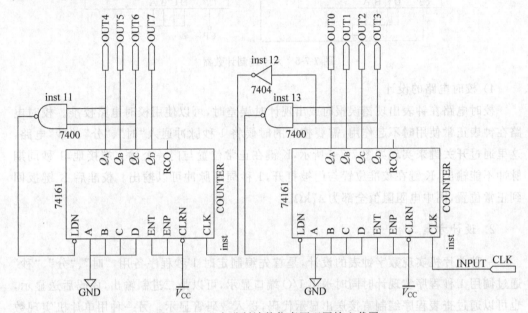

图 7-7-8　六十进制计数仿真原理图输入截图

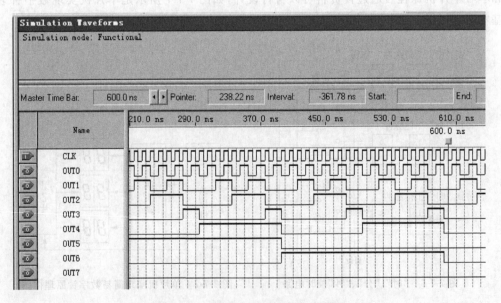

图 7-7-9　六十进制计数功能仿真截图

7.7.4　实训仪器设备及元器件

实训设备：万用表、直流稳压电源，数字电路实验箱、实验电路板、示波器。

根据设计原理图和元器件参数以及实验环境基本要求，实训参考使用的元件清单与成本估算见表 7-7-2。

表 7-7-2　元器件清单及成本估算

元件类型	元件规格	数　量	价格（元）
二进制计数器	74LS161	6	3.00
显示译码器	74LS48	1	3.20
串行计数器/分频器	CD4060	1	1.00
共阴极数码管	一位数码管共阴极	1	3.00
与非门	74LS00	1	0.25
32M 石英晶振	HC-49S	1	0.50
开关	单刀双掷开关	3	3.00
总计			13.95

7.7.5　实训拓展与思考

1. 实训内容和步骤

（1）首先按设计方法一中单元电路分别将各个图连接，单元电路测试合格后连接总图，自行设计表格完成总体电路图和分电路图的测试，记录详细的数据完成数字钟表的设计。

（2）如果实验设计方法二，查资料连接单片机最小系统电路、驱动电路、显示电路等，然后编制程序，记录显示数据等。

（3）比较上面两种方案中的优缺点，找出设计稳定、简单易于实现、性价比高的电路。

2. 实训思考题

（1）用示波器观察计数脉冲信号、计数输出信号波形时，要正确观察波形的时序关系应选择什么触发方式？ 如果选用外触发方式应选用哪个信号作为外触发信号？

（2）计数器设计采用非置零置数方式时，计数器数据不能直接译码显示，设计电路完成数据正确显示。

（3）依据前面数字钟表的几种设计思想，挑选一种方法自行设计一个计时秒表电路？

3. 注意事项

（1）连接电路前重点测试石英晶振输出波形与频率是否符合，示波器测试后方可使用。

（2）注意集成门电路在使用时最好将闲置不用的输入端可靠连接相应电平。

4．实训报告要求

（1）画出完整的数字钟表电路原理图，详细阐述其工作原理和计数过程。

（2）查资料记录使用所有芯片的引脚排列图、功能表等数据。

（3）写出实验过程中产生的故障现象及其解决方法。

（4）选择回答思考题，至少一题。

7.8 用 EDA 技术设计数字电路实例

7.8.1 实训目的及意义

- 初步了解可编程逻辑器件实现逻辑电路的方法。
- 学习 EDA 软件 Quartus Ⅱ 的使用，掌握基本设计方法。
- 熟练掌握数字电路软件设计方法和实验方法，熟练使用 EDA 软件，培养学生解决问题的能力和创新能力。

7.8.2 实训任务及要求

1．实训任务

可编程逻辑器件应用于当今数字电路设计的先进方案——对一个设计电路先用 EDA 仿真，再用可编程逻辑器件实现，最后连线测试完成电路设计。本实训任务是用 EDA 软件设计数字逻辑电路，并进行功能仿真。

2．实训要求

（1）熟练使用 EDA 软件（Quartus Ⅱ）。

（2）掌握用原理图输入法、VHDL、Verilog HDL 实现组合逻辑电路和时序逻辑电路的方法，以及编译、仿真和下载的过程。

3．实训基础理论

本课题设计应用知识主要是数字电子技术设计基本概念和基本方法，简单数字电路的设计可以应用原理图输入方式来实现，初步学会 EDA 软件应用。硬件描述语言基本设计方法在初步学习阶段可以挑选一种方法深入学习，熟练掌握 EDA 软件编译、调试、仿真、编程的方法。

7.8.3 方案设计及原理分析

本实训通过基本的数字电路全加器、三人表决器、抢答器的设计,介绍 EDA 技术设计数字电路方法。

1. 设计实例一

全加器是算数运算电路中的基本单元,一位数全加器是完成 1 位二进制数相加的一种组合逻辑电路。全加器能够进行加数、被加数和低位进位三个信号相加,并根据求和结果给出本位和高位进位位信号输出。

输入变量加数、被加数、低位进位数定义为 A、B、C,输出本位和、高位进位位定义为 S、R。用组合逻辑设计方法设计出逻辑表达式如下

$$S = A \oplus B \oplus C \tag{7-8-1}$$
$$R = (A \oplus B) \cdot C + A \cdot B \tag{7-8-2}$$

1) 下面是一位数全加器的 Verilog HDL 程序设计语句

```
module cl(A,B,C,S,R);          //名为 cl 的模块
input A,B,C;                   //定义输入信号
output S,R;                    //定义输出信号
wire a,b,c;                    //定义电路内部节点信号
//下面对电路的逻辑功能进行描述
assign a = (!A&&B)||(!B&&A);
assign b = !(a&&C);
assign c = !(A&&B);
assign S = (!a&&C)||(!C&&a);
assign R = !(c&&b);
endmodule
```

2) 下面是仿真步骤和仿真结果,测试项目的正确性

(1) 建立波形文件,在编译通过的情况下,选择 File→New,再选择 New 窗中的 Waveform Editor file 项,打开波形编辑窗。

(2) 输入节点信号,在波形编辑窗的上方选择 Node→Nodes from SNF。在弹出的窗口中,首先单击右上方的 List 键,这时左窗口将列出该项设计的所有信号节点。由于设计者有时只需要观察其中部分信号的波形,因此要利用中间的"=>"键将需要观察的节点选到右栏中,然后单击 OK 键。

(3) 设置仿真参数,波形编辑窗中已经调入了全加器的所有节点信号,在设定测试电平之前,首先设定仿真参数。在 Options 选项中消去网格对齐 Snap to Grid 的选择(消去勾),以便能够任意设置输入电平或设置输入时钟信号的周期。

(4) 加上输入信号,然后仿真。仿真结果如图 7-8-1 所示。

(5) 波形文件存盘,选择 File→Save as 选项,按 OK 键即可。由于存盘窗中的波形文件名是默认的,直接存盘即可。

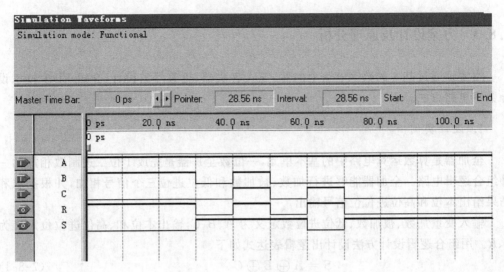

图 7-8-1   全加器功能仿真截图

2. 设计实例二

三人表决器，三个评委进行表决，有两个或两个以上的人表示同意，则表决通过，灯亮，否则表决不通过，灯不亮。A、B、C 定义为三个输入变量，值为 1 表示同意，为 0 表示不同意；N 定义为表决结果输出变量，为 1 表示表决通过，为 0 表示表决不通过。本设计用 74HC151 芯片实现这一功能。组合逻辑设计表达式如下

$$N = \overline{A}BC + A\overline{B}C + AB\overline{C} + ABC \tag{7-8-3}$$

由式(7-8-3)可知 74HC151 数据端口输入状态为

$$D_3 = D_5 = D_6 = D_7 = 1 \tag{7-8-4}$$

$$D_0 = D_1 = D_2 = D_4 = 0 \tag{7-8-5}$$

(1) 根据上面逻辑分析式在仿真软件中输入原理图，原理图输入截图如图 7-8-2 所示。

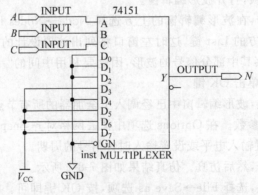

图 7-8-2   三人表决器仿真原理图输入截图

图 7-8-2 中 A 代表裁判一，B 代表裁判二，C 代表裁判三，输出 N 代表表决灯，如果 A、B、C 中有两个或两个以上同意，则 N 输出高电平，驱动表决灯亮(此处表决灯未接入，可参考其他实训电路接入)。

本实例也可采用 VHDL 语言实现上述逻辑电路功能，程序如下：

```
module rr(A,B,C,N);
    input A,B,C;
    output N;
    wire a,b,c;
    assign a = A&&C;
    assign b = B&&C;
    assign c = A&&B;
    assign N = a||b||c;
    endmodule
```

(2) 程序中使用了输入输出的定义和条件赋值语句对输出进行了赋值，这样的书写方式其实是真值表式的编程方式，程序直观明确，仿真结果如图 7-8-3 所示。

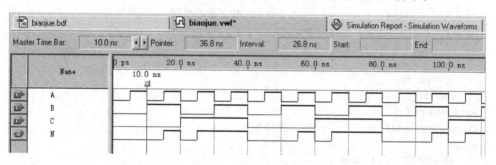

图 7-8-3 三人表决器功能仿真截图

图中输入电平定义后，功能仿真结果输出 N 对应状态与设计逻辑要求相同。如果采用时序仿真波形有延迟现象，但总体结果与预想也会基本符合。

3. 设计实例三

四人抢答器是为了确定由谁先回答问题而设计的系统，只有最先抢答问题的人才能获得解决问题的权利，同时，问题抢答后能够复位，对新一轮问题重新进行抢答。

(1) 四人抢答器的输入端子有五个，其中四个端子是表示抢答的按键式输入，另外一个为按键式复位信号输入端；同时，四个抢答输入对应四个显示输出端，对应抢答成功的输入端子，其对应输出端有效，即为高电平，驱动发光二极管发光。同时驱动七段数码管显示出是第几号抢答成功，使整个设计的可视化程度得到了很大的提高。抢答器 VHDL 程序如下：

```
library ieee; ---------------------------- 库文件
use ieee.std_logic_1164.all; ---- 库文件加载
entity qd41 is ------------------- 实体

port( rst: in std_logic; ---------------- 复位
```

```
        in4: in std_logic_vector(3 downto 0); ------ 抢答按键
        out8: out std_logic_vector(7 downto 0); ------ 七段码显示
        out4:buffer std_logic_vector(3 downto 0) ----- 抢答对应输出
        );
    end entity qd41;

    architecture qdq of qd41 is ------------- 结构体
    begin
    k0:process(rst,in4) -------------- 进程 K0
    variable z: std_logic; -------- 定义一个内部逻辑变量
    begin
        if rst = '0' then ----------- 复位情况下
            out4 <= "0000";
            z: = '1';
        else -------------------- 非复位情况下
            if z = '1' then
                if in4 = x"f" then -------- 未按下抢答按键
                    null;
                else -------------------- 按下抢答按键
                    out4 <= not in4;
                    z : = '0';
                end if;
            end if;
        end if;
    end process k0;
    k1: process(out4) -------------- 进程 K1
    begin
        if out4(3) = '1' then
            out8 <= x"66";
        elsif out4(2) = '1' then
            out8 <= x"f2";
        elsif out4(1) = '1' then
            out8 <= x"da";
        elsif out4(0) = '1' then
            out8 <= x"60";
        else
            out8 <= x"fc";
        end if;
    end process k1;
    end architecture qdq; ----- 结构体结束
```

程序设定了四个抢答按键和一个复位按键,同时按键的情况为:按下为低电平,正常为高电平。当复位键按下后,其他抢答键无效,只有在复位后才能进行抢答,抢答结束后,除了复位键有效外,其他任何键都无效。同时,七段码会显示 0~4 五个字符,"0"表示复位,"1"代表一号抢答成功,"2"表示二号抢答成功,"3"表示三号抢答成功,"4"表示四号抢答成功。

(2)下载验证:在进行编译、引脚分配后,应用数字逻辑实验箱可不进行仿真环节,把编译好的程序下载到芯片上,直接在芯片外围连接好输入器件、输出电路测试。四人抢答器实验接线图如图 7-8-4 所示。

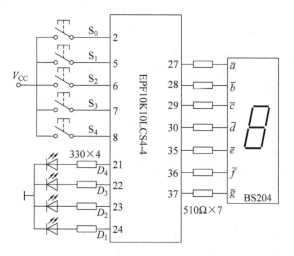

图 7-8-4 四人抢答器实验接线图

当连接好线路后,根据程序定义按下按钮 S_0,LED 指示灯 D_1、D_2、D_3、D_4 都熄灭,同时七段码显示出字符 0,表示现在没有人抢答,这时再按下按钮 S_1,指示灯 D_1 点亮,七段码显示出字符 1,表示第一号抢答成功,此时再按下 S_1、S_2、S_3、S_4 任何一个或者几个按键,输出都不会有任何变化,只有按下 S_0 后,七段码再次显示字符 0,LED 指示灯全都熄灭,这时才能够再次抢答。

7.8.4 实验仪器设备及软件

* PC、Quartus Ⅱ 软件。
* EDA 实验开发系统实验箱、万用表。

7.8.5 实训思考与要求

1. 实训思考题

(1) 四人抢答器电路设计未进行仿真,请思考如何设计抢答器输入信号进行功能仿真,时钟和输入信号之间是什么关系时可以成功验证抢答器功能。

(2) Quartus Ⅱ 软件对设计电路进行的仿真包括哪两种类型,它们之间有什么区别?

2. 实训报告要求

(1) 上交设计硬件描述语言或原理图输入图。

(2) 描述编译和调试过程,排除编译错误的原因和方法。

(3) 阐述在仿真之前进行功能仿真的设置以及仿真输入量的定义。

课程设计篇

电子电路课程设计的目的和要求

课程设计题目

全国大学生电子设计竞赛赛题选编

第8章

电子电路课程设计的目的和要求

8.1　课程设计目的

电子电路课程设计是电类专业的独立实践课,主要让学生加深对电路与电子电路理论知识的掌握,使学生把所学知识能够系统、高效地贯穿到实践中来,一方面避免理论与实践的脱离,构成理论课程的实践环节,另一方面着力于学生的工程意识和创新能力的启蒙和培养,成为工程师从业前的早期培训环节。

课程设计注重提高学生的工程意识和能力,将课程设计教学与实际项目开发结合起来,以项目开发方式要求、管理和完成整个设计,并在教学实践中贯彻工程意识、管理意识、团队意识、成本意识和从业意识,对培养学生综合能力和日后的工作能力具有指导和启蒙意义。

本课程设计的实施既重视技术能力培养,又兼顾学生综合素质养成,在设计中,注意培养学生形成和组织科研团队,培养学生良好工作习惯、资料积累和管理习惯,培养学生文档组织和撰写能力。

为体现因材施教原则,对于少数能力和基础比较好的学生允许比较灵活地选择教师课题、实际项目和深入研究等内容,设计选题具有一定灵活性,经教师批准后指导完成。

8.2　课程设计内容和时间安排

1. 课程设计题目分类

根据通信工程专业和自动化专业教学指导计划和课程教学大纲,课程设计主要内容包括如下三类题目:

(1) 系统设计类:包括各种电子电路系统的设计,例如:检测系统、功能电路单元、配电系统、实验系统和方案设计,该类题目以系统功能实现为主要考查点,重视论证计算过程以及各项参数符合要求的情况以及过程,主要设计成果应具备加工和生产价值,提交设计说明书、电路原理图、PCB板图和成本核算作为成果,并择优鼓励完成电路实体。

(2) 工程设计类:包括各种应用工程项目的设计,例如:配电系统工程、检测系统工程,也可以是学生自拟项目经教师批准、教师或企业项目,该类题目以项目的可行性或成果的实用性为主要考查点,重视可行性论证过程以及各项功能符合客户要求的情况,主要设计成果应具备施工指导价值,提交设计说明书、施工工程图、模块原理图和成本核算,根据完成情况也可以包括工程现场考察。

(3) 技术理论研究类:包括电子电路理论课程或相关课程研究的前沿或热点问题、课程教学内容具体问题的完善和研究,该类题目以完成的设计技术路线为主要考查点,重视研究的广度和深度,主要设计成果为研究报告和仿真结果。

2. 课程设计时间安排

整个设计过程约为一周时间,其中一天用于软件培训、动员及参考资料收集和查询、

3 天用于设计指导训练及研究展开、一天用于设计成果的改进完善及完成总结报告。整个设计应包括一次设计动员和题目辅导课程、一次软件应用培训课程、两次上机或实验调试课程、两次中间成果检查和两次答疑辅导课程。

8.3　课程设计基本要求

- 掌握各种电子电路的基本构成和工作原理,并能够根据需求完成设计具有一定实用价值的应用电子电路系统。在设计中能够以项目开发形式完成包括设计需求分析、系统架构设计、单元电路设计与选择、元件选择及参数计算、成本核算及评估、电路原理图制作、仿真工作在内的全部设计流程。
- 熟悉示波器、万用表、信号发生器、频率计和扫频仪等常用电子仪器的基本工作原理,掌握仪器仪表的正确使用方法。掌握电子电路基本测试技术,包括电子元器件参数、放大电路参数、信号的周期和频率、信号的幅度和功率等主要参数的测试。
- 能够以项目管理方式正确管理课题的开发流程,形成良好的文件习惯,能够正确进行系统调试和处理过程,处理测试数据,进行误差分析,并写出符合要求的课程设计报告(说明书)。
- 能够通过手册和互联网查询电子器件性能参数和应用资料,能够正确选用成熟的局部单元设计、常用集成电路和其他电子元器件。
- 掌握软件分析设计电路的基本方法,能够应用软件完成电子电路原理图设计和仿真研究,在有经费和设备保障的条件下,能够实现系统的可加工、可调试和可实现。
- 鼓励少数有兴趣有能力的学生在时间允许的条件下通过实验板和电子元器件完成电路的硬件实现,在经费和时间允许情况下,实现设计的装配、调试和故障排除。

8.4　课程设计考核

课程设计成绩考核应由平时成绩和课程设计成果成绩两部分组成。

1. 平时成绩的核定

每次集中辅导课结束,根据出勤和操作情况给出本次辅导课成绩。

2. 课程设计成果成绩的核定

设计报告内容及格式要求:按照统一课程设计报告(说明书)格式书写;必须具有关键操作步骤的描述、附贴图和参数处理结论。

电子文件要求:文件齐全完好,文件类型符合要求,内容及格式符合相应工程标准,具有一定实用性。

第9章
课程设计题目

9.1 电子电路课程设计题目概述

根据电类专业教学指导计划和课程教学大纲,课程设计主要可分为系统设计类、工程设计类和技术理论研究类。就其对于知识的广度和深度而言,系统设计类最为基础,比较容易实现;工程设计类主要是技术的实用化甚至市场化,需要一定的市场实践才能很好地完成,实现难度较大;技术理论研究类则主要是知识的深入研究探讨,仅适于个别理论知识学习扎实或随教师完成科研项目的学生完成。

考虑到教学的进度,题目的难度,本章所涉及的 10 个题目,按照技术实现难度从易到难、知识广度从单一到综合的顺序排列,使得学生从电路分析课程、模拟电子电路、数字电子线路的顺序课程学习中就可以逐步完成,有助于培养和保护积极性、树立学生自信心、形成工程意识、锻炼电路设计和制作技能。

在电路分析课程学习阶段,可完成倾斜提示器、信号衰减器的设计;模拟电子线路课程中,可完成家用电子捕蝇网电路、血压测量听诊、简单 UPS 电路设计;在数字电路学习阶段可实现水箱水位控制系统、简易红外对射报警系统、半导体节能声光控照明灯、基于 ROM 技术的 LED 彩灯电路的设计;最后的住宅室内装修供电布线工程属于工程设计类,难度较大,可以在电路分析课程选择个别市场和技术能力强的学生分组完成。

9.2 儿童坐姿倾斜提示器设计

儿童时期经常出现读、听、写坐姿不规范或注意力不集中情况,这种不规范往往是无意间造成的,如果能得到及时纠正和提醒,会有助于儿童集中注意力并保持良好身体姿态。倾斜提示器在使用时,能够感知身体姿态的倾斜变化,在身姿不正确时根据使用环境是否允许发出语言或振动提示,提醒使用者调整坐姿,集中注意力。

1. 设计要求

设计一个便于携带的倾斜提示电路,读、听、写时用来监测使用者的身体姿态,当身体发生倾斜时,对使用者进行提示。

(1) 电源电压 3V 使用两节纽扣电池供电,不发生倾斜时,保持低耗电量。

(2) 声音提示使用语音或音乐集成电路,不使用 MCU 芯片。

(3) 当外界环境不允许使用声音提示时,可通过调节开关改用振动提示。

(4) 设计有总开关和电源提示。

(5) 扩展要求:

• 能够记录并显示倾斜方向;

• 外观设计巧妙,不易注意。

2. 重要提示

(1) 倾斜角度传感器可采用 KG-101 或 KG-102 型玻璃水银导电开关实现,合理安装玻璃水银导电开关,使得倾斜角度不大时,电路中的语音芯片或振动电机不被启动,当倾斜超过一定角度时,水银流动,引起报警提示。

(2) 振动机构可采用手机振动电机。

(3) 扬声器或振动电机的驱动可采用共用晶体三极管,利用开关实现两种提示方式的切换。在课堂、会议等不宜发声的场所,可拨至振动一侧,正常使用情况下则可选择语音提示。

(4) 语音芯片可采用 ISD4004、HFC5209 等型号 3V 供电的语音芯片。

(5) 制作安装尺寸尽量减小,以利于使用者将其固定于躯干、头部等部位。

(6) 电池夹的设计制作要巧妙、安全、合理,防止电池电极接触导电部分造成短路。

9.3 信号衰减器设计

信号衰减器广泛应用于电子设备中,是由电阻元件组成的四端网络,其特性阻抗、衰减都是与频率无关的常数,相移等于零。通常衰减器置于信号源和负载之间,用来调整电路中信号的大小,也可在电路与实际负载阻抗之间插入一个衰减器获得比较稳定的负载阻抗,可用来实现阻抗匹配。实际应用中,有固定衰减器和可变衰减器两大类。

1. 设计要求

某正弦波信号发生器,输出信号振幅为 $0\sim25V$,信号源内阻为 R_S,今接入电阻值为 R_L 的纯阻性负载,若希望负载能得到振幅为 $0\sim250mV$ 的电压,请设计一个信号衰减器。

(1) 信号衰减器置于信号源与负载之间,不存在相移。

(2) 进行理论计算确定各参数后,在电路仿真软件(Multisim)上进行仿真并提交仿真结果。

(3) 制作实物并提交测试数据。

(4) 扩展要求:

- 设置两个开关,使其衰减量可以分别调整为 20dB、40dB、60dB。
- 制作一个无衰减移相器,在某频率 f_0 点上使信号源输出信号无相移经过衰减器后,再经过移相器得到相位差为 90°的信号。
- 完成软件仿真,并提交仿真结果和实物测试数据。

(5) 具体参数:

信号源内阻: $R_S = 200\times$(学号末两位+专业代码+班级)Ω;   (9-3-1)

负载电阻: $R_L = 50\times$(学号末两位+班级+2)Ω;   (9-3-2)

频率: $f_0 =$ 学号末两位 kHz;

其中,专业代码为:通信工程=1,自动化=2,计算机=3。例如:通信工程 2 班学号末两位为 11 号同学

$$R_S = 200\times(11+1+2)\Omega = 2800\Omega;$$

$$R_L = 50 \times (11 + 2 + 2)\Omega = 750\Omega; \quad f_o = 11\text{kHz}$$

2. 重要提示

（1）作品要能够圆满完成任务书要求的所有功能。

（2）元器件布局合理，版面美观。

（3）焊接牢靠，焊点美观，无接触不良现象。

（4）特性阻抗 R_c ＝输入/输出阻抗

$$\text{dB(分贝)} = 20\lg(U_o/U_i) = 10\lg(P_o/P_i) \tag{9-3-3}$$

（5）几种固定衰减值的基本衰减器电路设计和元件参数取值，可以参考表 9-3-1。

表 9-3-1　几种基本衰减器电路

类型	T 型衰减器	π 型衰减器	桥 T 型衰减器	倒 L 型衰减器
组成				
参数	$R_1 = R_C \dfrac{N-1}{N+1}$ $R_2 = R_C \dfrac{2N}{N^2-1}$	$R_1 = R_C \dfrac{N^2-1}{2N}$ $R_2 = R_C \dfrac{N+1}{N-1}$	$R_1 = R_C(N-1)$ $R_2 = \dfrac{R_C}{N-1}$	$R_1 = \sqrt{R_{C1}(R_{C1}-R_{C2})}$ $R_2 = R_{C2}\sqrt{\dfrac{R_{C1}}{R_{C1}-R_{C2}}}$ $N = \left[1 - \sqrt{1 - \dfrac{R_{C2}}{R_{C1}}}\right]^{-1}$

说明：$N = 10^{\frac{\text{dB}}{20}}$，为输入与输出电压比。

（6）可变衰减器，一般是指特性阻抗值恒定的，而它的衰减值是可变的衰减器，由如图 9-3-1 所示的桥 T 型衰减器构成比较方便。这种电路的优点是，电路中只有两个可变化部分，而且 R_C 为固定电阻，可以避免因旋钮换挡时，由于旋钮触点接触不良而引起电路中断现象。

（7）移相器的基本原理可以参考如图 9-3-2(a)所示 R_C 串联电路，设输入为正弦信号，其相量$\dot U_1 = U_1 \angle 0° \text{V}$，则输出信号电压为

$$\dot U_2 = \frac{R}{R + \frac{1}{j\omega c}}\dot U_1 = \frac{U_1}{\sqrt{1 + \left(\frac{1}{\omega R_c}\right)^2}} \angle \arctan \frac{1}{\omega R_c} \tag{9-3-4}$$

其中输出电压有效值为

$$U_2 = \frac{U_1}{\sqrt{1 + \left(\frac{1}{\omega R_c}\right)^2}} \tag{9-3-5}$$

输出电压的相位为

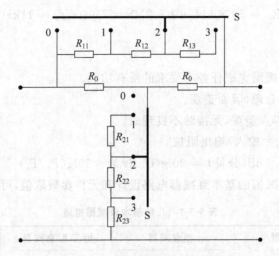

图 9-3-1 可变衰减器的实现电路

$$\varphi_2 = \angle \arctan \frac{1}{\omega R_C} \qquad (9-3-6)$$

由上两式可见,当信号源角频率一定时,输出电压与相位均随电路元件参数的变化而不同。若电容 C 为一定值,则如果 R 从零至无穷大变化,相位从 90°到 0°变化。

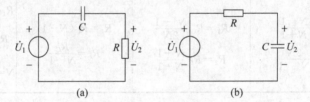

图 9-3-2 移相器的基本原理

另一种 RC 串联电路如图 9-3-2(b)所示,输入正弦信号电压 $\dot{U}_1 = U_1 \angle 0° \text{V}$,输出电压为

$$\dot{U}_2 = \frac{\frac{1}{j\omega c}}{R + \frac{1}{j\omega c}} \dot{U}_1 = \frac{U_1}{\sqrt{1 + (\omega RC)^2}} \angle -\arctan(\omega RC) \qquad (9-3-7)$$

其中输出电压有效值为

$$U_2 = \frac{U_1}{\sqrt{1 + (\omega RC)^2}} \qquad (9-3-8)$$

输出电压相位为

$$\varphi_2 = \angle -\arctan \omega RC \qquad (9-3-9)$$

同样地,在输入信号角频率一定时,输出电压的大小及相位随电路参数的不同而改变。若电容 C 值不变,R 从零至无穷大变化,则相位从 0°到 -90°变化。

当希望得到输出电压与输入电压相等,而相对输入电压又有一定相位差的输出电压时,通常采用如图 9-3-3(a)所示 X 型 RC 移相电路来实现。为方便分析,将原电路改画成图 9-3-3(b)所示电路。

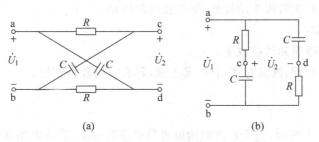

(a)   (b)

图 9-3-3　X 型移相器

X 型 RC 移相电路输出电压为

$$U_2 = U_{cb} - U_{db}$$

$$= \frac{\dfrac{1}{\mathrm{j}\omega C}}{R + \dfrac{1}{\mathrm{j}\omega C}} \dot{U}_1 - \frac{R}{R + \dfrac{1}{\mathrm{j}\omega C}} \dot{U}_1 = \frac{1 - \mathrm{j}\omega RC}{1 + \mathrm{j}\omega RC} \dot{U}_1$$

$$= \frac{\sqrt{1 + (\omega RC)^2}}{\sqrt{1 + (\omega RC)^2}} U_1 \angle -2\arctan \omega RC \qquad (9\text{-}3\text{-}10)$$

其中,

$$U_2 = \frac{\sqrt{1 + (\omega RC)^2}}{\sqrt{1 + (\omega RC)^2}} U_1 = U_1, \quad \varphi_2 = -2\arctan(\omega RC) \qquad (9\text{-}3\text{-}11)$$

结果说明,此 X 型 RC 移相电路的输出电压与输入电压大小相等,而当信号源角频率一定时,输出电压的相位可通过改变电路的元件参数来调节。

若电容 C 值一定,当电阻 R 值从 0 至 ∞ 变化时,则从 0° 至 $-180°$ 变化。当 $R=0$ 时,则 $\varphi_2 = 0°$,输出电压与输入电压同相位;当 $R=\infty$ 时,$\varphi_2 = -180°$,输出电压与输入信号电压相反;当 $0 < R < \infty$ 时,则 φ_2 在 0° 与 180° 之间取值。

9.4　家用电子捕蝇网电路设计

电子灭害是一种全新概念产品,能够以更加环保、卫生的方式诱捕蚊蝇,是一种利用高压电网和诱饵吸引击杀苍蝇的设备,比使用药物要环保,比普通蝇拍清洁,尤其适于孕妇和婴幼儿的房间。

1. 设计要求

设计一个利用高压电网捕杀苍蝇的电子捕蝇网,要求使用安全可靠,易于清洁,电路简单,造价低廉。

(1) 为确保人员安全,只使用两节干电池(直流电压 3V)作为电源,高压来自逆变和升压电路。

（2）高压电网电压应足够击毙落于其上的苍蝇大小的蚊虫，并易于清洁。

（3）实物现场安置和操作方便，易吸引和捕杀苍蝇。

（4）开关方便，正常操作功耗低，适于长时间使用。

（5）扩展要求：

- 同时能够吸引和诱捕蚊子；
- 造型设计合理，既具有实用性，又美观，具有室内装饰作用。

2. 重要提示

（1）如图 9-4-1 所示，整个系统的构成可分成逆变电路、升压电路和电网 3 个部分。

图 9-4-1　电子捕蝇网电路结构

（2）逆变电路就是一个高频正弦波振荡电路，如图 9-4-2 所示，可采用变压器耦合方式，把 3V 直流电变成 18kHz 左右的高频交流电，经铁芯变压器 T 在次级升压到约 500V 左右。

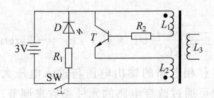

图 9-4-2　高频正弦波振荡电路

（3）利用二极管三倍压整流电路，在 3 个电容上形成一个 1300～1500V 的直流高压，加在高压电网上。当蚊蝇触及金属网丝时，虫体造成电网短路，即会被电流、电弧烧灼或击晕、击毙。

（4）元器件选择时，晶体管 T 可选用 8050、9013 型等常用 NPN 管。硅整流二极管可选用 1N4007 型。倍压电容由于要承担 500V 左右高压，所以除容量要考虑外，还必须高度重视电容的耐压值，可采用 CL11-630V 型涤纶电容器。高频变压器 T 需自制：选用 2E19 型铁氧体磁芯及配套塑料骨架，L_1 用 $\phi0.22$mm 漆包线绕 22 匝，L_2 用同号线绕 8 匝，L_3 用 $\phi0.08$mm 漆包线绕 1400 匝左右。

注意：图 9-4-2 中黑点为同名端，头尾顺序绕，绕组间垫 1～2 层薄绝缘纸。

（5）高压电网可采用 14 号钢丝，电网下设有诱饵，苍蝇嗅到诱饵而来，着落时触及电网而被电死，死蝇从网距空间自动下落，达到灭蝇的效果。相邻铁丝距离为 7mm，便于灭蝇又便于清除死蝇。

9.5　血压测量听诊电路

血压计是家庭必备测量工具,按工作原理可分为电子数字血压计、台式水银柱血压计和机械(压力表)式血压计三种。电子数字血压计价格高,水银柱血压计精度和价格适中,是医生最常用的医疗器具,但由于其须配合听诊器才能判断血压的上下限值,而人的听觉和判断一定程度上受经验影响,所以,不同医生用同样的设备得到的诊断结果往往有差异,当室内有噪声时更可能误诊。可考虑使用电子电路来代替听诊器,协助判读。

1. 设计要求

(1) 不采用声音信号作为脉动信号的识别和采集依据,代替听诊器,协助确定水银柱血压计的读数。

(2) 在收缩压和舒张压的正常范围内能够清晰辨识脉动信号。

(3) 不使用单片机等智能化硬件作为设计核心。

(4) 确定的每次脉动都对操作者有明显的提示。

(5) 工作电压为5~12V,采用电池供电,功耗低,血压测量范围0~300毫米汞柱。

(6) 写出详细操作说明。

(7) 扩展要求:能够自动判别收缩压和舒张压的特征脉动信号,并提示操作人员记录。

2. 重要提示

(1) 水银柱血压计的工作原理和使用方法:水银柱血压计是通过医生用听诊器来听血液通过狭窄的血管管道而形成涡流时发出响声的原理来设计的。水银柱指示的是袖带压。当袖带大于收缩压时,动脉血流被阻断,无声音。当袖带压下降到与收缩压相等的瞬间,每个心动周期中就会开始产生一次血流快速冲过狭窄的血管而产生声响,所以第一声响时的袖带压相当于收缩压。只要袖带压低于收缩压而高于舒张压,一个心动周期中总会有一次血流的通过,所以可以听到连续的声响。当袖带压降至舒张压水平时,血流恢复通畅,声音消失,因而最后一声响时的袖带压相当于舒张压。由于袖带长时间的压迫,有的人动脉也许不能马上复原,声音可以一直不消失,但是声音一定会变弱,此时可以以变弱时的袖带压表示舒张压的大小。

(2) 压力传感器可以使用压电传感器,也可以直接采用听诊头和驻极体话筒通过一个塑料或橡皮管封闭装配而成,输出接入放大器的输入端。

(3) 传感器信号输出经过前置放大、中间放大、功率放大三个环节,输出电压经过比较器,再经过驱动电路产生推动发光二极管和蜂鸣器的驱动电压。由于涉及微小信号的放大,可参考仪表放大器电路,如图9-5-1所示。

(4) 比较器用来判决脉动的存在,其参考门限电压可根据实验结果调节,超过门限则电平反转,LED和蜂鸣器将会启动。

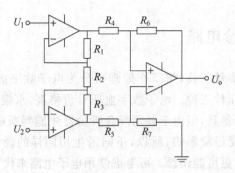

图 9-5-1　仪表放大器

（5）第一声蜂鸣和 LED 闪亮，其当时的血压计读数即为收缩压，当最后一个蜂鸣结束时，所对应的血压计读数就是舒张压。

9.6　简单 UPS 电路

不间断电源（Uninterruptable Power System，UPS）在日常生活中随处可见，如学校、企业、银行和机关单位等，UPS 主要作用是在市电停电时，能够继续为不能断电的设备继续提供电能，为用户争取时间停止设备。

1. 设计要求

（1）电路中 J_2 为交流电源输入端，J_1 为不间断电源输出端，系统工作电压为交流 220V。

（2）将±12V 通过 J_3 接入，AC220V 通过 J_2 接入，J_1 为电压输出端，LED5 为输出指示灯。

（3）开启±12V 电源，关闭 AC220V 电源。输出端电压为 230V±5V；提示报警音；按 S1 键可开关机，关机后输出为 0V；短接输出端，保护电路启动，电路停止工作，输出为 0V。

（4）开启±12V 电源，开启 AC220V 电源。输出端电压 J_1＝输入端电压 J_2，报警音消失。

（5）关闭±12V 电源，开启 AC220V 电源，输出端电压 J_1＝输入端电压 J_2，报警音消失。

2. 重要提示

（1）UPS 电源主要由以下电路组成：正弦波振荡器、限幅放大器、前置驱动、功率放大器、升压变压器、开关机控制电路、双电源切换电路、失电检测电路、失电报警电路、过流检测保护电路、手动开关机控制电路等，组成见图 9-6-1。

（2）正弦波振荡电路属于低频振荡器，可采用图 9-6-2 所示文氏电桥，C_1、C_2、R_1、R_2

组成选频电路,调节这 4 个参量可调整振荡电路的振荡频率,R_3、R_4 组成正反馈电路,为振荡电路提供必要的电压增益,调节 R_4 可调整电路的正反馈量。

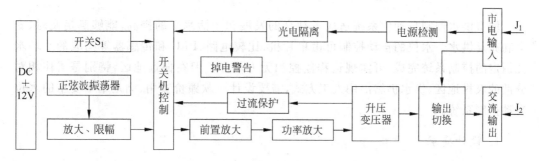

图 9-6-1　UPS 组成

（3）限幅放大电路可采用反比例运算放大电路,可改变电路的放大倍数。开关机控制电路由继电器 K_1 作为执行部件,当继电器吸合时,限幅放大器输出的信号对地短路,后级电路停止工作达到关机目的。前置驱动电路为电压跟随器,不起放大作用,只为驱动功率放大电路,为功率管提供足够的驱动电流。

（4）功率放大电路采用图 9-6-3 所示 OCL 功率放大器,由 R_{P1}、R_1、R_{P2}、R_{P3}、Q_1、Q_2 组成,正半周 Q_1 工作,负半周 Q_2 工作。

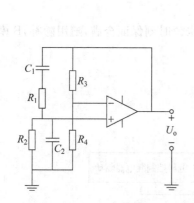

图 9-6-2　文氏电桥振荡器

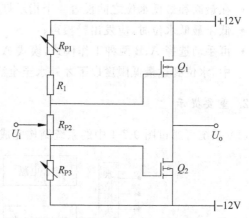

图 9-6-3　OCL 功率放大器

（5）升压变压器为普通的工频变压器,应设置过压保护电阻,防止因电压过高伤及人身安全,并设计指示灯,点亮时证明升压电路已开始工作。输出切换电路为双刀双掷的继电器,使得输出自动切换在常用电源和升压电路。电源检测电路控制继电器,决定升压电路是否工作,并触发失压告警电路。

（6）失压告警电路由音频振荡器构成,带动蜂鸣器。过流保护电流由取样电阻、三极管放大电路、检波电路、电压比较电路和锁存电路组成,取样电阻电压过高时过流保护启动。

9.7 水箱水位控制系统设计

城市供水控制自动化系统适应了社会的发展和生活水平的提高,能够满足及时、安全和充足供水。水位的自动控制可由单片机、比较电路、PLC 和传感器等构成的水塔水位恒定的控制系统完成,可实现远程监控和无人值守。但在偏远地区,特别是居住相对分散的农村地区,供水仍然沿用人工方式,需要设计一款廉价实用、满足基本要求的水位自动控制系统。

1. 设计要求

设计实现一种水箱水位控制系统,根据实际需要,当达到最高水位时自动停止抽水,当达到一定低水位时自动给水。对该水箱水位控制系统进行仿真后,根据要求制作一个实物样品演示。

(1) 控制器和水泵电机供电均采用 220V 市电。

(2) 不得采用单片机、PLC 等硬核芯片完成设计。

(3) 由于在农村使用,控制量产单价。

(4) 扩展要求:

• 在最高和最低水位之间设置 4 个指示灯,以灯的亮灭分段显示水位高低;

• 低于最低水位时,应发出警报声;

• 可手动选择 A、B 两种工作模式,模式 A 中,水位时刻保证全满,随用随补,B 模式中,水位到达最低限度以下才补水至全满。

2. 重要提示

(1) 系统可通过图 9-7-1 中的系统结构完成。

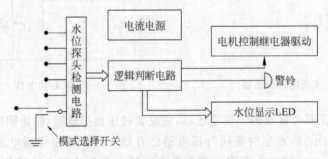

图 9-7-1　水箱控制系统结构

(2) 水位传感器有专用的成品出售,可以直接采用,但就给定的 25 元批量预算限制而言,市售的水位传感器显得成本过高,且结构复杂。本题中的水位检测,可以利用水的导电性完成水位的判断。水位传感器的探头电极不与系统地相连,当探头与水接触时,由于水的导电性,探头电位会被水拉成低电平,系统可以据此判断出水位信息。分段显示水位,也可通过在不同位置增加探头数量完成。水实际有一定电阻值,因此对于探头检测电路输入端来说,需有足够大的输入电阻方能检测出探头是否触水,因此在对输入电路进行设计时,所采用的检测电路输入阻抗必须足够高。所以电路与探头相接的输入端需要采用输入阻抗高的 CMOS 器件,而不要采用双极型半导体器件。CMOS 电路四与非门 CD4011 的输入电阻可达 20MHz,可作为检测器件。在水位探头没有与水接触时,将输入端接 $1M\Omega$ 以上的上拉电阻,即可将输入端拉成逻辑"1"。当电极触水后,其电阻值一般小于 $10k\Omega$,与上拉电阻分压后,输入端得到逻辑"0"电平。

(3) LED 可直接采用反相器驱动,注意,若采用了 OC 门电路,注意根据情况接上拉电阻。

(4) 警铃或电机驱动可采用继电器,其驱动电路如图 9-7-2 所示,其中三极管 T 为 NPN 型管,可选用 9013 或 8050,驱动能力不足时,可用两个管接成复合管驱动。D 为续流二极管,目的是吸收三极管由导通转为截止时继电器线圈的反电势,保护三极管,可采用 1N4148 或 1N4007 等。电源电压一般选择 9V 左右。触点端控制水泵开关。

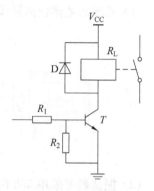

图 9-7-2 继电器驱动电路

(5) 逻辑部分是本设计的核心内容,设计时,要注意使电机运转时的逻辑状态输出值保持自锁,直到高、低两个水位状态传感电极均触水为止。要运行模式 A,只要扳动开关,使最低水位探头电极电位保持不触水时的电压状态即可。

9.8 简易红外对射报警系统设计

红外线是一种不可见光,红外对射报警的检测原理是利用 LED 红外发射二极管发射的脉冲红外线,由受光器接受,当物体越过探测区域遮断红外射束就会引发警报。该报警器常用于室外围墙报警,本设计所提出的报警器不使用比较复杂的光学系统,探测距离有限,可用于门窗和阳台防护。

1. 设计要求

设计一个带有电子钥匙的简易红外对射报警器,由发射器和接收器两部分组成,红外发射器发出一束脉冲红外光到达远处接收器,如果电子钥匙未能正确插入,且光束被遮断时,启动报警电声器材,发出报警声(音乐、语音、警铃均可),正确插入电子钥匙则报警停止,拔出钥匙重新布防。

(1) 要求最小防范距离控制在 3 米以上。

(2) 设备轻小,发射器和接收器可分别完全装入标准暗装单电源盒。

(3) 控制部分的电源电压采用 5V 直流电,为防止住宅断电后入侵,可以采用电池或交直流复合供电方式。

（4）报警器应该不受市电、日光灯、节能灯等频率信号的干扰，不会因此产生误报。

（5）能昼夜工作，功耗低。

（6）扩展要求：

- 具有电源电压检测告警功能，在电源电压不足时，可发出与报警声不同的提示信号；
- 用户可较方便地自己修改电子钥匙的设置，以提高安全性并减少安装者的责任。

2. 重要提示

（1）系统的整体框图见图 9-8-1。

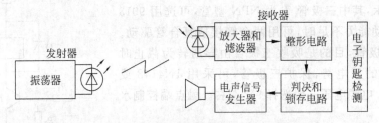

图 9-8-1 红外对射报警器系统框图

（2）振荡器可采用 555 时基电路或运放组成的多谐振荡器实现，也可以采用 RC 正弦波振荡器。

（3）产生的交流信号需要避开照明用的白炽灯、荧光灯产生几百 Hz 的低频干扰，又要避开空调、电视机遥控器等 38～40kHz 的高频干扰，所以可将报警器红外光的工作频率设置为 5～10kHz，既可远离干扰，又有利于用普通指针式万用表交流挡来进行测试。接收器频率选择电路使用带通滤波器。

（4）光敏三极管在 5kHz 频率，最大负载为 10～20kΩ 时，灵敏度较高，其输出的电信号被放大器放大，应使其超出放大器线性放大范围，被限幅为梯形波。经过检波输出后的直流电压与门限电压比较，以判决是否有异物遮挡。当光照不足（红外线遮断）时，输出信号被锁存，以便能持续驱动扬声器报警。

（5）电子钥匙可以设计为多对光电开关控制的光电式，采用遮挡/透光方式或反射/吸光方式完成设计，其基本原理图见图 9-8-2。图中采用了遮挡/透光方式设计电子钥匙，不透光处（黑色部分 B 处）接收端的光电管不导通；透光处（白色部分 A 处）或者不插钥匙时，接收端的光电管不导通。在不同位置多设置几个这样的光电开关，并使得光电比较器在受遮挡时输出电平不同，由图可知光强比较器输出全部为高电平时，钥匙状态为低（撤防）；否则，当光电开关未被准确遮挡时，光强比较器输出不全部为高电平，钥匙状态为低（布防）。撤防状态下，无论红外对射是否遮断，都不会引发报警，而布防状态下，红外对射被遮断，会引发报警。

（6）报警器应选择合适的触发响应延迟时间，响应时间太短容易受干扰引发误报警，太长则易形成漏报警。可以用人奔跑的世界纪录和人体宽度来确定最短遮光时间，这一指标要求符合国家标准 GB 10408.4-2000。

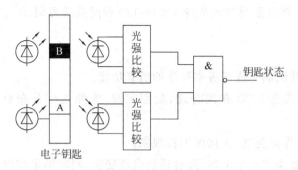

图 9-8-2　电子钥匙基本原理图

9.9　半导体节能声光控照明灯

LED 作为新光源,越来越多地用于彩灯装饰和照明领域,白光 LED 发光二极管的市场规模与应用越来越宽广,并已进入一般家庭,取代各种传统的室内外照明灯具。LED 最大的特点在于无需暖灯时间、开关次数对寿命无影响、反应速度快(约在 10^{-9} 秒)、安全而且光源控制成本低,使频繁开关成为可能,是运用于声光控灯上的最佳光源。

1. 设计要求

设计一个满足楼道夜间照明要求的声光控 LED 节能灯,要求正常光线时,声控部分的控制信号不起作用,当周围光线暗到一定程度时,声控部分的电路控制起作用,且电路滤噪功能要好,能有效地避免色偏。

(1) 电源电路采用无变压器桥式整流稳压(或开关电源),负载的供电可采用恒流或恒压方式。

(2) 光控部分采用光敏二极管或光敏电阻。

(3) 声控部分电路采用电容话筒及其放大电路。

(4) 负载(发光器件)采用高亮 LED 串联或并联,可以多个(3~4 个)串联之后再并联。

(5) 电路应具有实用、节能、长寿、电路合理、安装方便、可靠性高。

(6) 扩展要求:

• 电路有较好的滤噪性能,抗干扰能力强。

• 若采用电流驱动方式,则驱动器件也可以采用新型可控集成电路。

• 由于 LED 是单向导电器件,所以要用直流电源或者单向脉冲电流给 LED 供电。

(7) 具体参数:

LED 选用高亮度,散光型亮度 1200mcd 以上,角度要 120 度,聚光型亮度在 20000mcd 以上的。工作电压 3.0~3.6V,电流 20mA。通常楼道照明,20~40 枚即可满足要求,额定功率为 2.5W 左右。

照明灯开启后,持续照明时间维持在 20～120 秒间连续可调。

2. 重要提示

(1) 作品要能够圆满完成任务书要求的所有功能。

(2) 元器件尤其是 LED 布局合理,版面美观,光照角度分布合理,满足实际照明要求。

(3) 焊接牢靠,焊点美观,无接触不良现象。

(4) 电源电路要采用一个电源,经过适当电压变换,同时满足控制部分和光源部分的需要,采用电容降压和桥式整流电路。其控制部分参考电源电路(以 12V 电源为例)如图 9-9-1 所示。

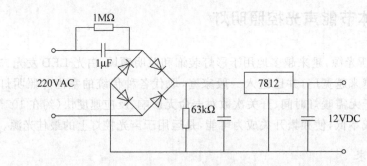

图 9-9-1　电源电路

(5) LED 灯光源部分的材料和元件,可参考如下方案:反光杯(可采用易拉罐球形底部制作)1 只、0.8mm 双面电路板 1 块、白光草帽灯 20 只、400V224 高压金属膜限流电容 1 只、1N4007 整流二极管 4 只、4.7MΩ 高压泄流电阻 1 只、63V10μF 消闪烁用滤波电容 1 只。

(6) 延时电路可采用 555 时基电路设计,利用其输出控制继电器或可控硅通断,来控制 LED 组的电源即可。

(7) 光控和声控部分可采用电压比较器电路实现,再经过逻辑门控制 555 延时器的触发输入。系统总体框图见图 9-9-2。

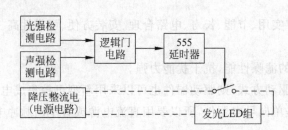

图 9-9-2　声光控制 LED 灯设计系统框图

9.10 基于 ROM 技术的 LED 彩灯电路设计

随着城市生活环境的不断改善和美化，LED 彩灯以色彩丰富、造价低廉以及控制简单等特点在街道和建筑物装饰、门店招牌和广告制作等方面得到了广泛应用。目前市场上各式各样的 LED 彩灯控制器大多用以单片机为核心的硬件电路实现，涉及软件和硬件的开发和调试，技术相对复杂，其实简单的彩灯显示变换可以用 E^2PROM 或 EPROM 技术实现。

1. 设计要求

设计一个具有切换功能，长度为 16 个灯位的串形 LED 彩灯电路，要求灯光组合模式切换周期从 0～30 秒间可调，该 LED 彩灯控制器基于 E^2PROM 或 EPROM 设计，实现对 LED 彩灯的控制。彩灯使用 220V 市电，经过电源变换，输出直流工作电压驱动电路工作。

(1) 设计直流电源提供 5V 工作电压驱动 LED 模块，并为控制电路提供工作电源。

(2) 灯光组合以固定模式依次显示，用户可以手动调整灯光组合模式停留和切换时间。

(3) 灯光组合以二进制代码形式存储于 E^2PROM 或 EPROM 模块中，可通过改写模块内容改变灯光模式组合，所有模式显示完毕后，从第一个模式重复显示，不能出现超时停留、全亮、全灭的情况。

(4) 扩展要求：

- 利用该电路制成一个 16×32 的展示屏，以点阵方式显示固定模式的内容，其内容为本人的姓名；
- 每个灯位可以发出红、绿、蓝三种颜色，彩灯长度 16 个灯位；
- 每一种灯光组合模式结束且稳定显示时，就变换颜色或闪烁三次。

2. 重要提示

(1) 系统框图可采用如图 9-10-1 所示的设计。

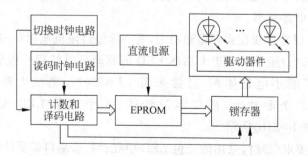

图 9-10-1 基于 ROM 技术的 LED 彩灯电路系统图

（2）直流电源设计可采用电容降压与稳压结合，提供 5V 工作电压。

（3）切换时钟电路用来发出灯光组合切换脉冲指令，可采用由 555 时基电路构成的多谐振荡电路实现，其反转时间用来控制灯光组合切换周期。

（4）读码时钟电路发出 ROM 读取脉冲，同时又是计数器的计数脉冲，可采用图 9-10-2 中由 555 时基电路构成的多谐振荡电路实现，改变 RC 元件的参数值，即可改变其周期，可设置得短一些，以便提高读取速度。

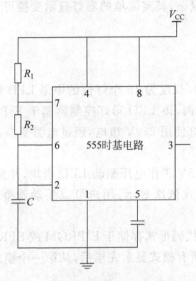

图 9-10-2　555 时基电路构成的多谐振荡电路

（5）收到切换时钟电路的脉冲指令后，计数器打开，用来根据读码时钟电路输出的脉冲数输出地址，经过译码器译码后用来依次选通和读出 ROM 中的存储单元内容（即灯光组合模式），送入锁存器锁存。如果所使用的锁存器多于一片，则译码电路的低位输出可用来选通不同锁存器，实现存储单元内容依次锁存。例如：当需要 4 个锁存器（即驱动32 个 LED）时，译码器的最低 4 位输出线分别接 4 个锁存器的使能端，当 4 个锁存器分别装入数值后，可采用预置值方法控制计数器停止计数，直到收到下一条切换时钟电路的脉冲。这一部分设计中，计数器、译码器、锁存器之间时序配合要求比较高，应仔细研究各芯片引脚功能和时序关系。

（6）LED 管可以直接接在锁存器输出上，另一端经过限流电阻（一般使用排阻）接在电源端，如图 9-10-3（a）所示。对于大功率 LED 的驱动可以使用三极管作为恒流源，但LED 较多时，为了缩小电路体积，通常采用 ULN2003A 集成电路作为驱动，每片ULN2003A 包含 7 个驱动管，所以本设计的 16 个灯位 LED 实现就需要三片ULN2003A，如图 9-10-3（b）所示。

（7）实现扩展要求（2）时，采用的三色 LED 中红、绿、蓝端口需要的导通电压不同，因而需要的限流电阻也不相同。

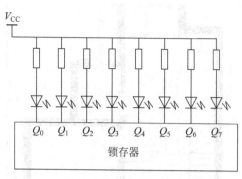

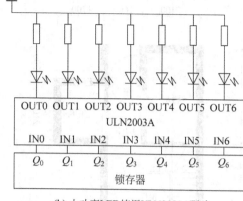

(a) 小功率LED直接驱动　　　　　　(b) 大功率LED使用ULN2003A驱动

图 9-10-3　LED 驱动电路

9.11　住宅室内装修供电布线工程设计

家用电器的大量使用,已成为现代化生活的标志之一。随着生活质量提高,多台不同功率的电器被同时、经常、重复使用,用电功率和用电时段不断变化。在室内装饰装修中,需要认真研究不同生活区域供电的功能和特点、电器的发展趋势、使用习惯等综合因素,设计"安全、节能、环保"的供电布线,消除隐蔽工程中的隐患。

题目中拟装修一套 2 室 2 厅跃层二手住宅,由于原供电线路老化,全部拆除重做,其房型及原始数据如图 9-11-1 所示,要求设计者完成对该房屋供电电路布线及施工的完整设计。

1. 设计任务

房屋为砖混结构;小区配电已送至下层门厅卫生间对面墙壁距地面 1.5 米处,入户线 6mm²;断路器、一户一表(20A)及保险已经设置在门外。业主提出如下要求:

(1)住宅照明线统一控制,各房间、门厅、露台均有独立控制的照明,主卧室、书房、客厅、上层卫生间、楼梯中央装有独立控制的壁灯,楼梯壁灯要求做到楼上楼下双向控制;

(2)主卧室、客厅及书房装有与房间面积相适应的空调;

(3)上层卫生间装有电热水器,下层卫生间装有浴霸,厨房装有电磁炉、微波炉、电饭煲、抽油烟机、厨宝;

(4)各类房间插座分别控制,每个房间不设门的墙壁均应设插座,插座选择须确保儿童及宠物安全;

(5)客厅设置冰箱、电视墙,上层卫生间设置洗衣机;

(6)暗线施工,外表看不到电线,质量保用 20 年。

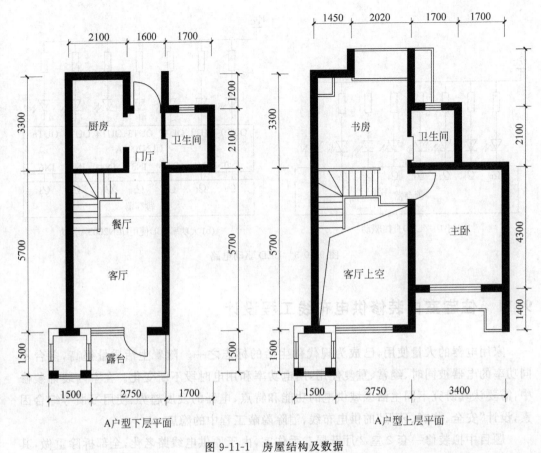

A户型下层平面   A户型上层平面

图 9-11-1 房屋结构及数据

2. 设计要求

(1) 完成该住宅的布线设计,以布线图形式提交,主要包括如下内容:

- 线路走向、施工材料及安装位置确定;
- 根据不同用电器对不同位置的材料做出选择,电线及 PVC 管的规格、品牌;
- 开关及插座的规格选择和安装。

(2) 完成该住宅的施工规划,以文件形式提交,合理规划线路开槽方案,确定接线盒位置和数量,确定所需设备和人员数量,安排进料次序。

(3) 按施工量和物料价值估算工程总体造价(给公司)和报价(给业主),以报表形式提交。

(4) 作为乙方提出一份住宅线路改造合同书。

(5) 2~3 人一组完成设计(每组最多 3 人,多于 3 人或少于 2 人不计成绩),完成后每组提交一份设计报告,其主要内容包括:项目组成员简介及分工;设计的基本思路和系统特点;电路设计原理和施工过程说明;施工工具表;各主要部件和材料参数(含各种参数的计算过程或依据);验收方法;走线图(附件 1);材料清单(附件 2);报价价格表(附件 3）；线路改造合同（附件 4）。报告使用 A4 纸，自行设计表格，打印或手工填写均可，打印或填写完毕后加装自行设计的封面在距离报告左侧边沿 1cm 处均匀纵向装订 2 订书钉，要求装帧精美、文件材料次序合理。

3．重要提示

（1）所作设计和施工必须符合国家建设部标准：《住宅装饰装修工程施工规范》GB 50327-2001。

（2）材料规格计算可以采用通用经验方法估算。

（3）主要施工材料尽量选择天津本地产品或名牌产品以利于提高用户信任度。

（4）保证企业有 25％～30％的利润，同时报价水平不高于市场现行价格。

（5）合同中可以以附送服务方式赢得客户。

第 **10** 章 全国大学生电子设计竞赛赛题选编

10.1　全国大学生电子设计竞赛概况

全国大学生电子设计竞赛是由教育部倡导的我国高校信息与电子类学科大学生的最高级别的科技竞赛赛事,目的在于推动高等学校相关专业进行课程体系和课程内容改革,促进高校实施素质教育,培养大学生实践创新意识与基本能力、团队协作精神和理论联系实际的学风,培养学生工程实践素质、提高学生通过电子设计解决实际问题的能力,吸引、鼓励学生参加课外科技活动,为优秀人才脱颖而出创造机会和条件。虽然教育界和学术界对竞赛在达成上述目标的实际效果上有一定争议,但历年来各高校和广大学生的参与热情都十分高涨。一定程度上,学校希望能通过大赛检验和说明学校的教育和发展成果,学生希望能通过比赛锻炼和提升自身的能力,展示和证明自身水平。

10.2　全国大学生电子设计的参赛准备

通常地,在参赛前学生应结束了电路基础、模拟电子电路、数字电子电路、C 语言等技术基础课程的学习,同时也应该完成了电子工艺实习、电子技术课程设计等电子技术方面的实践训练,具备了一定的学习和设计基础,赛前的准备工作包括如下几个方面:

1) 分析赛题,根据自身专业特长情况和兴趣制定努力方向

关于竞赛的题型,组委会并不给出具体的分类,但根据对多年来赛题的归纳,每年的题目大致可分为四个大类:机电控制类、信号产生与处理类、电力电子类、检测类,参赛者从中任选一题完成。不同类型的题目需要不同背景的专业知识,本章 10.3 节将会简要提示不同类型赛题需要的知识和技能。分析赛题,可以把握题目发展变化情况,有助于预测题目。

2) 组织团队,形成稳定、团结的分工合作机制

一个题目的完成,涉及软硬件设计、装置制作、文本编写、器件。参赛者是以团队为单位报名并完成比赛的,而比赛期间高强度的设计、制作、备件、调试和文本任务的完成需要团队默契的配合和个体富有效率的工作,因此,团队的组织非常重要。只有熟悉甚至实践过队友的工作,才能互相帮助并完成任务接轨,从而更好地合作开展工作。通常在培训阶段,团队全体成员都应完成软硬件设计、电路制作和调试、文本编辑等共同科目,在此基础上,进行模拟训练时再明确任务分工。

3) 补强知识和技能,加强训练

初次参加竞赛的很多学生并没有系统学完全部电子技术课程,很多高年级才能接触的技术类专业课程还没有展开,此时主动补强知识的欠缺和大量收集阅读技术资料,就变得非常重要。

根据对往年赛题的分析,无论选择完成哪一类题目,都应具备一些必备的知识和技能。这些知识和技能包括:

(1) 元器件(包括电阻、电容、电感、二极管、三极管、场效应管、晶闸管、蜂鸣器、按键

开关、插接件、集成运算放大器、集成功率放大器、门电路、稳压模块、液晶、数码管等)的分类识别、电磁特性、测试、应用常识和典型电路;

(2) 单片机或其他微处理器系统的开发技术,包括 C51 语言、Keil 软件、最小系统电路组成、各种外设模块的电气连接、操作时序和模块操作源代码等;

(3) 电路设计及加工技术,包括电路的 Protel 设计、PCB 电路板的蚀刻和机械加工、焊接等;

(4) 电路测量技术,包括万用表、示波器、频率特性测试仪、高低频毫伏表、信号源、电源等设备的使用;

(5) 基本单元电路的结构和原理,包括各种放大电路、驱动电路、电源电路、信号发生电路、滤波电路、谐振电路、锁相环、模拟乘法器等等,对于这类实用性很强的知识技能,应本着学以致用的原则在实践中学习。

在完成上述知识准备后,应在赛前利用暑假时间,在老师指导下,参考使用比较典型的往届赛题,至少集中限时完成一个模拟赛题的训练项目,经历一个完整的比赛过程,在此过程中熟悉开发过程和技术、机电模块融合、磨合团队、寻找不足。

4) 完成材料、元件、设备和模块的准备

电路开发平台、测试仪器仪表、PCB 加工设备、电工工具、机械加工装置等设备条件是完成比赛的重要因素,应提前联系准备,应根据分工提前动手熟悉其操作方法。

电路中经常使用的模块(例如:键盘、液晶、数码管、串口、AD/DA、电机等),其软硬件应提前调试好,并经过模块融合调试,以备比赛时根据需要随时插装和调用。技术报告书要保留成熟的模板和具体实例,以便做格式套用。

器件的临时购置也是常见的情况。一般在赛前数日,组委会会根据本年度赛题的需要,提供需要准备的元器件清单,但在比赛时总有个别散件需要临时购买,应提前考虑到电子市场、网购、异地购买等多种购置渠道,并委托专人负责购买。核心电路板和重要器件要考虑留有备份,以防损坏后前功尽弃。

10.3 全国大学生电子设计的赛题分类选编

10.3.1 电力电子类题目

电力电子类题目也称电源类题目,在前 10 届比赛中,几乎每年都有一道此类型题目,此类题目适合偏强电类专业选择。该型赛题主要涉及变压器、AC-DC、逆变电路、整流电路、滤波电路、稳压电路、微控制器、可控硅电路、AD/DA、电源参数的测量仪器仪表设计等知识,实践性比较强,其中很多涉及大功率器件的使用和变压器的自制。

1. 2007 年本科组 E 题:开关稳压电源

设计并制作如图 10-3-1 所示的开关稳压电源。

在电阻负载条件下,使电源满足下述要求:

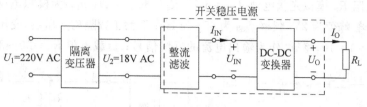

开关稳压电源

U_1=220V AC 隔离变压器 U_2=18V AC 整流滤波 I_{IN} U_{IN} DC-DC 变换器 U_O I_O R_L

图 10-3-1 电源框图

1）基本要求

- 输出电压 U_O 可调范围：30～36V；
- 最大输出电流 I_{Omax}：2A；
- U_2 从 15V 变到 21V 时，电压调整率 $S_U \leqslant 2\%(I_O=2A)$；
- I_O 从 0 变到 2A 时，负载调整率 $S_I \leqslant 5\%(U_2=18V)$；
- 输出噪声纹波电压峰-峰值 $U_{OPP} \leqslant 1V(U_2=18V, U_O=36V, I_O=2A)$；
- DC-DC 变换器的效率 $\eta \geqslant 70\%(U_2=18V, U_O=36V, I_O=2A)$；
- 具有过流保护功能，动作电流 $I_{O(th)}=(2.5\pm0.2)A$。

2）发挥部分

- 进一步提高电压调整率，使 $S_U \leqslant 0.2\%(I_O=2A)$；
- 进一步提高负载调整率，使 $S_I \leqslant 0.5\%(U_2=18V)$；
- 进一步提高效率，使 $\eta \geqslant 85\%(U_2=18V, U_O=36V, I_O=2A)$；
- 排除过流故障后，电源能自动恢复为正常状态；
- 能对输出电压进行键盘设定和步进调整，步进值 1V，同时具有输出电压、电流的测量和数字显示功能。

3）说明

- DC-DC 变换器不允许使用成品模块，但可使用开关电源控制芯片。
- U_2 可通过交流调压器改变 U_1 来调整。DC-DC 变换器（含控制电路）只能由 U_{IN} 端口供电，不得另加辅助电源。
- 本题中的输出噪声纹波电压是指输出电压中的所有非直流成分，要求用带宽不小于 20MHz 模拟示波器（AC 耦合、扫描速度 20ms/div）测量 U_{OPP}。
- 本题中电压调整率 S_U 指 U_2 在指定范围内变化时，输出电压 U_O 的变化率；负载调整率 S_I 指 I_O 在指定范围内变化时，输出电压 U_O 的变化率；DC-DC 变换器效率 $\eta=P_O/P_{IN}$，其中 $P_O=U_O I_O$，$P_{IN}=U_{IN} I_{IN}$。
- 电源在最大输出功率下应能连续安全工作足够长的时间（测试期间，不能出现过热等故障）。
- 制作时应考虑方便测试，合理设置测试点（参考图 10-3-1）。
- 设计报告正文中应包括系统总体框图、核心电路原理图、主要流程图、主要的测试结果。完整的电路原理图、重要的源程序和完整的测试结果用附件给出。

2. 2009 年本科组 A 题：光伏并网发电模拟装置

设计并制作一个光伏并网发电模拟装置，其结构框图如图 10-3-2 所示。用直流稳压

电源 U_S 和电阻 R_S 模拟光伏电池，$U_S=60\text{V}$，$R_S=30\sim36\Omega$；u_{REF} 为模拟电网电压的正弦参考信号，其峰-峰值为 2V，频率 f_{REF} 为 $45\sim55\text{Hz}$；T 为工频隔离变压器，变比为 n_2 ∶ $n_1=2$ ∶ 1、n_3 ∶ $n_1=1$ ∶ 10，将 u_F 作为输出电流的反馈信号；负载电阻 $R_L=30\sim36\Omega$。

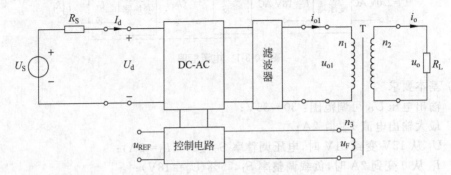

图 10-3-2　并网发电模拟装置框图

1）基本要求

- 具有最大功率点跟踪（MPPT）功能：R_S 和 R_L 在给定范围内变化时，使 $U_d=\dfrac{1}{2}U_S$，相对偏差的绝对值不大于 1%。

- 具有频率跟踪功能：当 f_{REF} 在给定范围内变化时，使 u_F 的频率 $f_F=f_{\text{REF}}$，相对偏差绝对值不大于 1%。

- 当 $R_S=R_L=30\Omega$ 时，DC-AC 变换器的效率 $\eta\geqslant60\%$。

- 当 $R_S=R_L=30\Omega$ 时，输出电压 u_o 的失真度 THD$\leqslant5\%$。

- 具有输入欠压保护功能，动作电压 $U_{d(\text{th})}=(25\pm0.5)\text{V}$。

- 具有输出过流保护功能，动作电流 $I_{o(\text{th})}=(1.5\pm0.2)\text{A}$。

2）发挥部分

- 提高 DC-AC 变换器的效率，使 $\eta\geqslant80\%$（$R_S=R_L=30\Omega$ 时）。

- 降低输出电压失真度，使 THD$\leqslant1\%$（$R_S=R_L=30\Omega$ 时）。

- 实现相位跟踪功能：当 f_{REF} 在给定范围内变化以及加非阻性负载时，均能保证 u_F 与 u_{REF} 同相，相位偏差的绝对值$\leqslant5°$。

- 过流、欠压故障排除后，装置能自动恢复为正常状态。

3）说明

- 本题中所有交流量除特别说明外均为有效值。

- U_S 采用实验室可调直流稳压电源，不需自制。

- 控制电路允许另加辅助电源，但应尽量减少路数和损耗。

- DC-AC 变换器效率 $\eta=\dfrac{P_o}{P_d}$，其中 $P_o=U_{o1}\cdot I_{o1}$，$P_d=U_d\cdot I_d$。

- 要求从给定或条件发生变化到电路达到稳态的时间不大于 1s。

- 装置应能连续安全工作足够长时间，测试期间不能出现过热等故障。

- 制作时应合理设置测试点（参考图 10-3-2），以便测试。

- 设计报告正文中应包括系统总体框图、核心电路原理图、主要流程图、主要的测试结果。完整的电路原理图、重要的源程序和完整的测试结果用附件给出。

3. 2009 年本科组 E 题：电能收集充电器

设计并制作一个电能收集充电器,充电器及测试原理示意图如图 10-3-3 所示。该充电器的核心为直流电源变换器,它从一直流电源中吸收电能,以尽可能大的电流充入一个可充电池。直流电源的输出功率有限,其电动势 E_s 在一定范围内缓慢变化,当 E_s 为不同值时,直流电源变换器的电路结构,参数可以不同。监测和控制电路由直流电源变换器供电。由于 E_s 的变化极慢,监测和控制电路应该采用间歇工作方式,以降低其能耗。可充电池的电动势 $E_c = 3.6V$,内阻 $R_c = 0.1\Omega$。

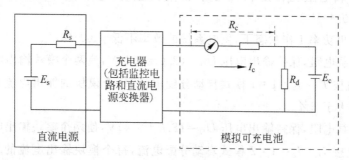

图 10-3-3　充电器测试原理示意图

1) 基本要求
- 在 $R_s = 100\Omega, E_s = 10 \sim 20V$ 时,充电电流 I_c 大于 $(E_s - E_c)/(R_s + R_c)$。
- 在 $R_s = 100\Omega$ 时,能向电池充电的 E_s 尽可能低。
- E_s 从 0 逐渐升高时,能自动启动充电功能的 E_s 尽可能低。
- E_s 降低到不能向电池充电,最低至 0 时,尽量降低电池放电电流。
- 监测和控制电路工作间歇设定范围为 0.1 ~ 5s。

2) 发挥部分
- 在 $R_s = 1\Omega, E_s = 1.2 \sim 3.6V$ 时,以尽可能大的电流向电池充电。
- 能向电池充电的 E_s 尽可能低。当 $E_s \geqslant 1.1V$ 时,取 $R_s = 1\Omega$;
- 当 $E_s < 1.1V$ 时,取 $R_s = 0.1\Omega$。
- 电池完全放电,E_s 从 0 逐渐升高时,能自动启动充电功能(充电输出端开路电压 $> 3.6V$,短路电流 > 0)的 E_s 尽可能低。当 $E_s \geqslant 1.1V$ 时,取 $R_s = 1\Omega$;当 $E_s < 1.1V$ 时,取 $R_s = 0.1\Omega$。
- 降低成本。

4. 2011 年本科组 A 题：开关电源模块并联供电系统

设计并制作一个由两个额定输出功率均为 16W 的 8V DC/DC 模块构成的并联供电系统(见图 10-3-4)。

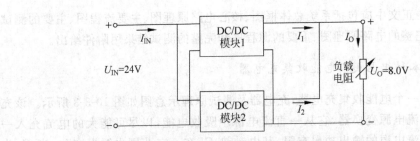

图 10-3-4　并联供电系统原理示意图

1) 基本要求

- 调整负载电阻至额定输出功率工作状态,供电系统的直流输出电压 $U_O =$ (8.0 ± 0.4)V。

- 额定输出功率工作状态下,供电系统的效率不低于 60%。

- 调整负载电阻,保持输出电压 $U_O = (8.0 \pm 0.4)$V,使两个模块输出电流之和 $I_O =$ 1.0A且按 $I_1 : I_2 = 1 : 1$ 模式自动分配电流,每个模块的输出电流的相对误差绝对值不大于 5%。

- 调整负载电阻,保持输出电压 $U_O = (8.0 \pm 0.4)$V,使两个模块输出电流之和 $I_O =$ 1.5A且按 $I_1 : I_2 = 1 : 2$ 模式自动分配电流,每个模块输出电流的相对误差绝对值不大于 5%。

2) 发挥部分

- 调整负载电阻,保持输出电压 $U_O = (8.0 \pm 0.4)$V,使负载电流 I_O 在 1.5~3.5A 之间变化时,两个模块的输出电流可在(0.5~2.0)范围内按指定的比例自动分配,每个模块的输出电流相对误差的绝对值不大于 2%。

- 调整负载电阻,保持输出电压 $U_O = (8.0 \pm 0.4)$V,使两个模块输出电流之和 $I_O =$ 4.0A且按 $I_1 : I_2 = 1 : 1$ 模式自动分配电流,每个模块的输出电流的相对误差的绝对值不大于 2%。

- 额定输出功率工作状态下,进一步提高供电系统效率。

- 具有负载短路保护及自动恢复功能,保护阈值电流为 4.5A(调试时允许有 ± 0.2A的偏差)。

3) 说明

- 不允许使用线性电源及成品的 DC/DC 模块。

- 供电系统含测控电路并由 U_{IN} 供电,其能耗纳入系统效率计算。

- 除负载电阻为手动调整以及发挥部分的第一项由手动设定电流比例外,其他功能的测试过程均不允许手动干预。

- 供电系统应留出 U_{IN}、U_O、I_{IN}、I_O、I_1、I_2 参数的测试端子,供测试时使用。

- 每项测量须在 5 秒钟内给出稳定读数。

- 设计制作时,应充分考虑系统散热问题,保证测试过程中系统能连续安全工作。

10.3.2 机电控制类题目

机电控制类题目,在往届比赛中,也是每年几乎都有一道此类型题目,其中相当一部分题目涉及电动小车的设计,此类题目适合各电类专业选择。该型赛题主要涉及电源转换、信号处理、传感器、语音信号处理、无线通信、各种小型电机及其驱动、微控制器及其外围电路、AD/DA 等电路,实践性很强,需要特别注意的是,该类题目有很多需要自行加工机械机构,因此,需要准备简单的钳工和木工工具。本书收入 2007 年、2009 年、2011 年三届比赛的赛题供参考。

1. 2007 年本科组 F 题:电动车跷跷板

设计并制作一个电动车跷跷板,在跷跷板起始端 A 一侧装有可移动的配重。配重的位置可以在从始端开始的 200～600mm 范围内调整,调整步长不大于 50mm;配重可拆卸。电动车从起始端 A 出发,可以自动在跷跷板上行驶。电动车跷跷板起始状态和平衡状态示意图分别如图 10-3-5 和图 10-3-6 所示。

1)基本要求

在不加配重的情况下,电动车完成以下运动:

- 电动车从起始端 A 出发,在 30 秒钟内行驶到中心点 C 附近;
- 60 秒钟之内,电动车在中心点 C 附近使跷跷板处于平衡状态,保持平衡 5 秒钟,并给出明显的平衡指示;
- 电动车从平衡点出发,30 秒钟内行驶到跷跷板末端 B 处(车头距跷跷板末端 B 不大于 50mm);
- 电动车在 B 点停止 5 秒后,1 分钟内倒退回起始端 A,完成整个行程;
- 在整个行驶过程中,电动车始终在跷跷板上,并分阶段实时显示电动车行驶所用的时间。

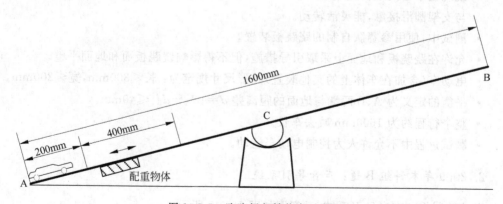

图 10-3-5 跷跷板起始状态示意图

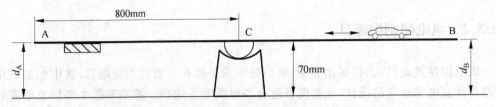

图 10-3-6　跷跷板平衡状态示意图

2）发挥部分

将配重固定在可调整范围内任一指定位置,电动车完成以下运动:

- 将电动车放置在地面距离跷跷板起始端 A 点 300mm 以外、90°扇形区域内某一指定位置(车头朝向跷跷板),电动车能够自动驶上跷跷板,如图 10-3-7 所示。

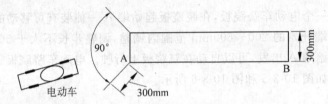

图 10-3-7　电动车自动驶上跷跷板示意图

- 电动车在跷跷板上取得平衡,给出明显的平衡指示,保持平衡 5 秒钟以上。
- 将另一块质量为电动车质量 10%～20%的块状配重放置在 A 至 C 间指定的位置,电动车能够重新取得平衡,给出明显的平衡指示,保持平衡 5 秒钟以上。
- 电动车在 3 分钟之内完成上述发挥部分全过程。

3）说明

- 跷跷板长 1600mm、宽 300mm,为便于携带也可将跷跷板制成折叠形式。
- 跷跷板中心固定在直径不大于 50mm 的半圆轴上,轴两端支撑在支架上,并保证与支架圆滑接触,能灵活转动。
- 测试中,使用参赛队自制的跷跷板装置。
- 允许在跷跷板和地面上采取引导措施,但不得影响跷跷板面和地面平整。
- 电动车(含加在车体上的其他装置)外形尺寸规定为:长≤300mm,宽≤200mm。
- 平衡的定义为 A、B 两端与地面的距离差 $d = |d_A - d_B| \leqslant 40\text{mm}$。
- 整个行程约为 1600mm 减去车长。
- 测试过程中不允许人为控制电动车运动。

2. 2009 年本科组 B 题：声音导引系统

设计并制作一声音导引系统,示意图如图 10-3-8 所示。

图中,AB 与 AC 垂直,Ox 是 AB 的中垂线,$O'y$ 是 AC 的中垂线,W 是 Ox 和 $O'y$ 的交点。

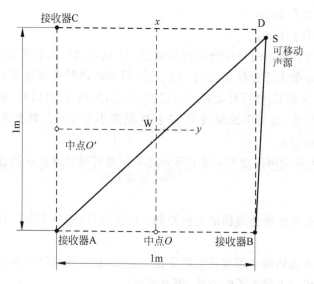

图 10-3-8　声音导引系统示意图

声音导引系统有一个可移动声源 S,三个声音接收器 A、B 和 C,声音接收器之间可以有线连接。声音接收器能利用可移动声源和接收器之间的不同距离,产生一个可移动声源离 Ox 线(或 $O'y$ 线)的误差信号,并用无线方式将此误差信号传输至可移动声源,引导其运动。

可移动声源运动的起始点必须在 Ox 线右侧,位置可以任意指定。

1）基本要求

- 制作可移动的声源。可移动声源产生的信号为周期性音频脉冲信号,如图 10-3-9 所示,声音信号频率不限,脉冲周期不限。

- 可移动声源发出声音后开始运动,到达 Ox 线并停止,这段运动时间为响应时间,测量响应时间,用下列公式计算出响应的平均速度,要求平均速度大于 5cm/s。

图 10-3-9　信号波形示意图

$$平均速度 = \frac{可移动声源的起始位置到 Ox 线的垂直距离}{响应时间}$$

- 可移动声源停止后的位置与 Ox 线之间的距离为定位误差,定位误差小于 3cm。

- 可移动声源在运动过程中任意时刻超过 Ox 线左侧的距离小于 5cm。

- 可移动声源到达 Ox 线后,必须有明显的光和声指示。

- 功耗低,性价比高。

2）发挥部分

- 将可移动声源转向 180 度(可手动调整发声器件方向),能够重复基本要求。

- 平均速度大于 10cm/s。
- 定位误差小于 1cm。
- 可移动声源在运动过程中任意时刻超过 Ox 线左侧距离小于 2cm。
- 在完成基本要求部分移动到 Ox 线上后,可移动声源在原地停止 5～10s,然后利用接收器 A 和 C,使可移动声源运动到 W 点,到达 W 点以后,必须有明显的光和声指示并停止,此时声源距离 W 的直线距离小于 1cm。整个运动过程的平均速度大于 10cm/s。

$$平均速度 = \frac{可移动声源在\ Ox\ 线上重新启动位置到移动停止点的直线距离}{再次运动时间}$$

3) 说明

- 本题必须采用组委会提供的电机控制 ASSP 芯片(型号 MMC-1)实现可移动声源的运动。
- 在可移动声源两侧必须有明显的定位标志线,标志线宽度 0.3cm 且垂直于地面。
- 误差信号传输采用的无线方式、频率不限。
- 可移动声源的平台形式不限。
- 可移动声源开始运行的方向应和 Ox 线保持垂直。
- 不得依靠其他非声音导航方式。
- 移动过程中不得人为对系统施加影响。
- 接收器和声源之间不得使用有线连接。
- 本题涉及音频信号的处理和检测,可视为机电控制类与仪器仪表类的综合题目。

3. 2011 年本科组 B 题：基于自由摆的平板控制系统

设计并制作一个自由摆上的平板控制系统,其结构如图 10-3-10 所示。摆杆的一端通过转轴固定在一支架上,另一端固定安装一台电机,平板固定在电机转轴上;摆杆结构如图 10-3-11 所示,当摆动时,驱动电机可以控制平板转动。

1) 基本要求

- 控制电机使平板可以随着摆杆的摆动而旋转(3～5 周),摆杆摆一个周期,平板旋转一周(360°),偏差绝对值不大于 45°。
- 在平板上粘贴一张画有一组间距为 1cm 平行线的打印纸。用手推动摆杆至一个角度 θ(θ 在 30°～45°间),调整平板角度,在平板中心稳定放置一枚 1 元硬币(人民币);启动后放开摆杆让其自由摆动。在摆杆摆动过程中,要求控制平板状态,使硬币在 5 个摆动周期中不从平板上滑落,并尽量少滑离平板的中心位置。
- 用手推动摆杆至一个角度 θ(θ 在 45°～60°间),调整平板角度,在平板中心稳定叠放 8 枚 1 元硬币,见图 10-3-11;启动后放开摆杆让其自由摆动。在摆杆摆动过程中,要求控制平板状态使硬币在摆杆的 5 个摆动周期中不从平板上滑落,并保持叠放状态。根据平板上非保持叠放状态及滑落的硬币数计算成绩。

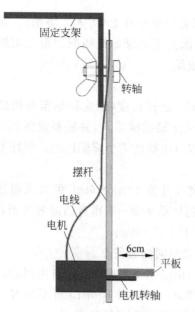

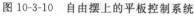

图 10-3-10　自由摆上的平板控制系统

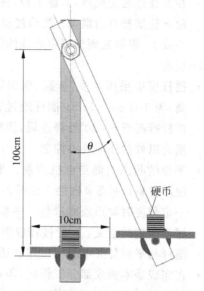

图 10-3-11　摆杆结构

2）发挥部分

- 如图 10-3-12 所示，在平板上固定一激光笔，光斑照射在距摆杆 150cm 距离处垂直放置的靶子上。摆杆垂直静止且平板处于水平时，调节靶子高度，使光斑照射在靶纸的某一条线上，标识此线为中心线。用手推动摆杆至一个角度 θ（θ 在 30°~60°间），启动后，系统应在 15 秒钟内控制平板尽量使激光笔照射在中心线上（偏差绝对值＜1cm），完成时以 LED 指示。根据光斑偏离中心线的距离计算成绩，超时则视为失败。

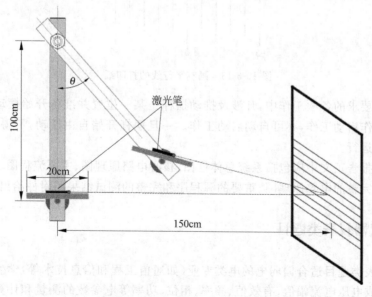

图 10-3-12　平板上固定激光笔

- 在上述过程完成后,调整平板,使激光笔照射到中心线上(可人工协助)。启动后放开让摆杆自由摆动;摆动过程中尽量使激光笔光斑始终瞄准照射在靶纸的中心线上,根据光斑偏离中心线的距离计算成绩。

3)说明

- 摆杆可以采用木质、金属、塑料等硬质材料;摆杆长度(固定转轴至电机轴的距离)为 100 cm±5cm;摆杆通过转轴固定在支架或横梁上,并能够灵活摆动;将摆杆推起至 $\theta=30°$ 处释放后,摆杆至少可以自由摆动 7 个周期以上。摆杆不得受重力以外的任何外力控制。

- 平板的状态只能受电机控制。平板的长宽尺寸为 10cm×6cm,可以采用较轻的硬质材料;不得有磁性;表面必须为光滑的硬质平面;不得有凸起的边沿;倾斜一定角度时硬币须能滑落。平板承载重量不小于 100g。

- 摆动周期的定义:摆杆被释放至下一次摆动到同侧最高点。

- 摆杆与平板部分电路可以用软质导线连接,但必须不影响摆杆的自由摆动。

- 在完成基本要求部分工作时,需在平板上铺设一张如图 10-3-13 所示画有一组间距为 1cm 平行线的打印纸(10cm×6cm),平行线与电机转轴平行。

- 非保持叠放状态硬币数为接触平板硬币数减 1。

- 在完成发挥部分工作时,需要在平板上固定安装一激光笔。激光笔的照射方向垂直于电机转轴。激光笔的光斑直径不大于 5mm。需在距摆杆 150cm 处设置一高度可以调整的目标靶子,靶子上粘贴靶纸(A4 打印纸),靶纸上画一组间距为 1cm 的水平平行线。测试现场提供靶子,也可自带。

图 10-3-13 画有平行线的打印纸

- 题目要求的各项工作中,凡涉及推动摆杆至某一位置并准备开始摆动时,允许手动操作启动工作,亦可自动启动工作。一旦摆杆开始自由摆动,不得再人为干预系统运行。

- 设计报告正文中应包括系统总体框图、核心电路原理图、主要流程图、主要测试结果。完整的电路原理图、重要的源程序和完整的测试结果用附件给出。

10.3.3 仪器仪表类题目

仪器仪表类题目适合偏弱电的电类专业(如通信工程和信息技术等)学生选择,赛题一般要求完成电压电流幅值、有效值、频率、相位、功率等电参数的测量和计算,或完成频谱分析仪、示波器等的制作。由于所有信号处理一般都要通过 AD 转换,变成数字信息交给处理器处理的,因此,高性能的 AD 转换电路必不可少,同时还要涉及电源、信号调理(含滤波和放大)、信号转换(通常是电流、频率和相位转换成电压信号)、微控制器(最好选择 DSP、ARM、FPGA 等算法处理能力强的内核)、彩色显示及其外围电路等电路。由于可能涉及比较复杂的信号分析算法,因此,在电工基础、数字信号处理理论和算法以及相关软件模块的准备方面,也要多下工夫。本书收入 2007 年、2009 年、2011 年三届比赛的赛题供参考。

1. 2007 年本科组 C 题:数字示波器

设计并制作一台具有实时采样方式和等效采样方式的数字示波器,示意图如图 10-3-14 所示。

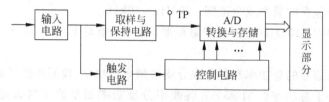

图 10-3-14 数字示波器示意图

1) 基本要求

- 被测周期信号的频率范围为 10Hz～10MHz,仪器输入阻抗为 1MΩ,显示屏的刻度为 8div×10div,垂直分辨率为 8bits,水平显示分辨率≥20 点/div。
- 垂直灵敏度要求含 1V/div、0.1V/div 两档。电压测量误差≤5%。
- 实时采样速率≤1MSa/s,等效采样速率≥200MSa/s;扫描速度要求含20ms/div、2μs/div、100ns/div 三档,波形周期测量误差≤5%。
- 仪器的触发电路采用内触发方式,要求上升沿触发,触发电平可调。
- 被测信号的显示波形应无明显失真。

2) 发挥部分

- 提高仪器垂直灵敏度,要求增加 2mV/div 档,其电压测量误差≤5%,输入短路时的输出噪声峰-峰值小于 2mV。
- 增加存储/调出功能,即按动一次"存储"键,仪器即可存储当前波形,并能在需要时调出存储的波形予以显示。
- 增加单次触发功能,即按动一次"单次触发"键,仪器能对满足触发条件的信号进行一次采集与存储(被测信号的频率范围限定为 10Hz～50kHz)。
- 能提供频率为 100kHz 的方波校准信号,要求幅度值为 0.3V±5%(负载电阻≥1MΩ时),频率误差≤5%。

3) 说明

- A/D 转换器最高采样速率限定为 1MSa/s,并要求设计独立的取样保持电路。为了方便检测,要求在 A/D 转换器和取样保持电路之间设置测试端子 TP。

- 显示部分可采用通用示波器，也可采用液晶显示器。
- 等效采样的概念可参考蒋焕文等编著的《电子测量》一书中取样示波器的内容，或陈尚松等编著的《电子测量与仪器》等相关资料。
- 设计报告正文中应包括系统总体框图、核心电路原理图、主要流程图、主要的测试结果。完整的电路原理图、重要的源程序和完整的测试结果可用附件给出。

2. 2007 年本科组 A 题：音频信号分析仪

设计、制作一个可分析音频信号频率成分，并可测量正弦信号失真度的仪器。

1）基本要求

- 输入阻抗：50Ω。
- 输入信号电压范围（峰-峰值）：$100\text{mV} \sim 5\text{V}$。
- 输入信号包含的频率成分范围：$200\text{Hz} \sim 10\text{kHz}$。
- 频率分辨力：100Hz（可正确测量被测信号中，频差不小于 100Hz 的频率分量的功率值）。
- 检测输入信号的总功率和各频率分量的频率和功率，检测出的各频率分量的功率之和不小于总功率值的 95%；各频率分量功率测量的相对误差的绝对值小于 10%，总功率测量的相对误差的绝对值小于 5%。
- 分析时间：5 秒。应以 5 秒周期刷新分析数据，信号各频率分量应按功率大小依次存储并可回放显示，同时实时显示信号总功率和至少前两个频率分量的频率值和功率值，并设暂停键保持显示的数据。

2）发挥部分

- 扩大输入信号动态范围，提高灵敏度。
- 输入信号包含的频率成分范围：$20\text{Hz} \sim 10\text{kHz}$。
- 增加频率分辨力 20Hz 档。
- 判断输入信号的周期性，并测量其周期。
- 测量被测正弦信号的失真度。

3）说明

- 电源可用成品，必须自备，亦可自制。
- 设计报告正文中应包括系统总体框图、核心电路原理图、主要流程图、主要的测试结果。完整的电路原理图、重要的源程序和完整的测试结果用附件给出。

3. 2011 年本科组 E 题：简易数字信号传输性能分析仪

设计一个简易数字信号传输性能分析仪，实现数字信号传输性能测试；同时，设计三个低通滤波器和一个伪随机信号发生器用来模拟传输信道。简易数字信号传输性能分析仪的框图如图 10-3-15 所示。图中，V_1 和 $V_{1\text{-clock}}$ 是数字信号发生器产生的数字信号和相应的时钟信号；V_2 是经过滤波器滤波后的输出信号；V_3 是伪随机信号发生器产生的伪随机信号；V_{2a} 是 V_2 信号与经过电容 C 的 V_3 信号之和，作为数字信号分析电路的输入信号；V_4 和 $V_{4\text{-syn}}$ 是数字信号分析电路输出的信号和提取的同步信号。

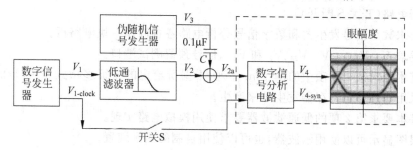

图 10-3-15 简易数字信号传输性能分析仪框图

1) 基本要求

• 设计并制作一个数字信号发生器：

a) 数字信号 V_1 为 $f_1(x) = 1 + x^2 + x^3 + x^4 + x^8$ 的 m 序列，其时钟信号为 $V_{1\text{-clock}}$；

b) 数据率为 10～100kbps，按 10kbps 步进可调。数据率误差绝对值不大于 1%；

c) 输出信号为 TTL 电平。

• 设计三个低通滤波器，用来模拟传输信道的幅频特性：

a) 每个滤波器带外衰减不少于 40dB/十倍频程；

b) 三个滤波器的截止频率分别为 100kHz、200kHz、500kHz，截止频率误差绝对值不大于 10%；

c) 滤波器的通带增益 A_F 在 0.2～4.0 范围内可调。

• 设计一个伪随机信号发生器用来模拟信道噪声：

a) 伪随机信号 V_3 为 $f_2(x)=1+x+x^4+x^5+x^{12}$ 的 m 序列；

b) 数据率为 10Mbps，误差绝对值不大于 1%；

c) 输出信号峰-峰值为 100mV，误差绝对值不大于 10%。

• 利用数字信号发生器产生的时钟信号 $V_{1\text{-clock}}$ 进行同步，显示数字信号 V_{2a} 的信号眼图，并测试眼幅度。

2) 发挥部分

• 要求数字信号发生器输出的 V_1 采用曼彻斯特编码。

• 要求数字信号分析电路能从 V_{2a} 中提取同步信号 $V_{4\text{-syn}}$ 并输出；同时，利用所提取的同步信号 $V_{4\text{-syn}}$ 进行同步，正确显示数字信号 V_{2a} 的信号眼图。

• 要求伪随机信号发生器输出信号 V_3 幅度可调，V_3 的峰-峰值范围为 100mV～TTL 电平。

• 改进数字信号分析电路，在尽量低的信噪比下能从 V_{2a} 中提取同步信号 $V_{4\text{-syn}}$，并正确显示 V_{2a} 的信号眼图。

3) 说明

• 在完成基本要求时，数字信号发生器的时钟信号 $V_{1\text{-clock}}$ 送给数字信号分析电路

（图 10-3-15 中开关 S 闭合）；而在完成发挥部分时，$V_{1\text{-clock}}$ 不允许送给数字信号分析电路（开关 S 断开）。

- 要求数字信号发生器和数字信号分析电路各自制作一块电路板。
- 要求 V_1、$V_{1\text{-clock}}$、V_2、V_{2a}、V_3 和 $V_{4\text{-syn}}$ 信号预留测试端口。
- 基本要求第 1、3 项中的两个 m 序列，根据所给定的特征多项式 $f_1(x)$ 和 $f_2(x)$，采用线性移位寄存器发生器来产生。
- 基本要求第 2 项的低通滤波器要求使用模拟电路实现。
- 眼图显示可以使用示波器，也可以使用自制的显示装置。
- 本题可视为信号处理与仪器仪表综合性题目。

10.3.4　信号处理类题目

信号处理类题目是一类以纯硬件电路设计为主要要求的题目，一般是要求完成能够按照特定的幅频和相频特性对信号进行处理的电路设计，并在此基础上提出可调性、直观性需求。由于所有信号处理一般都要通过放大器处理，因此参赛者必须要掌握各种频率范围的放大器和滤波器设计，同时还要涉及电源设计、信号转换（通常是电流、频率和相位转换成电压信号）、微控制器及显示等外围电路。很多此类电路的设计要求系统参数可调，或者带有检测功能，因此，还需要准备 AD 模块和数控参数器件（如数控电容、电阻、电感、程控放大器等）的应用设计和调试。由于此类设计往往对于参数的精度有较高要求，要特别注意高精度仪器仪表的操作方法。

1. 2007 年本科组 D 题：程控滤波器

设计并制作程控滤波器，其组成如图 10-3-16 所示。放大器增益可设置；低通或高通滤波器通带、截止频率等参数可设置。

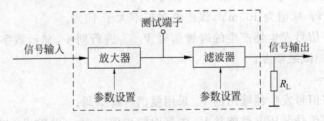

图 10-3-16　程控滤波器组成框图

1）基本要求
- 放大器输入正弦信号电压振幅为 10mV，电压增益为 40dB，增益 10dB 步进可调，通频带为 100Hz～40kHz，放大器输出电压无明显失真。
- 滤波器可设置为低通滤波器，其−3dB 截止频率 f_c 在 1～20kHz 范围内可调，调节的频率步进为 1kHz，$2f_c$ 处放大器与滤波器的总电压增益不大于 30dB，$R_L = 1\text{k}\Omega$。

- 滤波器可设置为高通滤波器,其 -3dB 截止频率 f_c 在 $1\sim20\text{kHz}$ 范围内可调,调节的频率步进为 1kHz,$0.5f_\text{c}$ 处放大器与滤波器的总电压增益不大于 30dB,$R_\text{L}=1\text{k}\Omega$。
- 电压增益与截止频率的误差均不大于 10%。
- 有设置参数显示功能。

2) 发挥部分

- 放大器电压增益为 60dB,输入信号电压振幅为 10mV;增益 10dB 步进可调,电压增益误差不大于 5%。
- 制作一个四阶椭圆形低通滤波器,带内起伏 $\leqslant1\text{dB}$,-3dB 通带为 50kHz,要求放大器与低通滤波器在 200kHz 处的总电压增益小于 5dB,-3dB 通带误差不大于 5%。
- 制作一个简易幅频特性测试仪,其扫频输出信号的频率变化范围是 $100\text{Hz}\sim200\text{kHz}$,频率步进 10kHz。

3) 说明

设计报告正文应包括系统总体框图、核心电路原理图、主要流程图和主要的测试结果。完整的电路原理图、重要的源程序和完整的测试结果可用附件给出。

2. 2009 年本科组 F 题:数字幅频均衡功率放大器

设计并制作一个数字幅频均衡功率放大器。该放大器包括前置放大、带阻网络、数字幅频均衡和低频功率放大电路,其组成框图如图 10-3-17 所示。

图 10-3-17 数字幅频均衡功率放大器组成框图

1) 基本要求

- 前置放大电路要求:

(a) 小信号电压放大倍数不小于 400 倍(输入正弦信号电压有效值小于 10mV)。

(b) -1dB 通频带为 $20\text{Hz}\sim20\text{kHz}$。

(c) 输出电阻为 600Ω。

- 制作带阻网络对前置放大电路输出信号 v_1 进行滤波,以 10kHz 时输出信号 v_2 电压幅度为基准,要求最大衰减 $\geqslant10\text{dB}$。带阻网络具体电路见题目说明 1。
- 应用数字信号处理技术,制作数字幅频均衡电路,对带阻网络输出的 $20\text{Hz}\sim20\text{kHz}$ 信号进行幅频均衡。要求:

(a) 输入电阻为 600Ω。

(b) 经过数字幅频均衡处理后,以 10kHz 时输出信号 v_3 电压幅度为基准,通频带

20Hz～20kHz 内的电压幅度波动在±1.5dB 以内。

2）发挥部分

制作功率放大电路，对数字均衡后的输出信号 v_3 进行功率放大，要求末级功放管采用分立的大功率 MOS 晶体管。

- 当输入正弦信号 v_i 电压有效值为 5mV、功率放大器接 8Ω 电阻负载（一端接地）时，要求输出功率≥10W，输出电压波形无明显失真。
- 功率放大电路的－3dB 通频带为 20Hz～20kHz。
- 功率放大电路的效率≥60%。

3）说明

- 题目基本要求中的带阻网络如图 10-3-18 所示。图中元件值是标称值，不是实际值，对精度不作要求，电容必须采用铝电解电容。

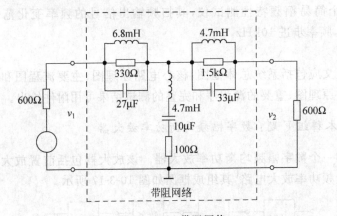

图 10-3-18　带阻网络

- 本题中前置放大电路电压放大倍数是在输入信号 v_i 电压有效值为 5mV 的条件下测试。
- 题目发挥部分中的功率放大电路不得使用 MOS 集成功率模块。
- 本题中功率放大电路的效率定义为：功率放大电路输出功率与其直流电源供给功率之比，电路中应预留测试端子，以便测试直流电源供给功率。
- 设计报告正文中应包括系统总体框图、核心电路原理图、主要流程图、主要的测试结果。完整的电路原理图、重要的源程序用附件给出。

3. 2009 年本科组 C 题：宽带直流放大器

设计并制作一个宽带直流放大器及所用的直流稳压电源。

1）基本要求

- 电压增益 A_V≥40dB，输入电压有效值 V_i≤20mV。A_V 可在 0～40dB 范围内手动连续调节。
- 最大输出电压正弦波有效值 V_o≥2V，输出信号波形无明显失真。
- 3dB 通频带 0～5MHz；在 0～4MHz 通频带内增益起伏≤1dB。

- 放大器的输入电阻≥50Ω,负载电阻(50±2)Ω。
- 设计并制作满足放大器要求所用的直流稳压电源。

2）发挥部分

- 最大电压增益 A_V≥60dB,输入电压有效值 V_i≤10mV。
- 在 A_V＝60dB 时,输出端噪声电压的峰-峰值 V_{ONPP}≤0.3V。
- 3dB 通频带 0～10MHz;在 0～9MHz 通频带内增益起伏≤1dB。
- 最大输出电压正弦波有效值 V_o≥10V,输出信号波形无明显失真。
- 进一步降低输入电压提高放大器的电压增益。
- 电压增益 A_V 可预置并显示,预置范围为 0～60dB,步距为 5dB(也可以连续调节);放大器的带宽可预置并显示(至少 5MHz、10MHz 两点)。
- 降低放大器的制作成本,提高电源效率。

3）说明

- 宽带直流放大器幅频特性示意图如图 10-3-19 所示。

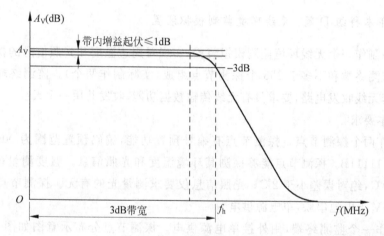

图 10-3-19　幅频特性示意图

- 负载电阻应预留测试用检测口和明显标志,如不符合(50±2)Ω 的电阻值要求,则酌情扣除最大输出电压有效值项的所得分数。
- 放大器要留有必要的测试点。建议的测试框图如图 10-3-20 所示,可采用信号发生器与示波器/交、直流电压表组合的静态法或扫频仪进行幅频特性测量。

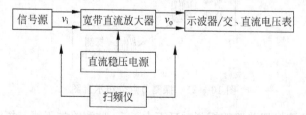

图 10-3-20　幅频特性测试框图

10.3.5 其他类型题目

除上述四种最为常见的题目类型外,信号源、无线识别与通信等也是出现频率较高的题型。近年来,同其他类题目一样,信号源类的题目设计要求也在不断提高,往往会接近通信等专业高年级的专业领域要求,此类题目往往具有较强的专业背景,因此参赛者必须要掌握好相关专业的理论和实践知识,同时还要兼顾到电源设计、信号转换(通常是电流、频率和相位转换成电压信号)、微控制器(对于信号源,往往 FPGA 或 DDS 模块实现效果更好)及其外围电路。题目本身往往以一定程度的通信技术原理为理论背景,并涉及 DDS 技术、锁相技术、调制解调技术等,因此,相关的软硬件模块准备情况和使用经验十分重要。同样,无线识别与通信类题目也可归属于通信类专业范畴,可能涉及选频、谐振放大、调制解调技术、谐振功率放大、整流天线、编码解码等范畴技术的实现,同时仍可能要基于微处理器完成检测、显示、控制等任务。

2009 年本科组 D 题:无线环境监测模拟装置

设计并制作一个无线环境监测模拟装置,实现对周边温度和光照信息的探测。该装置由一个监测终端和不多于 255 个探测节点组成(实际制作两个)。监测终端和探测节点均含一套无线收发电路,要求具有无线传输数据功能,收发共用一个天线。

1) 基本要求

* 制作两个探测节点。探测节点有编号预置功能,编码预置范围为 00000001B～11111111B。探测节点能够探测其环境温度和光照信息。温度测量范围为 0～100℃,绝对误差小于 2℃;光照信息仅要求测量光的有无。探测节点采用两节 1.5V 干电池串联,单电源供电。
* 制作一个监测终端,用外接单电源供电。探测节点分布示意图如图 10-3-21 所示。监测终端可以分别与各探测节点直接通信,并能显示当前能够通信的探测节点编号及其探测到的环境温度和光照信息。

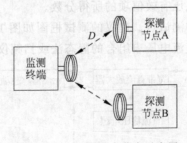

图 10-3-21 探测节点分布示意图

* 无线环境监测模拟装置的探测时延不大于 5s,监测终端天线与探测节点天线的距离 D 不小于 10cm。在 0～10cm 距离内,各探测节点与监测终端应能正常通信。

2）发挥部分

- 每个探测节点增加信息的转发功能，节点转发功能示意图如图 10-3-22 所示。即探测节点 B 的探测信息，能自动通过探测节点 A 转发，以增加监测终端与节点 B 之间的探测距离 $D+D_1$。该转发功能应自动识别完成，无需手动设置，且探测节点 A、B 可以互换位置。

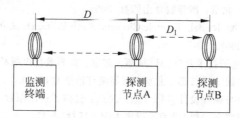

图 10-3-22　节点转发功能示意图

- 在监测终端电源供给功率≤1W，无线环境监测模拟装置探测时延不大于 5s 的条件下，使探测距离 $D+D_1$ 达到 50cm。
- 尽量降低各探测节点的功耗，以延长干电池的供电时间。各探测节点应预留干电池供电电流的测试端子。

3）说明

- 监测终端和探测节点所用天线为圆形空芯线圈，用直径不大于 1mm 的漆包线或有绝缘外皮的导线密绕 5 圈制成。线圈直径为 (3.4±0.3)cm（可用一号电池作骨架）。天线线圈间的介质为空气。无线传输载波频率低于 30MHz，调制方式自定。监测终端和探测节点不得使用除规定天线外的其他耦合方式。无线收发电路需自制，不得采用无线收、发成品模块。光照有无的变化，采用遮挡光电传感器的方法实现。
- 发挥部分须在基本要求的探测时延和探测距离达到要求的前提下实现。
- 测试各探测节点的功耗采用图 10-3-23 所示的节点分布图，保持距离 $D+D_1=$ 50cm，通过测量探测节点 A 干电池供电电流来估计功耗。电流测试电路见图 10-3-23。图中电容 C 为滤波电容，电流表采用 3 位半数字万用表直流电流挡，读正常工作时的最大显示值。如果 $D+D_1$ 达不到 50cm，此项目不进行测试。

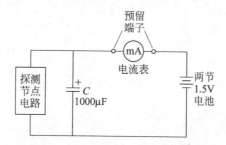

图 10-3-23　节点电流测试电路图

- 设计报告正文中应包括系统总体框图、核心电路原理图、主要流程图、主要的测试结果。完整的电路原理图、重要的源程序用附件给出。

参 考 文 献

[1] 罗先觉.电路[M].5 版.北京：高等教育出版社,2006.

[2] J. W. Nilsson, Susan A. Riedel. Electric Circuits(Sixth Edition).冼立勤,周玉坤,李莉,等译.北京：电子工业出版社,2002.

[3] 童诗白,华成英.模拟电子技术基础[M].4 版.北京：高等教育出版社,2006.

[4] 阎石.数字电子技术基础[M].5 版.北京：高等教育出版社,2006.

[5] 毕满清.电子技术实验与课程设计[M].3 版.北京：机械工业出版社,2005.

[6] 王丽.模拟电子技术与实训[M].北京：清华大学出版社,2011.

[7] 何宝祥.电子设计实训教程[M].北京：清华大学出版社,2011.

[8] 陈大钦.电子技术综合实验——电子电路实验设计仿真[M].2 版.北京：高等教育出版社,2000.

[9] 陈大钦,罗杰.电子技术基础实验——电子电路实验、设计及现代 EDA 技术[M].3 版.北京：高等教育出版社,2008.

[10] 邹其洪,黄智伟,高嵩.电工电子实验与计算机仿真（下）[M].2 版.北京：电子工业出版社,2008.

[11] 杨子鸣.电路与电子技术实训教程[M].北京：科学出版社,2003.

[12] 沈红卫.电工电子实验与实训教程：电路·电工·电子技术[M].北京：电子工业出版社,2012.

[13] 党宏社.电路电子技术实验与电子实训[M].北京：电子工业出版社,2008.

[14] 薛居宝,杨善迎.电子类专业学生创新能力培养实训教程——电子产品电路设计与创新[M].天津：天津大学出版社,2010.

[15] 姚素芬.电路学习指导[M].天津：天津大学出版社,2008.